확률과 랜덤 과정

: Probability, Random Variable and Random Process

정호영 지음

한빛아카데미
Hanbit Academy, Inc.

지은이 **정호영** hycheong@nsu.ac.kr

현재 남서울대학교 정보통신공학과 교수로 재직 중이다. 1994년 연세대학교 전자공학과에서 디지털 통신 및 오류정정 부호이론 분야로 박사 학위를 취득하였고, 동대 전자정보통신연구소에서 이동 통신 및 채널부호 시스템과 관련된 프로젝트를 수행하였다. 1995년부터 남서울대학교 정보통신공학과에서 디지털 통신, 정보 시스템, 확률 및 통계 통신 등을 지도하고 있으며, 2006~2007년에 미국 미시간주립대학교 전기 및 컴퓨터공학과에서 부호이론을 연구한 바 있다. 저서로는 『디지털 통신이론』(경문사, 1995), 『디지털 통신 시스템』(한빛미디어, 2011) 등이 있다.

확률과 랜덤 과정 : Probability, Random Variable and Random Process

초판발행 2018년 1월 15일
4쇄발행 2023년 9월 8일

지은이 정호영 / **펴낸이** 전태호
펴낸곳 한빛아카데미(주) / **주소** 서울시 서대문구 연희로2길 62 한빛아카데미(주) 2층
전화 02-336-7112 / **팩스** 02-336-7199
등록 2013년 1월 14일 제2017-000063호 / **ISBN** 979-11-5664-379-1 93560

총괄 박현진 / **책임편집** 김평화 / **기획·편집** 이원휘 / **진행** 송유림
디자인 표지 여동일 / **전산편집** 임희남 / **제작** 박성우, 김정우
영업 김태진, 김성삼, 이정훈, 임현기, 이성훈, 김주성 / **영업기획** 길진철, 김호철, 심지연

이 책에 대한 의견이나 오탈자 및 잘못된 내용에 대한 수정 정보는 아래 이메일로 알려주십시오.
잘못된 책은 구입하신 서점에서 교환해 드립니다. 책값은 뒤표지에 표시되어 있습니다.
홈페이지 www.hanbit.co.kr / **이메일** question@hanbit.co.kr

Published by HANBIT Academy, Inc. Printed in Korea

원리를 알면 IT가 맛있다

IT COOKBOOK

1시간 강의를 위해
3시간을 준비하는 마음!

:: 군더더기 없는 핵심 원리 + 말랑말랑 쉬운 컨텐츠

핵심 원리 하나만 제대로 알면 열 가지 상황도 해결할 수 있습니다.
친절한 설명과 명확한 기승전결식 내용 전개로 학습 의욕을 배가시켜줍니다.

:: 핵심 원리 → 풍부한 예제와 연습문제 → 프로젝트로 이어지는 계단 학습법

기본 원리를 다져주는 예제, 본문에서 배운 내용을 촘촘하게 점검해볼 수 있는 연습문제,
현장에서 바로 응용할 수 있는 프로젝트를 단계별로 구성해 학습의 완성도를 높였습니다.

:: 학습욕구를 높여주는 현장 이야기가 담긴 IT 교과서

필드 어드바이저의 인터뷰와 주옥 같은 현업 이야기를 담았습니다.
강의실 밖 현장의 요구를 접하는 기회를 제공하고,
학생들 스스로 필요한 공부를 할 수 있도록 방향을 제시합니다.

>> 지은이 머리말

Preface

확률과 랜덤 과정은 공학 분야의 기술을 설명하는 가장 강력한 수학적 도구다

확률과 랜덤 과정은 전기, 전자, 정보통신 및 컴퓨터 공학 등의 분야에서 개발되는 기술을 설명하거나, 기술과 관련된 여러 가지 형태의 데이터를 분석하고 모델링하는 데 이용되는 가장 강력한 수학적 도구다. 특히 이 분야의 데이터나 신호들은 랜덤한 특성을 갖고 있기 때문에 분석적인 수식만을 이용해 설명하는 데는 한계가 있으므로, 확률·통계를 통해 해석하고 관련 시스템을 설계해야 한다. 하지만 대부분의 공학도들은 확률이나 랜덤 과정을 그저 지루하고 답답한 수학 과목 정도로 생각할 뿐, 그 중요성을 인식하지 못한다.

필자는 확률과 랜덤 과정 교재가 지나치게 이론에만 치중한다는 문제점을 느껴왔다. 이에 이론과 적용 분야의 내용을 좀더 밀접하게 연계하여, 학생들이 적극적으로 확률과 랜덤 과정을 학습할 수 있도록 이 책을 쓰게 되었다. 사실 공학도는 이론과 실무를 분리하여 생각할 수 없으며, 이 둘을 연계하여 학습할수록 이론에 대한 이해의 폭이 넓어지고 실무에 대한 기초도 탄탄해진다. 이 책은 확률과 랜덤 과정에 대한 개념을 주로 전자, 통신 공학에서 사용하는 랜덤 신호와 연계하여 설명하려고 노력했다. 컴퓨터를 이용하여 이론적 개념과 관련된 데이터를 생성하고 분석하는 것은 학생들에게 동기를 부여할 수 있는 매우 효율적인 수단이다. 따라서 이론이나 수식 전개에 치우치지 않도록 MATLAB을 이용한 컴퓨터 활용 예제를 많이 다루어 학생들이 지루하지 않게 학습할 수 있도록 구성했다.

이 책의 학습법

이 책을 공부하는 공학도들은 각 장에 나오는 확률과 랜덤 과정의 이론적 개념을 배운 후에 적용되는 공학 분야의 실제 예와 연계하여 이해하려고 노력해야 한다. 이를 위해 이 책에서는 MATLAB을 이용한 컴퓨터 활용 예제를 가능한 많이 싣기 위해 노력하였으며, 신호 처리 및 통신 공학 분야에서 사용되는 여러 가지 형태의 랜덤 신호와 관련된 적용 예제도 함께 구성하였다. 따라서 이론적 이해에만 머물지 말고 MATLAB 예제를 적극 활용하기 바란다.

배운 뒤에 스스로 연습하지 않으면 체득할 수 없음은 자명한 이치다. 예제를 통해 이론적 개념을 이해한 후에는 반드시 각 장의 연습문제를 통해 스스로 연습하여 체득할 수 있기를 바란다. 확률과 랜덤 과정과 같은 수학 이론은 더더욱 연습이 중요하며, 연습문제를 풀기 위해 애쓰는 과정을 통해 해당 이론을 공학 분야에 응용할 수 있는 토대가 마련될 것이다.

MATLAB을 처음 접하는 학생들을 위해 MATLAB에 대한 기본적인 사용법을 부록에 실었다. MATLAB 내용 중에서 이 책의 예제를 이해하는 데 필요한 내용을 중심으로 소개하였으므로 처음 접하는 학생들은 부록을 참조하여 공부하기 바란다.

확률과 랜덤 과정을 가르쳐 오면서 많은 교재를 사용했지만 외국 도서를 번역한 책이 대부분이어서 학생들에게 유용한 국내 집필서가 많지 않다는 것을 절감해 왔다. 물론 훌륭한 원서가 많지만 국내 실정에 맞지 않는 부분을 비롯하여 학생들에게 부담이 가는 것이 사실이다. 이 책을 통해 확률과 랜덤 과정 학습을 좀더 쉽게 시작하고, 전공하고자 하는 공학 분야의 여러 이론을 수학적으로 더 정확하게 이해했으면 한다. 그리고 점차 관심과 흥미를 배가시켜 전공 분야를 더욱 크게 발전시키는 엔지니어로 성장하기를 진심으로 바란다.

감사의 글

처음 이 책을 쓰기 시작할 때에는 여러 가지 넣고 싶었던 내용이 많았지만 탈고를 하는 지금 아쉬운 생각이 끝없이 밀려온다. 부족한 점에 대해서는 독자들의 넓은 아량을 구하는 마음이 간절하며, 동시에 날카로운 지적을 통해 다음번에는 더 쉽고 정확하며 유용한 책으로 보완되길 바란다. 이 책을 만들기 위해 여러 가지 지원을 아끼지 않은 한빛아카데미 직원 여러분과 특별히 이 책의 교정과 내용 구성을 위해 노력을 아끼지 않은 이원휘 씨에게 감사의 마음을 전한다.

2012년 6월

지은이 정호영

>> 강의 계획

무엇을 배우나?

이 책은 전기, 전자, 정보통신 및 컴퓨터 공학을 전공하는 학부 2~3학년의 공학도들에게 적절하며, 석사 과정의 대학원생들에게도 유용하다. 또한 위의 공학 분야에 종사하는 엔지니어들에게도 도움이 될 수 있도록 실무적인 내용을 싣고자 노력하였다. 이 책을 학습하기 위해서는 미적분학과 기본적인 삼각함수, 지수·로그, 복소수 및 행렬 이론을 이해하고 있어야 한다. 또한 컴퓨터 활용 예제를 위해 MATLAB 언어도 사용할 수 있어야 한다.

❶ 1장~2장 _ 확률과 랜덤 과정의 소개 및 기초 내용 복습

1장에서는 확률과 랜덤 변수, 랜덤 과정이 왜 필요한지 알아보고, 확률과 랜덤 과정 이론을 공부하는 데 필요한 집합 이론과 푸리에 기법, 랜덤 신호 및 선형 시스템에 관한 기본 이론을 설명한다. 2장에서는 확률을 정의하고 기본적인 확률 이론을 소개한다.

❷ 3장~4장 _ 랜덤 변수

3장에서는 확률 이론의 기본 개념을 살펴본다. 특별히 결합 확률과 조건 확률을 통해 통계적 독립 개념을 익힘으로써 앞으로 배울 랜덤 변수 및 랜덤 과정의 기초를 다진다. 4장에서는 두 개 이상의 다중 랜덤 변수에 관한 확률 이론을 살펴본다.

❸ 5장~6장 _ 랜덤 과정의 기본 이론과 전력밀도 스펙트럼

5장에서는 랜덤 과정을 정의하고 어떤 형태를 갖는지 설명한다. 또한 랜덤 과정을 해석하고 실제로 어떻게 응용할 수 있는지 예를 들어 살펴본다. 6장에서는 시스템을 설계하거나 랜덤 신호를 분석하는 데 유용하게 사용되는 랜덤 과정의 스펙트럼을 자기 상관 함수와 관련하여 다룬다.

❹ 7장 _ 선형 시스템을 통과하는 랜덤 과정

7장에서는 랜덤 신호 혹은 랜덤 과정이 선형 시스템과 어떻게 상호 작용을 하는지 살펴본다. 선형 시스템에 랜덤 신호가 입력되었을 때의 응답 신호, 즉 출력 신호가 입력 신호와 어떤 관계인지 시스템의 특성과 관련하여 자세히 알아본다.

표준 스케줄 표(한 학기 강의)

주	해당 장	주제
1	1장	확률과 랜덤 과정의 소개 및 공학에서의 필요성
2	1장	집합 이론, 신호 및 시스템 복습
3	2장	확률의 정의, 결합 확률, 조건 확률, 독립 사건의 조건
4	3장	랜덤 변수의 정의와 종류, 누적 확률분포와 확률밀도 함수
5	3장	누적 확률분포를 이용한 랜덤 변수 발생, 랜덤 변수의 평균과 분산
6	3장	랜덤 변수의 특성 함수와 모멘트 개념, 랜덤 변수의 함수
7	4장	다중 랜덤 변수의 결합 확률분포, 랜덤 변수의 합과 중앙 극한 이론
8		**중간고사**
9	5장	랜덤 과정의 정의와 종류, 랜덤 과정의 평균과 자기 상관 함수의 정의
10	5장	다중 랜덤 과정과 주요 랜덤 과정, 두 랜덤 과정의 상관관계, 복소 랜덤 과정
11	6장	랜덤 과정의 자기 상관 함수와 전력밀도 스펙트럼의 관계
12	6장	복소 랜덤 과정의 자기 상관 함수와 전력밀도 스펙트럼의 관계
13	6장	대역 통과 랜덤 과정의 자기 상관 함수와 전력밀도 스펙트럼의 관계
14	7장	선형 시스템의 랜덤 신호 응답, 선형 시스템의 입·출력 랜덤 과정의 상호 상관
15	7장	선형 시스템에서 랜덤 과정의 스펙트럼 특성
16		**기말고사**

강의 보조 자료

PPT 자료와 연습문제 해답

- 한빛아카데미에서는 교수/강사님들의 효율적인 강의 준비를 위해 온라인과 오프라인으로 강의 보조 자료를 제공합니다.
- 다음 사이트에서 회원으로 가입하신 교수/강사님에게는 교수용 PPT 자료와 연습문제 해답을 제공합니다.
  http://www.hanbit.co.kr
- 온라인에서 자료를 다운받으시려면 교수/강사 회원으로 가입한 후 인증을 거쳐야 합니다.

참고 문헌

[1] J. G. Proakis, 『Digital Communications』 (fifth edition, McGraw-Hill)
[2] B. P. Lathi, 『Modern Digital and Analog Communication Systems』 (Oxford University Press, Third Ed., 1997)
[3] K. Sam Shanmugam, 『Digital and Analog Communication Systems』 (John Wiley & Sons, Inc., 1979)
[4] Athanasios Papoulis, 『Probability, Random Variables, and Stochastic Processes』 (McGraw-Hill, Fourth Ed., 2002)
[5] Peyton Z. Peebles, JR., 『Probability, Random Variables, and Random Signal Principles』 (McGraw-Hill, Third Ed., 1993)
[6] William B. Gardner, 『Cyclostationarity in Communications and Signal Processing』 (IEEE Press, 1994)
[7] Alberto Leon-Garcia, 『Probability and Random Processes for Electrical Engineering』 (Addison Wesley, Second Ed., 1994)
[8] Andrew Gelman and Deborah Nolan, 『Teaching Statistics』 (Oxford, 2004)
[9] 강창언, 『통신 시스템』 (개문사, 1992)
[10] Athanasios Papoulis, 『Probability & Statistics』 (Prentice-Hall, 1990)
[11] Wilbur B. Davenport, JR., 『Probability and Random Processes』 (McGraw-Hill, 1970)
[12] Spiegel, M. R., 『Theory and Problems of Advanced Calculus』 (Schaum, New York, 1963)
[13] Peebles, P. Z. Jr., 『Communication System Principles』 (Addison-Wesley, Massachusetts, 1976)
[14] John A. Gubner, 『Probability and Random Processes for Electrical and Computer Engineers』 (Cambridge, 2006)
[15] 정호영, 임승각, 『디지털 통신 시스템』 (한빛미디어, 2011)
[16] Bernard Sklar, 『Digital Communications, Fundamentals and Applications』 (Prentice-Hall, 1988)
[17] John G. Proakis, Masoud Salehi, and Gerhard Bauch, 『Contemporary Communication Systems using MATLAB and Simulink』 (THOMSON, 2004)
[18] D. M. Etter, 『Engineering Problem Solving with MATLAB』 (Prentice-Hall, 1996)
[19] P. L. Walker, 『The Theory of Fourier Series and Integrals』 (Wiley-Interscience, New York, 1986)
[20] Spiegel, M. R., 『Theory and Problems of Advanced Calculus』 (Schaum, New York, 1963)
[21] Murray R. Spiegel, 『Advanced Mathematics, SCHAUM's outlines』 (McGraw-Hill, 1976)

\>>
목차 Contents

Chapter 04 | 다중 랜덤 변수

Chapter 05 | 랜덤 과정

>>

목차 Contents

Chapter

01

확률과 랜덤 과정의 개요

Introduction to Probability and Random Process

이 장의 학습 내용

학습목표

- 공학 분야에서 확률과 랜덤 과정의 필요성에 대해 이해한다.
- 앙상블과 랜덤 과정에 대한 개념을 기본적인 통계량과 연계하여 이해한다.
- 집합의 개념과 집합에 적용되는 연산을 복습한다.
- 집합 연산에 적용되는 대수 법칙을 알아본다.
- 신호의 종류와 이에 따른 신호의 특성을 살펴본다.
- 에너지와 전력의 기본 개념을 익힌다.
- 특이 신호에 대해 살펴보고 적용되는 예를 통해 그 사용법을 익힌다.
- 푸리에 급수를 이용하여 주기 신호에 대한 스펙트럼을 계산하는 방법을 익힌다.
- 푸리에 변환을 통해 비주기 신호의 스펙트럼을 계산하고 응용하는 방법을 익힌다.
- 전력밀도 스펙트럼과 에너지 밀도 스펙트럼의 개념을 살펴본다.

이 장에서는 공학도에게 확률과 랜덤 변수, 랜덤 과정이 왜 필요한지에 대해 알아본다. 그리고 확률과 랜덤 과정 이론을 공부하는 데 필요한 집합 이론과 푸리에 기법, 랜덤 신호 및 선형 시스템에 관한 기본 이론을 설명한다. 신호 및 시스템을 다루는 1.3절에서는 먼저 랜덤 신호의 특성과 랜덤 신호가 적용되는 선형 시스템의 기본 이론을 설명하고, 이들을 주파수 영역에서 해석할 수 있는 푸리에 변환 기법에 대해 자세히 다룬다.

이 장의 학습 내용

1. 확률과 랜덤 과정의 필요성

시스템을 설계하거나 신호를 분석할 경우, 랜덤 신호 자체가 분석적이지 않으므로 확률 이론이나 랜덤 과정을 이용해 시뮬레이션을 수행해야 하고, 그 결과 또한 확률과 랜덤 과정을 통해 분석해야 한다.

2. 집합의 개념

집합이란 사물 혹은 실험으로부터 얻은 결과값을 모아 놓은 것으로, 결과값들을 집합의 원소라고 한다. 집합 이론을 알면 어떤 실험 결과에 대해 확률 개념을 적용할 수 있기 때문에, 집합 이론은 확률 이론을 공부할 때 기본이 된다.

3. 집합의 연산

집합에서도 다음 표와 같이 여러 가지 연산이 적용될 수 있다.

연산	기호	내용
합집합	$A+B=A\cup B$	A와 B에 속한 모든 원소의 집합
차집합	$A\subset B$일 때 $B-A$	B의 원소 중 A에 속하지 않는 원소의 집합
교집합	$AB=A\cap B$	A와 B에 모두 속하는 원소의 집합
여집합	$A^c=\overline{A}$	전체 집합 S의 원소 중에서 A에 속하지 않는 원소의 집합

4. 집합에 대한 대수 법칙

집합 연산에 대한 중요한 대수 법칙은 다음 표와 같이 정리할 수 있다.

대수 법칙	내용
멱등 법칙	$A+A=A,\ AA=A$
교환 법칙	$A+B=B+A,\ AB=BA$
결합 법칙	$A+(B+C)=(A+B)+C,\ A(BC)=(AB)C$
분배 법칙	$A(B+C)=AB+AC,\ A+(BC)=(A+B)(A+C)$
드모르간의 제1법칙	$\overline{A+B}=\overline{A}\,\overline{B}$
드모르간의 제2법칙	$\overline{AB}=\overline{A}+\overline{B}$

5. 에너지 신호와 전력 신호

신호가 유한값의 에너지를 가질 경우 신호 $x(t)$는 에너지 신호라고 하며, 유한값의 평균 전력을 가질 경우 전력 신호라고 한다. 에너지 신호는 평균 전력이 $P=0$이며 반대로 전력 신호의 에너지는 $E \to \infty$가 된다.

6. 선형 시스템

선형 시스템은 중첩의 원리가 성립하는 시스템을 말한다. 선형 시스템의 경우 입력 신호를 기본 신호의 조합으로 분해하여 각 기본 신호에 대한 출력 신호를 얻은 뒤, 이들을 다시 조합하여 원래의 입력 신호에 대한 출력을 얻을 수 있다.

7. 푸리에 급수

주기 신호를 복소 지수 함수들의 합 형태로 전개한 것을 말하며, 주기 신호의 푸리에 급수 계수들은 조화 주파수 성분을 의미하므로 주기 신호는 선 스펙트럼을 갖는다. 임의의 주기 신호 $x(t)$에 대한 푸리에 급수 전개는 다음과 같다.

$$x(t) = \sum_{n=-\infty}^{\infty} x_n e^{j2\pi n f_0 t}, \quad f_0 = 1/T_0$$

$$x_n = \frac{1}{T_0}\int_{\alpha}^{\alpha+T_0} x(t) e^{-j2\pi n f_0 t} dt$$

8. 푸리에 변환

푸리에 변환은 비주기 함수에 적용하는 푸리에 급수를 확장한 형태라고 할 수 있으며, 비주기 함수에 대한 스펙트럼 정보를 얻을 수 있다. 푸리에 변환쌍은 다음과 같이 정의된다.

$$\mathscr{F}[x(t)] = X(f) = \int_{-\infty}^{\infty} x(t) e^{-j2\pi f t} dt$$

$$\mathscr{F}^{-1}\{X(f)\} = x(t) = \int_{-\infty}^{\infty} X(f) e^{j2\pi f t} df$$

9. 푸리에 변환의 특징

- 선형성 : $\mathscr{F}[\alpha x_1(t)+\beta x_2(t)]=\alpha\mathscr{F}[x_1(t)]+\beta\mathscr{F}[x_2(t)]$
- 쌍대성 : $x(t)\leftrightarrow X(f),\ X(t)\leftrightarrow x(-f)$
- 시간 이동 : $\mathscr{F}[x(t-t_0)]=e^{-j2\pi f t_0}\cdot X(f)$
- 주파수 이동 : $\mathscr{F}[x(t)\cos(2\pi f_0 t)]=\frac{1}{2}[X(f-f_0)+X(f+f_0)]$
- 콘벌루션 특성 : $\mathscr{F}\{x(t)*y(t)\}=X(f)Y(f),\ \mathscr{F}\{x(t)\cdot y(t)\}=X(f)*Y(f)$
- 파시발의 정리 : $\int_{-\infty}^{\infty}|x(t)|^2dt=\int_{-\infty}^{\infty}|X(f)|^2df$

10. 위너 힌친의 정리

비주기 전력 신호 $x(t)$의 전력밀도 스펙트럼 $S_x(f)$와 시간 자기 상관 함수 $R_{xx}(\tau)$에 대한 푸리에 변환이 같음을 알 수 있는데, 이를 위너 힌친의 정리라고 한다. 즉, 비주기 전력 신호의 전력밀도 스펙트럼은 자기 상관 함수를 통해 구할 수 있다.

$$S_x(f)=\mathscr{F}\{R_{xx}(\tau)\}=\lim_{T\to\infty}\frac{|X_T(f)|^2}{T}$$

1.1 확률과 랜덤 과정의 필요성

확률과 랜덤 과정 이론이 응용되는 분야는 통신 시스템, 전기 및 전자 공학, 음향 공학, 지리 공학, 해양 및 환경 공학, 컴퓨터 공학, 화공학, 기계 공학, 우주 천문학 등 실로 광범위하다. 특히 시스템을 설계하거나 신호를 분석할 경우, 랜덤 신호 자체가 분석적analytic이지 않으므로 확률 이론이나 랜덤 과정을 이용해 시뮬레이션simulation을 수행해야 하고, 그 결과도 확률과 랜덤 과정을 통해 분석해야 한다.

이 책은 확률 이론이나 랜덤 과정에 대한 개념을 주로 랜덤 신호random signal와 관련하여 정의하고 설명하려고 노력했다. 공학을 다루는 데 확률과 랜덤 과정이 왜 필요한지 예를 들어 알아보자.

[그림 1-1]은 통신 시스템에 항상 존재하는 백색 가우시안 잡음white Gaussian noise을 나타낸 것으로, 그림에서 볼 수 있듯이 잡음 신호는 랜덤 신호다. 잡음 신호 자체를 분석적으로 표현하는 것이 어렵기 때문에, 확률과 통계적인 방법을 통해 다뤄야 한다.

$n_1(t)$와 $n_2(t)$의 경우 두 잡음 신호의 모양과 크기가 거의 같아 구별할 수 없지만, $n_2(t)$의 평균값average value이 $n_1(t)$의 평균값보다 더 크므로 평균값은 두 랜덤 신호를 구별하는 데 대단히 중요한 척도가 된다. 마찬가지로 $n_3(t)$, $n_4(t)$의 경우에도 두 잡음 신호는 모양과 크기가 거의 같아 구별할 수 없지만, $n_4(t)$의 평균값이 $n_3(t)$의 평균값보다 더 크다는 것을 알 수 있다. 한편 $n_1(t)$와 $n_3(t)$의 경우 두 신호의 모양과 평균값은 유사하지만 $n_3(t)$의 전력power이 $n_1(t)$의 전력보다 훨씬 큼을 알 수 있는데, 이는 분산variance이라는 통계 파라미터를 이용해 측정할 수 있다.

평균과 분산은 랜덤 신호를 다루는 데 매우 중요한 통계 척도다. 이 척도를 이용하여 [그림 1-1]의 신호에 대해, $n_2(t)$와 $n_4(t)$는 $n_1(t)$와 $n_3(t)$에 비해 전체적인 신호 중간 레벨(평균)이 더 크고, $n_3(t)$와 $n_4(t)$는 $n_1(t)$와 $n_2(t)$에 비해 전체적인 신호 레벨은 같으나 평균을 중심으로 위아래로 변화하는 정도(분산)가

더 크다고 말할 수 있다. 이와 같이 평균과 분산은 랜덤 신호를 표현하고 분석하는 데 중요한 개념으로 사용된다. 랜덤 신호가 전기 신호electrical signal일 경우 평균은 랜덤 신호의 직류 성분DC component을, 분산은 랜덤 신호의 교류 평균 전력AC average power을 의미한다. 다시 말하지만 확률과 통계에 대한 개념 없이 랜덤 신호를 분석하는 것은 거의 불가능하다.

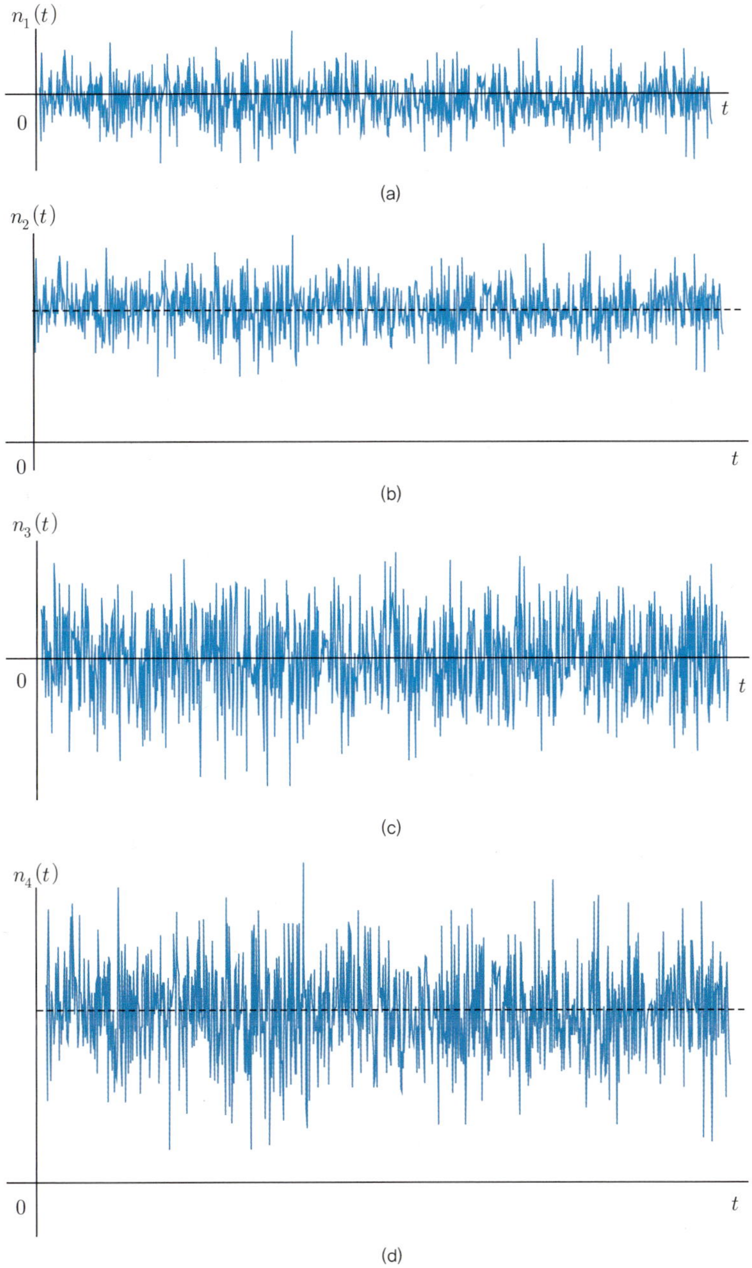

[그림 1-1] 여러 가지 형태의 백색 가우시안 잡음 신호

[그림 1-1]의 잡음 신호는 어느 한 시간 대에 발생한 랜덤 신호 중 하나일 뿐이므로, 백색 가우시안 신호 전체의 완전한 특성을 나타낸다고 볼 수 없다. 예를 들어 통신 시스템에서 발생하는 백색 가우시안 잡음 신호는 모양과 크기 등이 서로 유사하지만 현재 발생한 잡음 신호와 내일 동일한 시간에 발생할 잡음 신호, 그리고 한 달 뒤에 발생할 잡음 신호가 똑같지 않다. 각각의 신호는 채널 상태나 통신 시스템 상태 등에 따라 조금씩 변한다고 볼 수 있다. 따라서 전체적이면서 일반적인 백색 가우시안 잡음의 통계적 특성을 얻으려면 발생 가능한 모든 잡음 신호를 모아서 다뤄야 한다. 이와 같이 발생 가능한 잡음 신호를 모두 모은 랜덤 신호의 집합을 앙상블ensemble이라고 하고, 앙상블을 구성하고 있는 각각의 랜덤 신호를 표본 함수sample function라고 부른다.

[그림 1-2]는 백색 가우시안 잡음의 앙상블 개념도를 나타낸 것이다. 랜덤 신호를 앙상블 형태로 다루는 것이 랜덤 과정random process이다. 위에서 예를 든 백색 가우시안 잡음의 평균은 앙상블 평균ensemble average으로 취급하는 것이 타당하다. 앙상블 평균이란 표본 함수들에 대한 각각의 평균값들에 대해 또 다시 평균을 취해 얻은 값으로, 앙상블 평균이 백색 가우시안 잡음의 진정한 평균이라고 할 수 있다. 대부분의 랜덤 신호는 앙상블, 즉 랜덤 과정의 개념으로 표현되며 이 책의 제5장에서 제7장까지 랜덤 과정을 상세히 다룰 것이다.

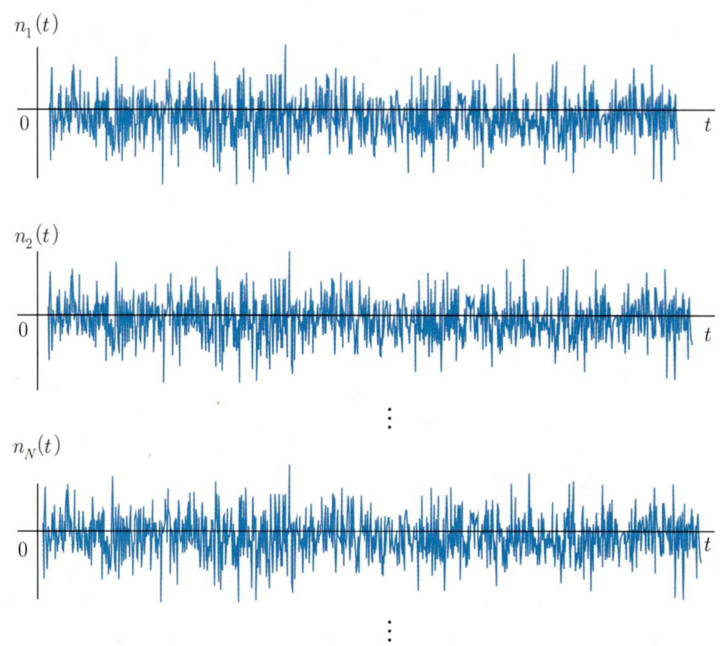

[그림 1-2] **백색 가우시안 잡음의 앙상블 개념도**

확률과 랜덤 과정 개념을 이해하려면 신호 및 시스템, 푸리에 기법Fourier technique, 집합 이론set theory 등에 대해 미리 알고 있어야 한다. 이 책에서는 위에서 말한 선행 이론을 정리하는 의미에서 제1장에 관련 이론을 간략히 요약하였다. 먼저 1.2절에서는 집합 이론의 중요 부분을 설명하고, 1.3절에서는 이 책을 공부하는 데 필수적인 푸리에 변환, 신호 및 시스템의 기본 이론을 정리한다.

1.2 집합 이론

▪ 집합 이론

집합 이론set theory을 통해 사물이나 심벌 등을 세고counting, 그룹화grouping하는 데 체계적이고 수학적인 방법을 얻을 수 있다. 즉, 집합 이론을 알면 어떤 실험 결과에 대해 확률 개념을 적용할 수 있기 때문에, 집합 이론은 확률 이론을 공부할 때 기본이 된다.

집합이란 사물 혹은 실험으로부터 얻은 결과값을 모아 놓은 것으로, 결과값들을 집합의 원소라고 한다. 집합은 원소를 나열하여 정의할 수도 있고 집합의 특성 혹은 성질을 기술하여 정의할 수도 있다. 예를 들어 주사위를 던지는 실험에서 윗면에 나오는 점의 개수를 관찰할 때, 짝수 집합 A를 다음과 같이 두 가지 형태로 정의할 수 있다.

$$A = \{2,4,6\} \tag{1.1}$$

$$A = \{a \mid \text{주사위 윗면에 나오는 점의 개수가 짝수}\} \tag{1.2}$$

집합은 대문자(A, B, C, $\cdots$)로 표시하고, 집합을 구성하는 원소는 소문자(a, b, c, $\cdots$)로 표시한다. 원소 a가 집합 A에 포함되는 원소일 경우 $a \in A$로 표시하고, 구성 원소가 아닐 경우 $a \notin A$로 표시하여 집합과 원소 사이의 관계를 나타낸다. 또한 집합 B가 집합 A의 부분 집합subset일 경우 집합 B가 A에 포함됨을 $B \subset A$로 표시하여 포함 관계를 나타낸다. 또한 전체 집합을 S라고 하고 공집합empty set을 $\varnothing$로 표시하면 집합 A에 대해 식 (1.3)이 성립한다.

$$\varnothing \subset A \subset S, \ A \subset A \tag{1.3}$$

1.2.1 집합의 연산

집합도 여러 가지 연산operation을 적용할 수 있다. [표 1-1]은 주요 집합 연산을 정리한 것이다. 집합 A와 B의 덧셈을 A와 B의 합집합이라고 하여 $A \cup B$로 표시한다. 또한 A와 B의 뺄셈을 차집합, A와 B의 곱셈을 교집합 AB라고 한다. A의 여집합은 A^c 혹은 $\overline{A}$로 표시하며, 전체 집합 S의 원소 중에서 집합 A에 포함되지 않는 원소의 집합을 의미한다.

[표 1-1] 주요 집합 연산

연산	기호	내용
합집합	$A+B = A\cup B$	A와 B에 속한 모든 원소의 집합
차집합	$A\subset B$일 때 $B-A$	B의 원소 중 A에 속하지 않는 원소의 집합
교집합	$AB = A\cap B$	A와 B에 모두 속하는 원소의 집합
여집합	$A^c = \overline{A}$	전체 집합 S의 원소 중에서 A에 속하지 않는 원소의 집합

1.2.2 집합의 대수 법칙

[표 1-1]의 집합 연산을 이용하면 [표 1-2]와 같은 집합 연산에 대한 대수 법칙을 이끌어낼 수 있다. 특히 **드모르간의 법칙**De Morgan's law은 복잡한 집합 연산을 간단히 계산할 수 있는 중요한 법칙으로 널리 이용된다. [그림 1-3]은 이러한 집합 연산의 대수 법칙을 설명할 때 널리 사용되는 것으로 **벤 다이어그램**Venn diagram이라고 한다.

▪ 드모르간의 법칙

▪ 벤 다이어그램

[표 1-2] 집합 연산에 대한 대수 법칙

대수 법칙	내용
멱등 법칙	$A+A=A,\ AA=A$
교환 법칙	$A+B=B+A,\ AB=BA$
결합 법칙	$A+(B+C)=(A+B)+C,\ A(BC)=(AB)C$
분배 법칙	$A(B+C)=AB+AC,\ A+(BC)=(A+B)(A+C)$
드모르간의 제1법칙	$\overline{A+B}=\overline{A}\,\overline{B}$
드모르간의 제2법칙	$\overline{AB}=\overline{A}+\overline{B}$

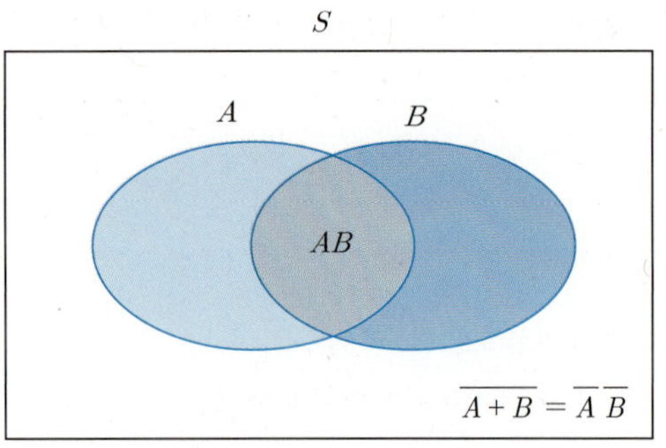

[그림 1-3] 집합에 대한 벤 다이어그램

■ 상호 배타적

한편 임의의 두 집합 A, B에 대해 공통으로 속하는 원소가 없으면 두 집합 A, B는 **상호 배타적**mutually exclusive이라고 한다. 다시 말해 두 집합 A, B가 상호 배타적이면 $AB=\varnothing$이다.

예제 1-1 벤 다이어그램

다음 그림과 같은 벤 다이어그램에 대해 물음에 답하라.

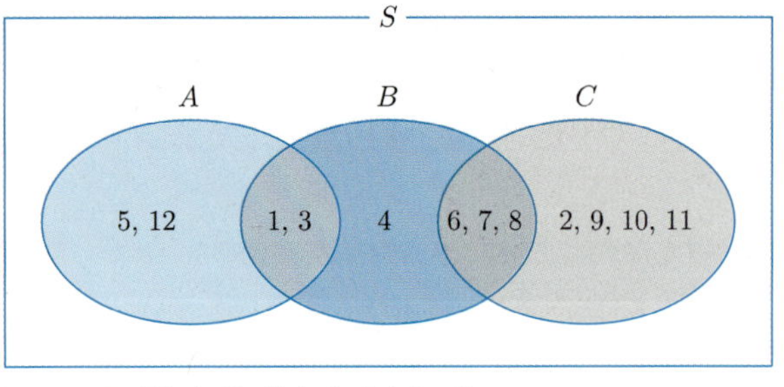

[그림 1-4] 집합 A, B, C의 벤 다이어그램

(a) $A+B$, AB, $B+C$, BC를 구하라.

(b) $A+(B+C)=(A+B)+C=A+B+C$임을 보여라.

(c) $(AB)C=A(BC)=ABC$임을 보여라.

(d) 드모르간의 제1법칙과 제2법칙이 성립함을 보여라.

(e) 상호 배타적인 두 집합은 무엇인가?

풀이

(a) $A+B=\{1,3,4,5,6,7,8,12\}$, $AB=\{1,3\}$, $B+C=\{1,2,3,4,6,7,8,9,10,11\}$, $BC=\{6,7,8\}$

(b) $A=\{1,3,5,12\}$이고 $B+C=\{1,2,3,4,6,7,8,9,10,11\}$이므로 $A+(B+C)=\{1,2,3,4,5,6,7,8,9,10,11,12\}=S$이다. 같은 방법으로 계산하면 $(A+B)+C=A+B+C=S$임을 알 수 있다.

(c) $AB=\{1,3\}$이고 $C=\{2,6,7,8,9,10,11\}$이므로 $(AB)C=\varnothing$이다. 같은 방법으로 계산하면 $A(BC)$

$= ABC = \varnothing$ 임을 알 수 있다.

(d) 드모르간의 제1법칙 : $\overline{A+B} = \overline{A}\ \overline{B}$

$\overline{A+B} = \{2,9,10,11\}$, $\overline{A} = \{2,4,6,7,8,9,10,11\}$, $\overline{B} = \{2,5,9,10,11,12\}$이므로 $\overline{A+B} = \overline{A}\ \overline{B}$이 성립한다.

드모르간의 제2법칙 : $\overline{AB} = \overline{A} + \overline{B}$

$\overline{AB} = \{2,4,5,6,7,8,9,10,11,12\}$, $\overline{A} = \{2,4,6,7,8,9,10,11\}$, $\overline{B} = \{2,5,9,10,11,12\}$이므로

$\overline{AB} = \overline{A} + \overline{B}$가 성립한다.

(e) 집합 A와 C는 공통 원소가 없으므로 상호 배타적이다.

1.3 신호 및 시스템

이 절에서는 앞으로 이 책에서 사용할 여러 가지 신호와 시스템을 설명하고, 특이 신호의 수학적 표현법과 이를 이해하기 위해 필요한 기본적인 해석 기법을 설명한다. 특히 주파수 영역에서 선형 시스템과 여러 가지 신호를 해석할 수 있는 강력한 기법인 **푸리에 변환**Fourier transform에 대해 알아본다. 또한 랜덤 특성을 갖는 신호의 주파수 스펙트럼spectrum을 얻기 위해 필요한 전력밀도 스펙트럼과 에너지 밀도 스펙트럼의 개념에 대해서도 알아본다.

▪ 푸리에 변환

1.3.1 연속 신호와 이산 신호

▪ 연속 신호

▪ 이산 신호

연속 신호continuous-time signal $x(t)$는 모든 연속 시간 t에 대해 실수 혹은 복소수의 값으로 기술되는 신호로, 연속 시간 변수 t는 실수값을 가진다. 한편 **이산 신호**discrete-time signal $x[n]$은 이산 시간 변수 n에 의해 표현되고, 시간 변수 n은 정수값을 가진다. [그림 1-5(a)]는 연속 신호의 예를, [그림 1-5(b)]는 이산 신호의 예를 나타낸 것이다.

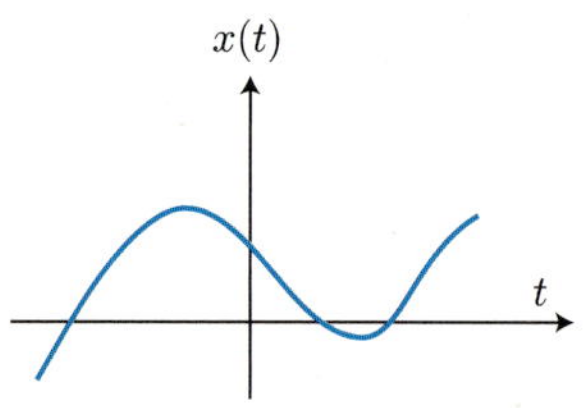

(a) 연속 신호

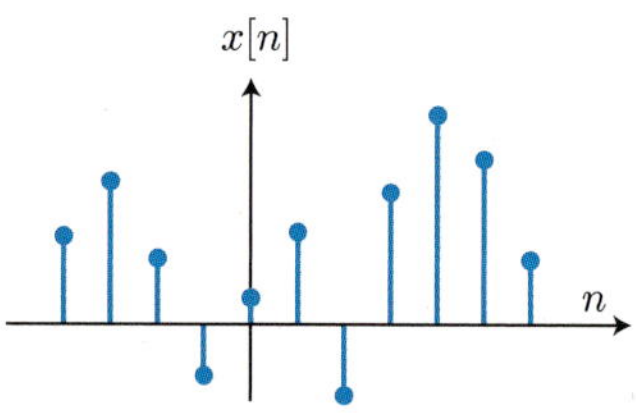

(b) 이산 신호

[그림 1-5] **연속 신호와 이산 신호의 예**

1.3.2 결정 신호와 랜덤 신호

모든 시간값 t에 대해 실수 혹은 복소수 형태로 $x(t)$의 신호값이 결정되어 알 수 있는 신호 $x(t)$를 **결정 신호**deterministic signal라고 한다. 한편 신호 $x(t)$의 값이 랜덤 변수 형태로 존재하여 통계적인 값(평균, 분산 등)으로만 표현되는 신호 $x(t)$를 **랜덤 신호**random signal라고 한다. 앞으로 공부할 대부분의 신호는 랜덤 신호이며, 잡음 신호 또한 랜덤 신호다.

▪ 결정 신호

▪ 랜덤 신호

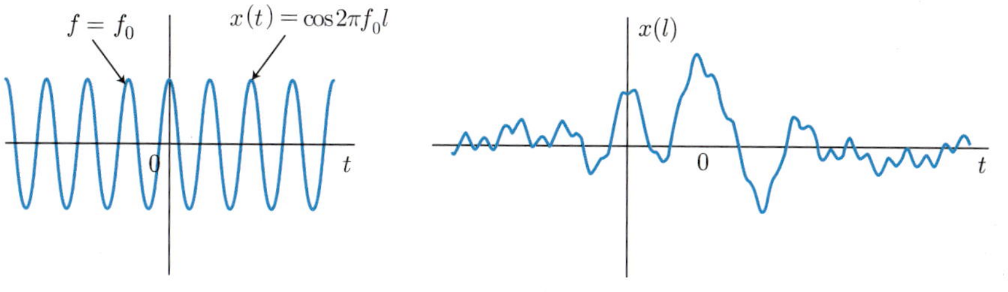

(a) 결정 신호　　(b) 랜덤 신호

[그림 1-6] **결정 신호와 랜덤 신호의 예**

1.3.3 주기 신호와 비주기 신호

주기 신호periodic signal는 일정한 모양의 신호가 주기적으로 반복되는 신호로, 식 (1.4)와 같은 성질이 있다. 임의의 시간 t에 대해 식 (1.4)가 성립하며

▪ 주기 신호

$$x(t) = x(t + T_0) \tag{1.4}$$

이때 주기 신호 $x(t)$의 주기period는 T_0가 된다. 이산 신호가 주기 신호일 경우에는 식 (1.5)와 같은 성질을 갖는다. 즉, 임의의 정수 n에 대해

$$x[n] = x[n + N_0] \tag{1.5}$$

이고, 이때 주기 신호 $x[n]$의 주기는 N_0다.

한편 식 (1.4)나 식 (1.5)를 만족하지 않는 신호를 **비주기 신호**non-periodic signal라고 한다. [그림 1-6(a)]와 같은 코사인파의 결정 신호는 주기 신호의 예고, [그림 1-6(b)]와 같은 랜덤 신호는 비주기 신호의 한 예다. 때로는 비주기 신호를 주기가 무한대인 주기 신호의 특수한 경우로 보기도 한다.

▪ 비주기 신호

1.3.4 에너지 신호와 전력 신호

통신 시스템에서 다루는 신호는 전류 혹은 전압 신호로 볼 수 있으므로 신호 $x(t)$에 대한 **순시 전력**instantaneous power은 $|x^2(t)|[W]$이고, 이 신호에 대한 에너지는 식 (1.6)과 같이 표현할 수 있다.

$$E = \lim_{T \to \infty} \int_{-T}^{T} |x(t)|^2 dt \tag{1.6}$$

또한 신호 $x(t)$의 평균 전력average power은

$$P = \lim_{T \to \infty} \frac{1}{T} \int_{-T/2}^{T/2} |x(t)|^2 dt \tag{1.7}$$

와 같이 표현할 수 있다.

▪ 에너지 신호
▪ 전력 신호

신호 $x(t)$가 유한값의 에너지를 가질 경우 신호 $x(t)$를 **에너지 신호**energy signal라고 하고, 유한값의 평균 전력을 가질 경우 **전력 신호**power signal라고 한다. [그림 1-7]은 에너지 신호와 전력 신호의 예를 나타낸 것이다. 에너지 신호는 평균 전력이 $P = 0$이고, 반대로 전력 신호의 에너지는 $E \to \infty$임을 잘 알아둬야 한다.

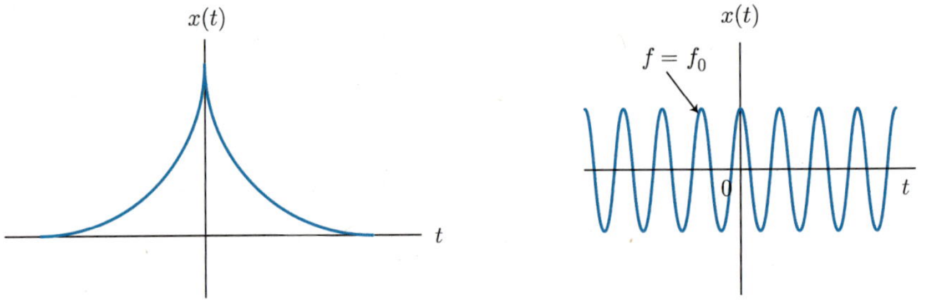

(a) 에너지 신호 (b) 전력 신호

[그림 1-7] **에너지 신호와 전력 신호의 예**

예제 1-2 에너지 신호

신호 $x(t)=5e^{-3t}u(t)$가 에너지 신호임을 보여라.

풀이

$$\begin{aligned} E_x &= \int_{-\infty}^{\infty} |x(t)|^2 dt \\ &= \int_{-\infty}^{\infty} |5e^{-3t}u(t)|^2 dt \\ &= 25/6 < \infty \end{aligned}$$

따라서 $x(t)$는 에너지 신호다.

예제 1-3 전력 신호

신호 $x(t)=5u(t)$가 전력 신호임을 보여라.

풀이

신호 $x(t)$의 에너지는 무한하므로 에너지 신호가 아니다. 신호 $x(t)$의 평균 전력을 계산하면 다음과 같다.

$$P_x = \lim_{T\to\infty}\frac{1}{T}\int_{-T/2}^{T/2}|x(t)|^2 dt = \frac{5^2}{2} < \infty$$

$x(t)$의 평균 전력은 유한하므로 $x(t)$는 전력 신호다.

1.3.5 특이 신호

앞으로 확률 계산, 랜덤 변수 및 랜덤 과정을 설명하는 데 자주 이용할 함수가 몇 가지 있다. 이 절에서는 그러한 함수를 정의하고, 함수가 갖는 특성에 대해 살펴본다. 이 함수들 중에는 실제로 존재하지는 않지만 여러 가지 신호를 수학적으로 표현하는 데 유용한 함수들이 있으며, 이와 같은 함수들을 이용해 정의한 신호를 특이 신호라고 한다. 이 절에서는 특이 함수와 특이 신호를 같은 의미로 혼용하여 사용하기로 한다.

단위 임펄스 함수 : $\delta(t)$

■ 단위 임펄스 함수

단위 임펄스 함수unit impulse function 및 델타 함수delta function는 아주 작은 시간 구간 동안에 발생하는 물리적 현상을 수학적으로 모델링하기 위해 사용하는 개념적인 함수다. 앞으로 자주 사용할 중요한 함수이므로 잘 알아두자.

■ 분포 함수

임펄스 함수는 발생되는 시간 구간이 너무 작아 실제로 측정할 수 없어, 그 시간 구간을 0으로 간주한다. 따라서 엄밀하게 임펄스 함수 $\delta(t)$는 수학적인 의미의 함수가 아닌, 일종의 **분포 함수**distribution function라고 해야 한다. 임펄스 분포 함수는 식 (1.8)과 같이 적분 기호를 사용하여 다른 함수와 함께 정의한다.

$$\int_{\alpha}^{\beta} f(t)\,\delta(t-t_0)dt = \begin{cases} f(t_0) & \alpha \le t_0 \le \beta \\ 0 & elsewhere \end{cases} \tag{1.8}$$

식 (1.8)에서 임펄스 함수는 시간 $t = t_0$에 대한 함수 $f(t)$값 $f(t_0)$를 발생시키는 효과가 있다. 이런 성질을 **이동 특성**shifting property이라고 한다. 임펄스 함수의 개념을 이해하기 위해 흔히 식 (1.9)와 같은 방법을 사용한다.

$$\delta(t) = \lim_{\epsilon \to 0} \frac{1}{\epsilon} \prod\left(\frac{t}{\epsilon}\right) \tag{1.9}$$

여기에서 $\frac{1}{\epsilon} \prod\left(\frac{t}{\epsilon}\right)$는 폭이 ϵ이고 면적이 1인 구형파 함수rectangular function이고, [그림 1-8]과 같이 나타낸다.

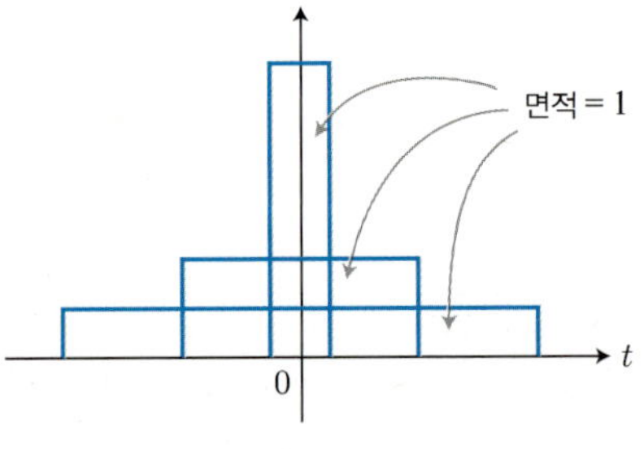

[그림 1-8] **극한을 이용한 임펄스 함수**

식 (1.9)에서 전체 면적은 1이므로

$$\int_{-\infty}^{\infty} \delta(t)dt = 1 \tag{1.10}$$

이 성립하며, 이는 식 (1.8)에 의한 정의에도 부합된다. 임펄스 신호는 [그림 1-9]와 같이 도식적으로 나타낼 수 있다.

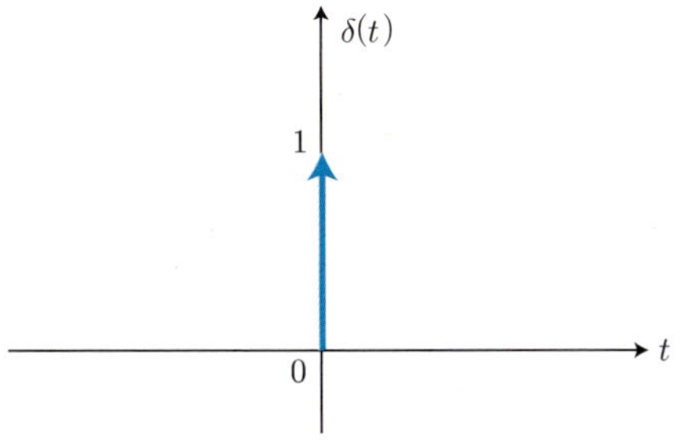

[그림 1-9] **임펄스 신호**

임펄스 신호에 임의의 연속 신호 $x(t)$를 곱하는 경우 어떤 결과를 얻을 수 있는지 살펴보자. $\delta(t)$는 $t=0$을 제외한 나머지 부분에서는 모두 0이므로 식 (1.11)이 성립한다.

$$x(t)\delta(t) = x(0)\delta(t) \tag{1.11}$$

마찬가지로 $t=T$에 위치한 $\delta(t-T)$에 연속 신호 $x(t)$를 곱하면 식 (1.12)가 된다.

$$x(t)\,\delta(t-T) = x(T)\delta(t-T) \tag{1.12}$$

식 (1.12)로부터 연속 신호 $x(t)$에 대해

$$\int_{-\infty}^{\infty} x(t)\delta(t)dt = x(0)\int_{-\infty}^{\infty}\delta(t)dt = x(0) \tag{1.13}$$

가 성립하므로 두 신호의 곱 $x(t)\,\delta(t)$에 대한 면적은 임펄스 신호가 위치한 순간($t=0$)의 신호값 $x(0)$과 같음을 알 수 있다. 이는 신호값 $x(0)$을 표본화sampling한 동작과 같다고 볼 수 있다.

단위 계단 함수 : $u(t)$

단위 계단 함수unit step function $u(t)$는 식 (1.14)와 같이 정의하고, [그림 1-10]과 같이 나타낸다. ▪단위 계단 함수

$$u(t) = \begin{cases} 1 & t \geq 0 \\ 0 & t < 0 \end{cases} \tag{1.14}$$

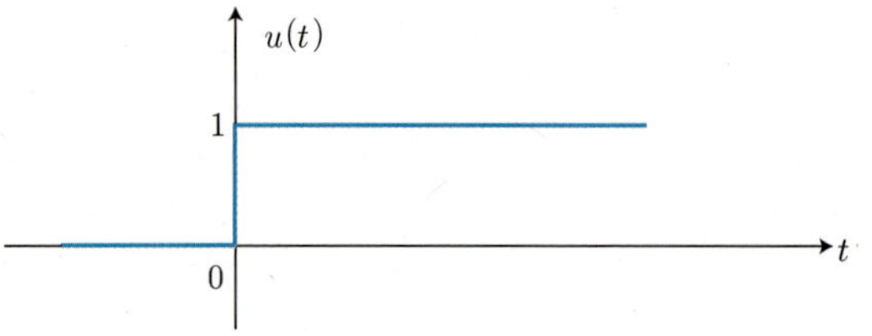

[그림 1-10] **단위 계단 함수**

임의의 함수를 단위 계단 함수에 곱하면 그 함수의 인과 신호causal signal 형태가 나타나는데, 이때 인과 신호란 $t=0$ 이전에 시작되지 않는 신호를 말한다. 단위 계단 함수는 임펄스 함수와 밀접한 관계를 가지고 있으며, 식 (1.15)와 식 (1.16)을 통해 두 함수 간의 관계를 밝힐 수 있다.

$$u(t) = \int_{-\infty}^{t} \delta(\tau)d\tau = \begin{cases} 0 & t < 0 \\ 1 & t \geq 0 \end{cases} \tag{1.15}$$

$$\frac{du(t)}{dt} = \delta(t) \tag{1.16}$$

Sinc 함수 : $\text{sinc}(x)$

■ sinc 함수

sinc 함수sinc function는 다음과 같이 정의한다.

$$\text{sinc}(x) = \begin{cases} \sin(\pi x)/(\pi x) & x \neq 0 \\ 1 & x = 0 \end{cases} \tag{1.17}$$

[그림 1-11]은 $\text{sinc}(x)$ 함수를 나타낸 것이다. $x=0$일 때 최댓값 1을, $x = \pm 1, \pm 2, \pm 3, \cdots$일 때 0값을 가진다.

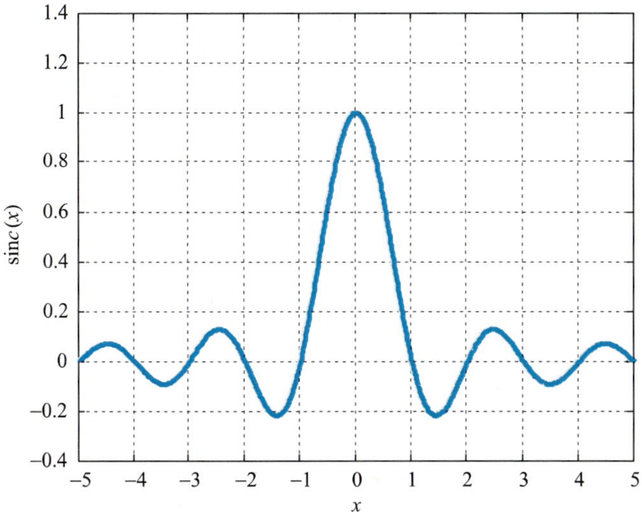

[그림 1-11] sinc(x) 함수

1.3.6 시스템의 종류와 기본 특성

시스템이란 입력 신호에 대해 시스템 고유 특성에 따라 동작하여 출력 신호output signal를 나타내는 과정을 통칭하는 것이다. 시스템은 **연속성**continuity, **선형성**linearity, **인과성**causality, **시불변성**time-invariance 등의 특징이 있다. 이 절에서는 이러한 특징에 따라 시스템을 분류하고, 특별히 통신 공학에서 중요하게 사용하는 선형 시불변 시스템의 입출력 관계를 살펴볼 것이다.

선형 시스템과 비선형 시스템

선형 시스템linear system은 중첩의 원리superposition principle가 성립하는 시스템을 말한다. 두 입력 신호 $x_1(t)$, $x_2(t)$에 대한 출력 신호가 각각 $y_1(t)$, $y_2(t)$라고 할 때, 식 (1.18)과 같이 중첩의 원리를 만족하면 그 시스템을 선형 시스템이라고 한다.

■선형 시스템

$$f[a\,x_1(t)+b\,x_2(t)]=a\,y_1(t)+b\,y_2(t) \tag{1.18}$$

시스템에서 선형성은 매우 중요한 성질이다. 선형 시스템의 경우 입력 신호를 기본 신호fundamental signal의 조합으로 분해하여 각 기본 신호에 대한 출력 신호를 얻은 후, 이들을 다시 조합하여 원래 입력 신호에 대한 출력을 쉽게 얻는 경우가 많다. 예를 들어 미분기를 선형 시스템이라고 할 수 있는 이유는, 중첩의 원리가 성립하기 때문이다. 일반적으로 실제 시스템의 대부분은 **비선형 시스템**nonlinear system이지만 선형 시스템으로 근사화하여 입출력 관계를 나타내는 경우가 많다. 식 (1.19)는 선형 시스템인 미분기의 중첩 특성을 나타낸 것이다.

■ 비선형 시스템

$$\frac{d}{dt}[\alpha x_1(t)+\beta x_2(t)] = \alpha x'_1(t)+\beta x'_2(t) \tag{1.19}$$

시불변 시스템과 시변 시스템

■ 시불변 시스템

시불변TI : Time-Invariant **시스템**이란 입출력 관계가 시간에 따라 변화하지 않는 시스템으로, t_0만큼 지연된 신호 $x(t-t_0)$가 시스템에 인가될 때 출력 신호도 동일한 시간 t_0만큼 지연되어 나타나는 시스템을 말한다. 이를 수식으로 표현하면 식 (1.20)과 같다. [그림 1-12]는 시불변성의 개념을 나타낸 것이다.

$$y(t-t_0) = f[x(t-t_0)] \tag{1.20}$$

만약 식 (1.20)의 조건을 충족하지 않으면, 시변TV : Time-Variant 시스템이다. 미분기는 식 (1.21)로부터 시불변 시스템임을 알 수 있는데, 예를 들어 $\frac{d}{dt}\{x(t-t_0)\}$의 경우를 살펴보자. $t' = t-t_0$로 치환하면 $dt' = dt$이므로 식 (1.21)이 성립한다. 따라서 미분기는 시불변 시스템이다.

$$\frac{d}{dt}\{x(t-t_0)\} = \frac{d}{dt'}\{x(t')\} = x'(t') = x'(t-t_0) \tag{1.21}$$

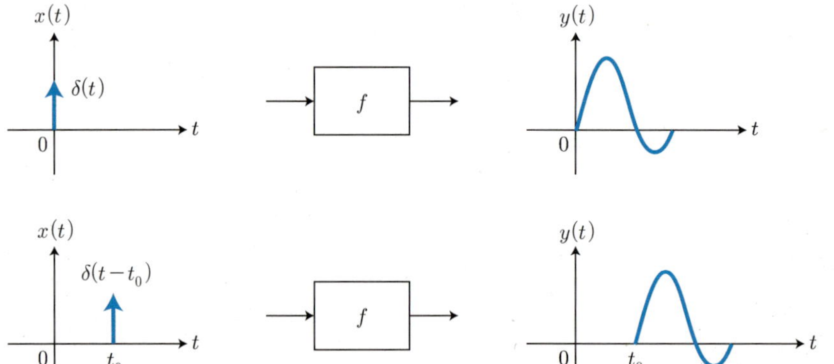

[그림 1-12] **시불변 시스템**

시간 영역에서 선형 시불변 시스템의 입출력 관계

공학 분야에서 가장 중요한 시스템 중 하나는 **선형 시불변**LTI : Linear Time-Invariant **시스템**일 것이다. 실제로 거의 모든 시스템의 입출력 관계는 선형 시불변 시스템으로 가정하여 접근하며, 이런 선형 시불변 시스템의 입출력 관계는 임펄스 응답으로 표현할 수 있다. 임펄스 응답은 시스템 입력으로 단위 임펄스 신호 $\delta(t)$가 인가될 경우 출력되는 신호를 의미하며, $y(t)=f[\delta(t)]=h(t)$로 표시한다.

■ 선형 시불변 시스템

선형 시불변 시스템의 임펄스 응답이 주어진 경우 선형 시불변 시스템의 출력 신호 $y(t)$는 입력 신호 $x(t)$와 임펄스 응답 $h(t)$의 **콘벌루션 적분**convolution integral으로 구한다. 식 (1.22)는 선형 시불변 시스템의 입출력 관계를 콘벌루션 적분을 이용해 표현한 것이다.

■ 콘벌루션 적분

$$\begin{aligned} y(t) &= h(t) * x(t) \\ &= \int_{-\infty}^{\infty} h(\tau)\, x(t-\tau) d\, d\tau \\ &= \int_{-\infty}^{\infty} x(\tau)\, h(t-\tau) d\, d\tau \end{aligned} \tag{1.22}$$

임펄스 응답 $h(t)$는 선형 시불변 시스템의 특성을 완전히 나타낸다. 즉, 선형 시불변 시스템의 임펄스 응답만 알고 있으면 시스템의 동작을 완전히 표현할 수 있다. 입력 신호 $x[n]$과 출력 신호 $y[n]$을 갖는 선형 이산 시스템도, 지연된 입력 신호 $x[n-n_0]$에 대해 동일한 이산 시간 n_0만큼 지연된 출력 신호 $y[n-n_0]$를 출력하면 선형 시불변 이산 시스템이라고 볼 수 있다.

연속 시스템과 마찬가지로 선형 시불변 이산 시스템도 입력 신호와 출력 신호의 관계를 **이산 콘벌루션**discrete convolution으로 계산하여 식 (1.23)과 같이 나타낼 수 있다.

■ 이산 콘벌루션

$$\begin{aligned} y[n] &= h[n] * x[n] \\ &= \sum_{k=-\infty}^{\infty} h[k]x[n-k] = \sum_{k=-\infty}^{\infty} x[k]h[n-k] \end{aligned} \tag{1.23}$$

여기에서 $h[n]$은 단위 임펄스를 이산 시스템에 인가하여 얻은 임펄스 응답 신호다. 통신 시스템을 구성하는 많은 요소가 선형 시불변 시스템이며, 앞에서 본 바와 같이 콘벌루션 적분을 이용해 입출력 관계를 표현할 수 있다. 그리하여 입력 신호에 해당하는 출력 신호를 구하고 시스템 동작을 분석하는 등의 작업을 통해, 최적의 시스템을 설계하고 개선해 나갈 수 있는 것이다. 그러나 콘벌루션 적분으로 구한 선형 시불변 시스템의 분석에는 두 가지 난점이 있다. 첫째, 콘벌루션 적분 계산이 복잡하다는 것, 둘째, 콘벌루션 적분 계산을 했더라도 이를 통해 시스템 자체가 어떤 동작을 했는지 자세히 알 수 없는 경우가 대부분이라는 것이다.

■ 푸리에 기법

선형 시불변 시스템을 분석할 수 있는 중요한 방법 중 하나로 **푸리에 기법**Fourier technique을 들 수 있다. 푸리에 기법은 콘벌루션 적분 계산보다 계산이 훨씬 쉽고, 선형 시불변 시스템의 동작 형태를 상세히 알게 해주는 아주 유용한 도구다. 푸리에 기법은 **푸리에 급수**Fourier series와 **푸리에 변환**Fourier transform으로 나누어 설명할 수 있다.

1.3.7 푸리에 급수

■ 푸리에 급수

푸리에 급수 Fourier series 혹은 푸리에 변환은 임의의 신호를 복소 지수 함수의 합으로 전개하여 표현하는 기법이다. 주기 T_0를 갖는 주기 신호 $x(t)$는 식 (1.24)와 같이 푸리에 급수를 이용해 전개할 수 있다.

$$x(t) = \sum_{n=-\infty}^{\infty} x_n e^{j2\pi n f_0 t}, \quad f_0 = 1/T_0 \tag{1.24}$$

여기에서 x_n을 $x(t)$에 대한 푸리에 급수의 계수라고 하고 식 (1.25)와 같이 구한다.

$$x_n = \frac{1}{T_0}\int_{\alpha}^{\alpha+T_0} x(t) e^{-j2\pi n f_0 t}\, dt \tag{1.25}$$

■ 기본 주파수

■ 조화 주파수

이때 α는 임의의 상수이고, 계산을 간단히 하기 위해 일반적으로 $\alpha = 0$ 혹은 $\alpha = -T_0/2$로 놓는다. 여기에서 주파수 $f_0 = 1/T_0$를 주기 신호 $x(t)$의 **기본 주파수**fundamental frequency라고 하고, 기본 주파수의 정수배인 $f_n = nf_0$를 n번째 **조화 주파수**harmonic frequency라고 한다.

식 (1.24)와 같이 표현되는 푸리에 급수를 복소 지수 푸리에 급수라고 하는데, $x(t)$가 주기 신호일 경우 실함수와 복소 함수 모두에 적용할 수 있다. $x(t)$가 실신호real valued signal인 경우에도 계수 x_n은 복소값을 갖는 것이 일반적이다. 식 (1.25)에서 x_n은 주파수 nf_0의 함수이고, 신호 $x(t)$에 대한 스펙트럼 성분을 의미한다.

예제 1-4 구형 펄스열의 푸리에 급수

[그림 1-13]과 같이 구형 펄스열의 주기가 T_0인 주기 신호 $x(t)$는 $|t| \le \frac{T_0}{2}$에서 다음과 같이 정의된다.

$$x(t) = A\Pi\left(\frac{t}{2t_0}\right) = \begin{cases} A & |t| \le t_0 \\ 0 & otherwise \end{cases} \tag{1.26}$$

단, $t_0 < \frac{T_0}{2}$이다. $A = 1$이고 $T_0 = 4$, $t_0 = 1$일 경우 다음 물음에 답하라.

(a) $x(t)$에 대한 푸리에 급수를 지수 함수 형태로 표현하라.

(b) $x(t)$의 이산 스펙트럼을 그려라.

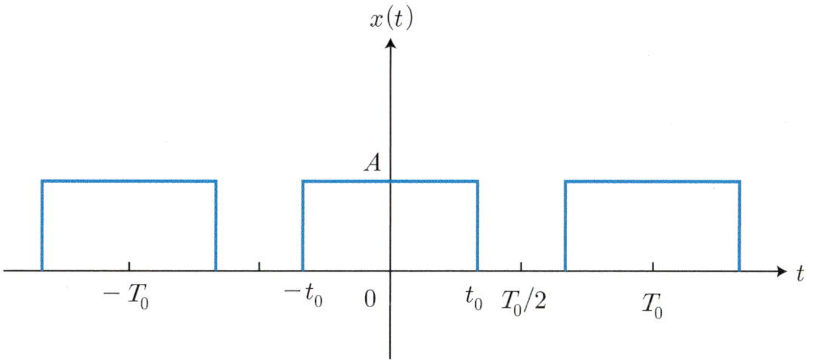

[그림 1-13] **구형 펄스열** $x(t)$

풀이

(a)

$$x(t) = \sum_{n=-\infty}^{\infty} x_n e^{j2\pi n f_0 t}, \quad f_0 = \frac{1}{T_0}$$

$$\begin{aligned} x_n &= \frac{1}{T_0}\int_{-\frac{T_0}{2}}^{\frac{T_0}{2}} x(t)\, e^{-j2\pi n f_0 t}dt = \frac{1}{4}\int_{-2}^{2} x(t)\, e^{-j2\pi nt/2}dt \\ &= \frac{1}{4}\int_{-1}^{1} 1 \cdot e^{-j\pi nt/2}dt = \frac{1}{4}\cdot\left(-\frac{2}{j\pi n}\right)\left[e^{-j\pi n/2}\right]_{-1}^{1} \\ &= \left(\frac{1}{\pi n}\right)\left[\frac{e^{j\pi n/2} - e^{-j\pi n/2}}{2j}\right] = \frac{1}{2}\cdot\frac{\sin(\pi n/2)}{\pi n/2} \\ &= \frac{1}{2}\cdot \mathrm{sinc}\left(\frac{n}{2}\right) \end{aligned}$$

단, $\mathrm{sinc}(x) \triangleq \frac{\sin(\pi x)}{\pi x}$이다.

$x_n = \frac{1}{2}\,\text{sinc}\left(\frac{n}{2}\right)$이므로 n이 짝수일 때마다 $x_n = 0$이 됨을 알 수 있다. $x(t)$를 복소 지수 함수 형태의 푸리에 급수로 전개하면 다음과 같다.

$$x(t) = \sum_{n=-\infty}^{\infty} \frac{1}{2}\,\text{sinc}\left(\frac{n}{2}\right) e^{j2\pi nt/4} \tag{1.27}$$

$$= \frac{1}{2} + \sum_{n=1}^{\infty} \text{sinc}\left(\frac{n}{2}\right)\cos(2\pi nt/4)$$

(b) $x(t)$를 푸리에 급수로 나타낸 뒤 $n = 0, 1, 3, 5, 7, 9$일 경우를 근사화하면 [그림 1-14]와 같다.

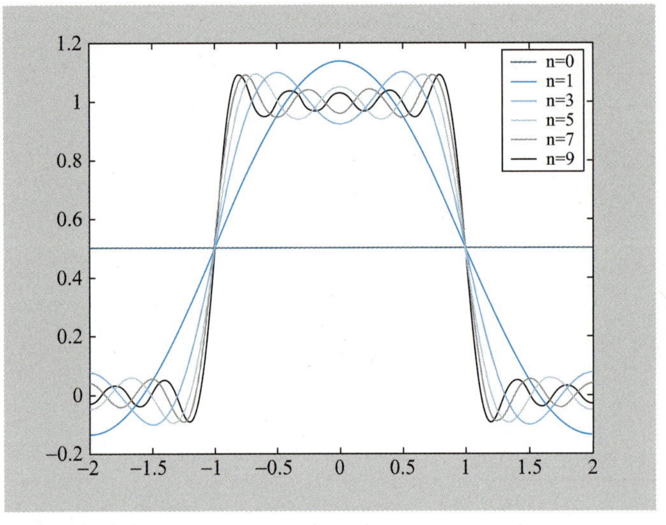

[그림 1-14] 구형파에 대한 푸리에 급수 근사 파형

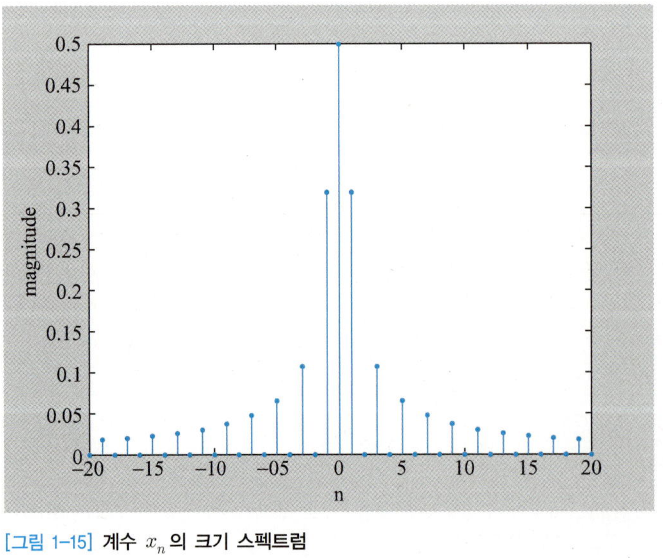

[그림 1-15] 계수 x_n의 크기 스펙트럼

x_n은 항상 실수값이므로, $\angle x_n$은 부호에 따라 0 혹은 π[rad]의 위상각을 가진다. $|x_n| = \frac{1}{2}\left|\text{sinc}\left(\frac{n}{2}\right)\right|$이므로 이산 스펙트럼은 [그림 1-15]와 같이 그릴 수 있다.

1.3.8 푸리에 변환

푸리에 변환 Fourier transform은 비주기 신호에 대해 푸리에 급수를 확장하여 적용한 형태라고 할 수 있다. 따라서 푸리에 변환을 통하여 비주기 신호에 대한 스펙트럼 정보를 얻을 수 있다. ▪푸리에 변환

주기 신호의 스펙트럼은 이산적인 주파수 성분인 기본 주파수 성분과 그 고조파harmonics 성분이 분포되어 있다. 이때 주파수 성분의 간격은 주기에 반비례한다. 한편 비주기 신호는 주기가 무한대인 주기 신호로 볼 수 있으므로, 비주기 신호의 주파수 성분 분포는 주파수 성분 간의 간격이 0인 연속 스펙트럼continuous spectrum 형태가 되리라는 것을 짐작할 수 있다.

식 (1.28)과 식 (1.29)를 비주기 신호 $x(t)$에 대한 **푸리에 변환쌍**Fourier transform pair이라고 하고, 다음과 같이 정의한다. ▪푸리에 변환쌍

$$\mathscr{F}[x(t)] = X(f) = \int_{-\infty}^{\infty} x(t)\, e^{-j2\pi ft} dt \tag{1.28}$$

$$\mathscr{F}^{-1}\{X(f)\} = x(t) = \int_{-\infty}^{\infty} X(f)\, e^{j2\pi ft} df \tag{1.29}$$

여기에서 $\mathscr{F}^{-1}\{X(f)\}$를 $X(f)$에 대한 **역 푸리에 변환**inverse Fourier transform이라고 한다. 일반적으로 스펙트럼 $X(f)$는 복소 함수의 형태이므로, 크기 스펙트럼 $|X(f)|$와 위상 스펙트럼 $\angle X(f)$를 이용해 나타내는 것이 편리하다. ▪역 푸리에 변환

예제 1-5 구형 펄스의 푸리에 변환

다음과 같이 정의되는 구형 펄스 $\Pi(t)$의 푸리에 변환을 구하라.

$$\Pi(t) = \begin{cases} 1 & -1/2 < t \le 1/2 \\ 0 & elsewhere \end{cases}$$

풀이

$$\begin{aligned} X(f) &= \int_{-\infty}^{\infty} \Pi(t)\, e^{-j2\pi ft} dt \\ &= \int_{-1/2}^{1/2} 1\, e^{-j2\pi ft} dt \\ &= \frac{\sin \pi f}{\pi f} \\ &= \mathrm{sinc}(f) \end{aligned}$$

$$\Pi(t) \quad \leftrightarrow \quad \mathrm{sinc}(f) \tag{1.30}$$

[그림 1-16]은 구형 펄스 함수 $\Pi(t)$와 이에 대한 푸리에 변환 $X(f) = \mathrm{sinc}(f)$를 나타낸 것이다.

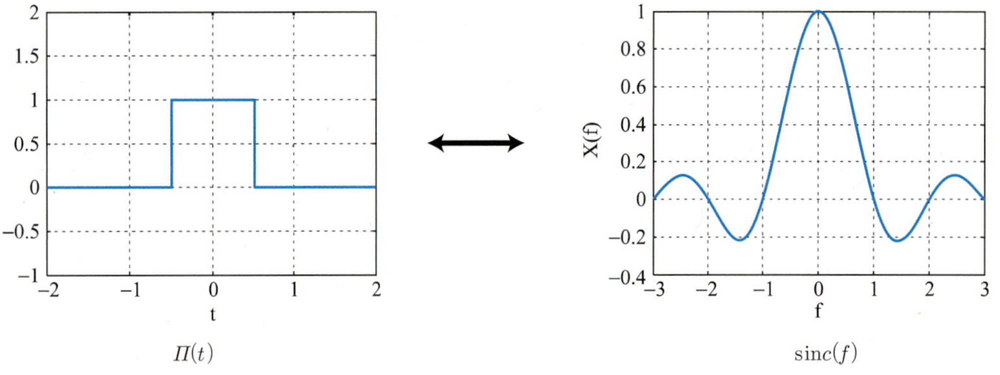

[그림 1-16] **구형 펄스에 대한 푸리에 변환**

예제 1-6 임펄스 함수의 푸리에 변환

단위 임펄스 신호 $\delta(t)$에 대한 푸리에 변환을 구하라.

풀이

$$\mathscr{F}\{\delta(t)\} = \int_{-\infty}^{\infty} \delta(t)\, e^{-j2\pi ft} dt = 1$$

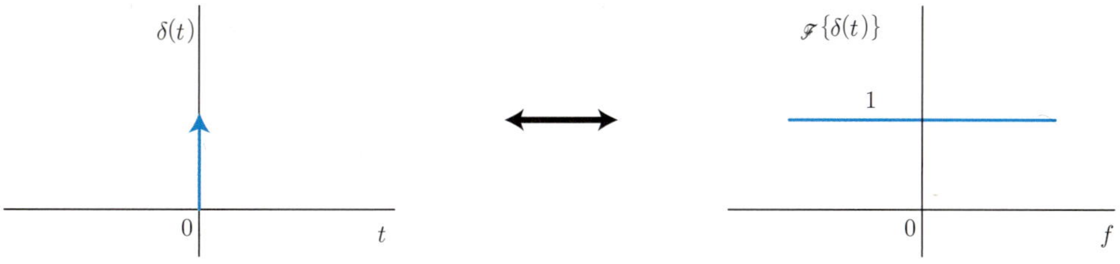

[그림 1-17] 임펄스 함수의 푸리에 변환

[그림 1-17]로부터 임펄스 신호 $\delta(t)$의 주파수 성분은 모든 주파수에 걸쳐 크기가 1이고 위상이 0인 스펙트럼을 가진다는 것을 알 수 있다. 이와 유사한 방법으로 $\delta(f)$에 대한 역 푸리에 변환을 구하면 다음과 같다.

$$\mathscr{F}^{-1}\{\delta(f)\} = \int_{-\infty}^{\infty} \delta(f) e^{j2\pi ft} df = 1$$

$$\therefore \mathscr{F}\{1\} = \delta(f)$$

$$1 \leftrightarrow \delta(f) \tag{1.31}$$

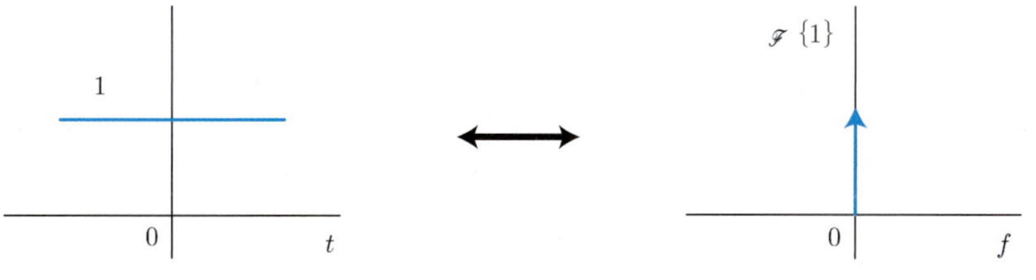

[그림 1-18] 상수에 대한 푸리에 변환

[그림 1-18]을 보면, 상수 1의 주파수 성분은 DC 성분인 0[Hz]를 제외하고는 어떠한 주파수 성분도 존재하지 않음을 알 수 있다.

예제 1-7 지수 함수의 푸리에 변환

지수 함수 $e^{j2\pi f_0 t}$에 대한 푸리에 변환을 구하라.

풀이

$$\mathscr{F}\left\{e^{j2\pi f_0 t}\right\} = \int_{-\infty}^{\infty} e^{j2\pi f_0 t}\, e^{-j2\pi ft} dt$$

$$= \int_{-\infty}^{\infty} 1 \cdot e^{-j2\pi(f-f_0)t} dt = \delta(f-f_0)$$

예제 1-8 코사인 함수의 푸리에 변환

코사인 함수 $x(t)=\cos(2\pi f_0 t)$의 푸리에 변환을 구하라.

풀이

오일러의 공식 $\cos\theta = \frac{1}{2}(e^{j\theta}+e^{-j\theta})$를 이용하면

$$\begin{aligned} X(f) &= \mathscr{F}\{\cos 2\pi f_0 t\} \\ &= \mathscr{F}\left\{\frac{1}{2}(e^{j2\pi f_0 t}+e^{-j2\pi f_0 t})\right\} \\ &= \frac{1}{2}\left[\mathscr{F}\{e^{j2\pi f_0 t}\}+\mathscr{F}\{e^{-j2\pi f_0 t}\}\right] \\ &= \frac{1}{2}[\delta(f-f_0)+\delta(f+f_0)] \end{aligned}$$

$$\cos(2\pi f_0 t) \leftrightarrow \frac{1}{2}\{\delta(f-f_0)+\delta(f+f_0)\}$$

[그림 1-19]는 코사인 함수에 대한 푸리에 변환 결과를 나타낸 것으로 코사인 함수의 주파수 성분은 하나 $(f=f_0)$임을 알 수 있다.

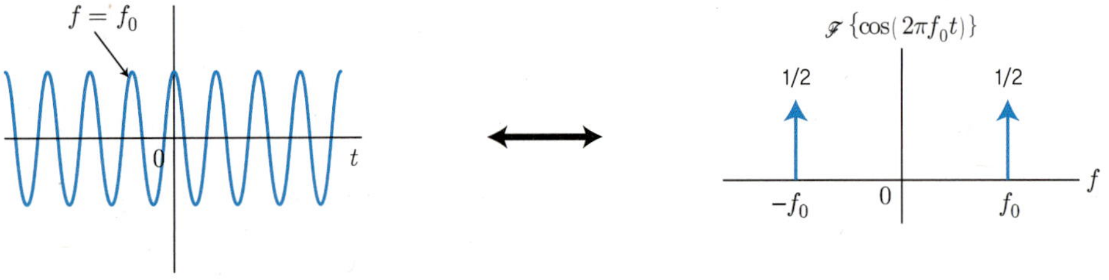

[그림 1-19] $\cos(2\pi f_0 t)$에 대한 푸리에 변환

1.3.9 푸리에 변환의 특징

푸리에 변환의 아홉 가지 주된 특징을 살펴보자.

선형성 linearity

두 개 이상의 신호를 선형 조합한 신호에 대한 푸리에 변환은, 각각의 신호를 푸리에 변환한 후 이들을 선형 조합한 결과와 동일하다.

$$\mathscr{F}[\alpha x_1(t)+\beta x_2(t)]=\alpha\mathscr{F}[x_1(t)]+\beta\mathscr{F}[x_2(t)] \tag{1.32}$$

쌍대성 duality

만일 $X(f)=\mathscr{F}\{x(t)\}$이면 $\mathscr{F}\{X(t)\}=x(-f)$가 성립한다.

$$x(t)\leftrightarrow X(f),\ \ X(t)\leftrightarrow x(-f) \tag{1.33}$$

예제 1-9 푸리에 변환의 특징 : 쌍대성

$X(t)=\mathrm{sinc}(t)$의 푸리에 변환을 구하라.

풀이

[예제 1-3]으로부터 $x(t)=\Pi(t)$의 푸리에 변환은 $X(f)=\mathrm{sinc}(f)$임을 알고 있다. 쌍대성을 이용하면 $X(t)=\mathrm{sinc}(t)$의 푸리에 변환을 쉽게 구할 수 있다.

$$\mathscr{F}\{X(t)\}=x(-f)$$

$$\therefore\ X(t)=\mathrm{sinc}(t)\ \ \leftrightarrow\ \ \mathscr{F}\{X(t)\}=x(-f)=\Pi(-f)=\Pi(f)$$

$$\mathrm{sinc}(t)\ \ \leftrightarrow\ \ \Pi(f) \tag{1.34}$$

시간 이동 time shift

시간 영역에서의 시간 이동은 주파수 영역에서 위상 이동phase shift 형태로 나타난다.

$$\mathscr{F}[x(t-t_0)]=e^{-j2\pi f t_0}\cdot X(f) \tag{1.35}$$

비례 · 축소 scaling

시간 영역에서의 확장은 주파수 영역에서 축소 형태로 나타나고, 시간 영역에서의 축소는 주파수 영역에서의 확장 형태로 나타난다.

만일 $X(f)=\mathscr{F}[x(t)]$일 경우, 다음이 성립한다.

$$\mathscr{F}[x(at)]=\frac{1}{a}\times\left(\frac{f}{a}\right),\ \ a\neq 0 \tag{1.36}$$

예제 1-10 푸리에 변환의 특징 : 비례 · 축소

$x(t)=\Pi(t/a)$, $a>0$에 대한 푸리에 변환을 구하라.

풀이

식 (1.30)으로부터 $\mathscr{F}\{\Pi(t)\}=\mathrm{sinc}(f)$이므로 비례 · 축소 특성을 이용하여 $\mathscr{F}\{\Pi(t/a)\}=a\,\mathrm{sinc}(af)$임을 쉽게 알 수 있다.

주파수 이동 frequency shift

■ 변조 특성

변조 modulation 특성이라고도 하며, 변 · 복조기, 주파수 다중화 등의 많은 부분에서 적용되는 중요한 특성이다. 시간 영역에서 지수 함수를 곱하면 주파수 영역에서는 주파수 이동으로 나타난다. $X(f)=\mathscr{F}[x(t)]$일 경우 다음 식이 성립한다.

$$\begin{cases} \mathscr{F}\left[e^{j2\pi f_0 t}x(t)\right] = X(f-f_0) \\ \mathscr{F}\left[x(t)\cos(2\pi f_0 t)\right] = \dfrac{1}{2}\left[X(f-f_0)+X(f+f_0)\right] \end{cases} \tag{1.37}$$

미분 differentiation

시간 영역에서 미분은 주파수 영역에서 $j2\pi f$를 곱한 형태로 나타난다.

$$\mathscr{F}[x'(t)] = j2\pi f X(f) \tag{1.38}$$

$$\mathscr{F}\left[\frac{d^n}{dt^n}x(t)\right] = (j2\pi f)^n X(f) \tag{1.39}$$

콘벌루션

시간 영역에서의 콘벌루션 연산은 주파수 영역에서 곱셈 연산으로 나타나고, 반대로 주파수 영역에서의 콘벌루션 연산은 시간 영역에서 곱셈 연산으로 나타난다. 따라서 $X(f)=\mathscr{F}\{x(t)\}$이고 $Y(f)=\mathscr{F}\{y(t)\}$일 때 식 (1.40), 식 (1.41)이 성립한다.

$$\mathscr{F}\{x(t)*y(t)\} = X(f)\,Y(f) \tag{1.40}$$

$$\mathscr{F}\{x(t)\cdot y(t)\} = X(f)*Y(f) \tag{1.41}$$

자기 상관 함수의 푸리에 변환

에너지 신호 $x(t)$에 대한 **시간 자기 상관**time autocorrelation과 이에 대한 푸리에 변환을 식 (1.42) 및 식 (1.43)과 같이 정의할 수 있다.

시간 자기 상관

$$R_{xx}(\tau) = \int_{-\infty}^{\infty} x(t)\, x^*(t-\tau)dt \tag{1.42}$$

$$\begin{aligned} \mathscr{F}\{R_{xx}(\tau)\} &= \int_{0}^{T} R_{xx}(\tau)\, e^{-j2\pi f\tau}d\tau \\ &= \int_{-\infty}^{\infty}\left[\int_{0}^{T} x(t)x^*(t-\tau)dt\right]e^{-j2\pi f\tau}d\tau \\ &= \int_{-\infty}^{\infty} x(t)\left(\int_{-\infty}^{\infty} x(t-\tau)\, e^{j2\pi f\tau}d\tau\right)^* dt \\ &= \int_{-\infty}^{\infty} x(t)\left(\int_{-\infty}^{\infty} x^*(t)\, e^{-j2\pi f(t-t')}dt'\right)dt \\ &= \int_{-\infty}^{\infty} x(t)\, e^{-j2\pi ft}\, X^*(f)dt = X(f)\cdot X^*(f) = |X(f)|^2 \end{aligned} \tag{1.43}$$

파시발의 정리 Parseval's theorem

$X(f) = \mathscr{F}\{x(t)\}$이고 $Y(f) = \mathscr{F}\{y(t)\}$일 경우, 식 (1.44)가 성립한다. $y(t) = x(t)$이면 식 (1.45)가 성립하는데, 이를 **파시발의 에너지 정리**Parseval's energy theorem 혹은 레일리Rayleigh의 에너지 정리라고 한다.

■ 파시발의 에너지 정리

$$\int_{-\infty}^{\infty} x(t)\, y^*(t)dt = \int_{-\infty}^{\infty} X(f)\, Y^*(f)df \tag{1.44}$$

$$\int_{-\infty}^{\infty} |x(t)|^2 dt = \int_{-\infty}^{\infty} |X(f)|^2 df \tag{1.45}$$

[표 1-3]은 가장 많이 사용되는 푸리에 변환쌍을 나타낸 것으로, 푸리에 변환의 특성을 이용하면 표 이외의 함수에 대해서도 변환값을 쉽게 얻을 수 있다. 여기에서 $u(t)$는 단위 계단 함수, $\delta(t)$는 임펄스 함수, $sgn(t)$는 시그눔signum 함수, $\delta^{(n)}(t)$는 임펄스 함수를 n차 미분한 것을 나타낸다.

[표 1-3] 푸리에 변환쌍

$x(t)$	$X(f)$
$\delta(t)$	1
1	$\delta(f)$
$\delta(t-t_0)$	$e^{-j2\pi f t_0}$
$e^{j2\pi f t_0}$	$\delta(f-f_0)$
$\cos(2\pi f_0 t)$	$\frac{1}{2}\delta(f-f_0)+\frac{1}{2}\delta(f+f_0)$
$\sin(2\pi f_0 t)$	$\frac{1}{2j}\delta(f-f_0)-\frac{1}{2j}\delta(f+f_0)$
$\Pi(t)$	$\mathrm{sinc}(f)$
$\mathrm{sinc}(t)$	$\Pi(f)$
$\Lambda(t)$	$\mathrm{sinc}^2(f)$
$\mathrm{sinc}^2(t)$	$\Lambda(f)$
$e^{-\alpha t}u(t),\ \alpha>0$	$\frac{1}{\alpha+j2\pi f}$
$te^{-\alpha t}u(t),\ \alpha>0$	$\frac{1}{(\alpha+j2\pi f)^2}$
$e^{-\alpha\lvert t\rvert},\ \alpha>0$	$\frac{2\alpha}{\alpha^2+(2\pi f)^2}$
$e^{-\pi t^2}$	$e^{-\pi f^2}$
$sgn(t)$	$\frac{1}{j\pi f}$
$u(t)$	$\frac{1}{2}\delta(f)+\frac{1}{j2\pi f}$
$\delta'(t)$	$j2\pi f$
$\delta^{(n)}(t)$	$(j2\pi f)^n$
$\sum_{n=-\infty}^{\infty}\delta(t-nT_0)$	$\frac{1}{T_0}\sum_{n=-\infty}^{\infty}\delta\left(f-\frac{n}{T_0}\right)$

1.3.10 에너지 밀도 스펙트럼과 전력밀도 스펙트럼

랜덤 신호의 주파수 스펙트럼 정보는 전력밀도 스펙트럼으로 나타난다. 따라서 랜덤 신호의 스펙트럼을 알기 위해서는 전력밀도 스펙트럼을 알아야 한다. 이 절에서는 전력밀도 스펙트럼과 에너지 밀도 스펙트럼의 기본 개념을 설명한다.

에너지 밀도 스펙트럼

신호 $x(t)$가 에너지 신호일 경우 $x(t)$의 에너지는 식 (1.46)과 같이 나타낼 수 있다.

$$E_x = \lim_{T \to \infty} \int_{-T}^{T} |x^2(t)| dt = \int_{-\infty}^{\infty} |x^2(t)| dt \tag{1.46}$$

여기에서 복소 신호일 경우까지 고려해 파시발의 정리를 이용하면

$$\begin{aligned} E_x &= \int_{-\infty}^{\infty} |x(t)|^2 dt \\ &= \int_{-\infty}^{\infty} |X(f)|^2 df \end{aligned} \tag{1.47}$$

로 나타낼 수 있다. 식 (1.47)의 $|X(f)|^2$은 단위 주파수당 에너지이므로, 신호 $x(t)$의 **에너지 밀도 스펙트럼**ESD : Energy Spectral Density이라고 한다. 특히 식 (1.47)은 신호 $x(t)$가 유한 에너지를 가질 때 의미가 있으므로, 무한 에너지를 갖는 전력 신호의 경우에는 에너지 밀도 스펙트럼을 적용할 수 없다. ▪ 에너지 밀도 스펙트럼

한편 에너지 신호 $x(t)$에 대한 시간 자기 상관 함수 $R_{xx}(\tau)$는

$$R_{xx}(\tau) = \int_{-\infty}^{\infty} x(t)\, x^*(t+\tau) dt \tag{1.48}$$

이므로, 에너지 신호 $x(t)$의 에너지 밀도 스펙트럼 $G_x(f)$는 식 (1.43)을 이용하여 식 (1.49)와 같이 나타낼 수 있다.

$$G_x(f) = |X(f)|^2 = \mathscr{F}\{R_{xx}(\tau)\} \tag{1.49}$$

따라서 식 (1.50)은 다음과 같다.

$$E_x = R_{xx}(0) = \int_{-\infty}^{\infty} |x(t)|^2 dt = \int_{-\infty}^{\infty} |X(f)|^2 df \qquad (1.50)$$
$$= \int_{-\infty}^{\infty} G_x(f) df$$

전력밀도 스펙트럼

■ 비주기 전력 신호

비주기 전력 신호aperiodic power signal의 경우 푸리에 급수나 푸리에 변환이 존재하지 않아 에너지 밀도 스펙트럼을 적용할 수 없으므로, 전력밀도 스펙트럼을 이용해 표현해야 한다. 전력 신호의 전력밀도 스펙트럼을 살펴보자.

신호 $x(t)$가 [그림 1-20]과 같이 비주기 전력 신호라고 가정하고, [그림 1-21]과 같이 시간 구간 $(-T/2, T/2)$에 대해 절단하여 신호 $x_T(t)$를 만들었다고 하자.

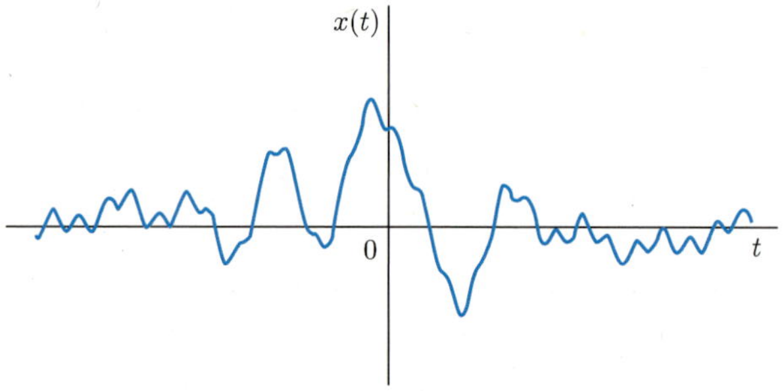

[그림 1-20] **비주기 전력 신호** $x(t)$

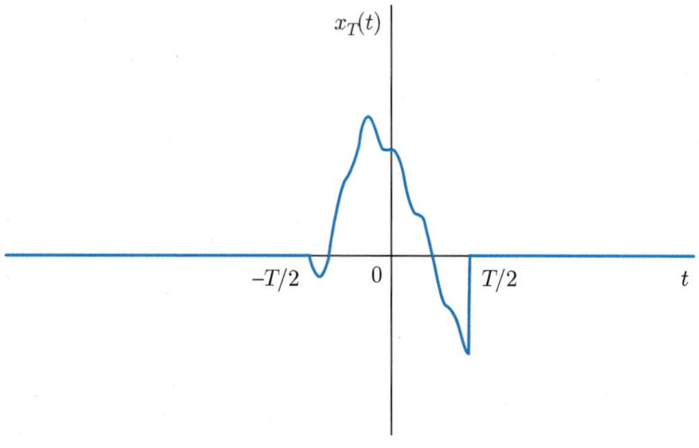

[그림 1-21] $x(t)$**의 절단 함수** $x_T(t)$

신호 $x_T(t)$의 평균 전력은

$$P_x^T = \frac{1}{T}\int_{-T/2}^{T/2} |x_T(t)|^2 dt \tag{1.51}$$

이고, $x_T(t)$의 시간 자기 상관 함수 $R_{xx}^T(\tau)$는 식 (1.52)와 같이 정의할 수 있다.

$$R_{xx}^T(\tau) = \frac{1}{T}\int_{-T/2}^{T/2} x_T(t)\, x_T(t+\tau) dt \tag{1.52}$$

$R_{xx}^T(\tau)$의 푸리에 변환을 구하면

$$\begin{aligned}
&\int_{-\infty}^{\infty} R_{xx}^T(\tau)\, e^{-j2\pi f\tau} d\tau \\
&= \frac{1}{T}\int_{-\infty}^{\infty} e^{-j2\pi f\tau}\left(\int_{-\infty}^{\infty} x_T(t)\, x_T(t+\tau)\, dt\right) d\tau \\
&= \frac{1}{T}\int_{-\infty}^{\infty}\left(\int_{-\infty}^{\infty} x_T(t)\, x_T(t+\tau)\, e^{-j2\pi f(t+\tau)}\, e^{j2\pi ft} dt\right) d\tau \\
&= \frac{1}{T}\int_{-\infty}^{\infty} x_T(t)\, e^{j2\pi ft}\left(\int_{-\infty}^{\infty} x_T(t+\tau)\, e^{-j2\pi f(t+\tau)} d\tau\right) dt \\
&= \frac{1}{T} X_T(-f) X_T(f)
\end{aligned} \tag{1.53}$$

이며, 여기에서 $X_T(f) = \mathscr{F}\{x_T(t)\}$이다. $x_T(t)$가 실함수이므로 $X_T(-f) = X_T^*(f)$가 성립하며, 식 (1.54)와 같이 나타낼 수 있다.

$$\int_{-\infty}^{\infty} R_{xx}^T(\tau)\, e^{-j2\pi f\tau}\, d\tau = \frac{1}{T}|X_T(f)|^2 \tag{1.54}$$

$T \to \infty$ 이면

$$R_{xx}(\tau) = \lim_{T\to\infty} R_{xx}^T(\tau) \tag{1.55}$$

이므로

$$\int_{-\infty}^{\infty} R_{xx}(\tau)\, e^{-j2\pi f\tau}\, d\tau = \lim_{T\to\infty}\int_{-\infty}^{\infty} R_{xx}^T\; e^{-j2\pi f\tau} d\tau \tag{1.56}$$

$$= \lim_{T \to \infty} \frac{|X_T(f)|^2}{T}$$

이 성립함을 알 수 있다. 식 (1.56)의 좌측 항은 전력 신호 $x(t)$의 자기 상관 함수를 푸리에 변환한 것이므로, $\mathscr{F}\{R_{xx}(\tau)\}$라고 표현할 수 있다. 한편 우측 항의 $|X_T(f)|^2$은 에너지 신호 $x_T(t)$의 에너지 밀도 스펙트럼이므로, $|X_T(f)|^2/T$는 신호 $x_T(t)$에 대한 주파수 영역에서의 **전력밀도 스펙트럼**PSD : Power Spectral Density이 된다. 따라서 식 (1.57)이 성립하고, 비주기 전력 신호 $x(t)$의 전력밀도 스펙트럼 $S_x(f)$와 시간 자기 상관 함수 $R_{xx}(\tau)$에 대한 푸리에 변환이 같음을 알 수 있다. 이를 **위너 힌친의 정리**Wiener-Khintchine's theorem라고 한다.

■ 전력밀도 스펙트럼

■ 위너 힌친의 정리

$$S_x(f) = \mathscr{F}\{R_{xx}(\tau)\} \tag{1.57}$$
$$= \lim_{T \to \infty} \frac{|X_T(f)|^2}{T}$$

비주기 전력 신호에 대한 주파수 영역에서의 스펙트럼은 식 (1.57)의 전력밀도 스펙트럼을 통해 표현할 수 있는데, 주기 신호의 경우에도 절단 신호의 구간을 한 주기 $\left(-\frac{T}{2}, \frac{T}{2}\right)$로 놓으면 같은 방법을 통해 식 (1.57)과 같은 전력밀도 스펙트럼을 구할 수 있다. 식 (1.57)과 같이 전력밀도 스펙트럼은 크기에 대한 정보만을 가지며 위상 정보는 포함하지 않으므로, 동일한 전력밀도 스펙트럼을 가지면서 위상이 다른 여러 개의 신호가 존재할 수 있다.

일반적으로 전력 신호 $x(t)$의 평균 전력은 전력밀도 스펙트럼을 이용해 식 (1.58)과 같이 나타낸다.

$$P_x = \lim_{T \to \infty} \frac{1}{T} \int_{-T/2}^{T/2} x^2(t)dt \tag{1.58}$$
$$= R_{xx}(0)$$
$$= \int_{-\infty}^{\infty} S_x(f)df$$

예제 1-11 전력밀도 스펙트럼

[그림 1-22]와 같은 구형 펄스열에 대해 시간 자기 상관 함수 $R_{xx}(\tau)$를 계산하고, 이를 이용해 $x(t)$의 전력 밀도 스펙트럼을 구하라.

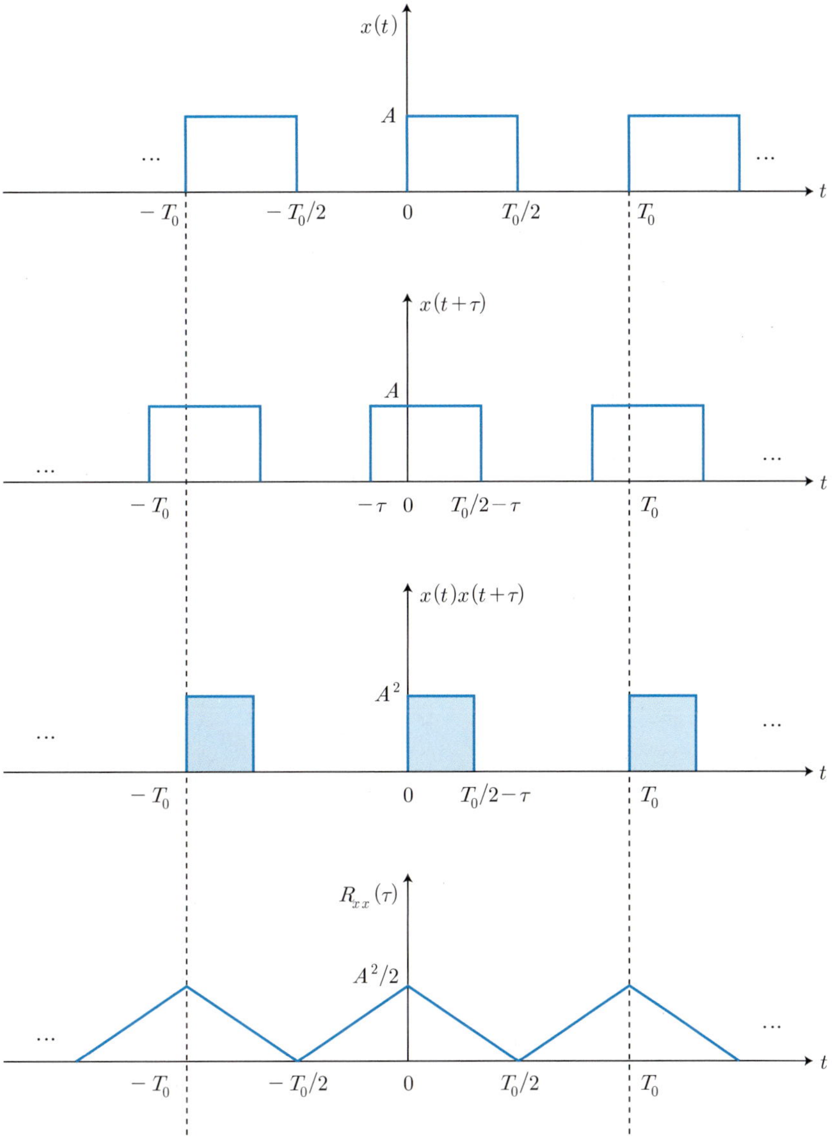

[그림 1-22] **구형 펄스열**

풀이

$x(t)$는 주기 신호이므로 한 주기에 대해서만 시간 자기 상관 함수를 구하면 된다. 따라서 $0<\tau<T_0/2$일 경우 다음 식과 같이 계산한다.

$$
\begin{aligned}
R_{xx}(\tau) &= \frac{1}{T_0}\int_{-T_0/2}^{T_0/2} x(t)x(t+\tau)dt \\
&= \frac{1}{T_0}\int_{0}^{T_0/2-\tau} A^2 dt \\
&= \frac{A^2}{T_0}\left(\frac{T_0}{2}-\tau\right) \\
&= A^2\left(\frac{1}{2}-\frac{\tau}{T_0}\right), \quad 0<\tau<T_0
\end{aligned}
$$

$-T_0/2<\tau<0$인 구간에 대해서도 같은 방법으로 구하면

$$
R_{xx}(\tau) = A^2\left(\frac{1}{2}+\frac{\tau}{T_0}\right), \quad -\frac{T_0}{2}<\tau<0
$$

이므로 한 주기 구간 $-T_0/2<\tau<T_0/2$에 대해 다음과 같은 짝함수 형태의 $R_{xx}(\tau)$를 얻을 수 있다.

$$
R_{xx}(\tau) = A^2\left(\frac{1}{2}-\frac{|\tau|}{T_0}\right), \quad -\frac{T_0}{2}<\tau<\frac{T_0}{2}
$$

전 구간에서의 시간 자기 상관 함수는 [그림 1-22]와 같이 주기 함수로 나타난다. 즉, $R_{xx}(\tau)$가 주기 함수이므로 푸리에 급수를 이용해 나타내면

$$
R_{xx}(\tau) = \sum_{n=-\infty}^{\infty} C_n e^{j2\pi n f_0 \tau} = \frac{A^2}{4}\left[1+\sum_{n:odd,n=-\infty}^{\infty}\left(\frac{4}{\pi^2 n^2}\right)e^{j2\pi n f_0 \tau}\right]
$$

이므로 $x(t)$의 전력밀도 스펙트럼은 다음과 같다.

$$
\begin{aligned}
S_x(f) &= \mathscr{F}\{R_{xx}(\tau)\} \\
&= \int_{-\infty}^{\infty}\frac{A^2}{4}\left[1+\sum_{n:odd,n=-\infty}^{\infty}\left(\frac{4}{\pi^2 n^2}\right)e^{j2\pi n f_0 \tau}\right]e^{-j2\pi f \tau}d\tau \\
&= \frac{A^2}{4}\left[\delta(f)+\sum_{n:odd,n=-\infty}^{\infty}\left(\frac{4}{\pi^2 n^2}\right)\delta(f-nf_0)\right]
\end{aligned}
$$

Chapter 01 연습문제

1.1 정육면체 주사위를 던지는 실험에서 윗면에 나오는 점의 개수를 관찰한다. 집합 A, B, C가 다음과 같이 정의될 때 물음에 답하라.

$$S = \{1,2,3,4,5,6\}$$
$$A = \{1,3,5\}$$
$$B = \{2,4,6\}$$
$$C = \{3,4,5\}$$

(a) 벤 다이어그램을 그려라.
(b) BC, $A+B$, $A+C$를 구하라.
(c) 분배 법칙 $A+(BC) = (A+B)(A+C)$가 성립함을 보여라.
(d) $\overline{A+C} = \overline{A}\,\overline{C}$ 임을 보여라.
(e) $\overline{AC} = \overline{A} + \overline{C}$ 임을 보여라.
(f) 상호 배타적인 집합은 어떤 집합인가?

1.2 임의의 세 집합 A, B, C에 대해 $C \subset B$이고 $B \subset A$이면 $C \subset A$임을 보여라.

1.3 전체 집합 $S = \{2,4,6,8,10,12\}$에 대해 두 집합 A, B가 다음과 같이 정의된다. 물음에 답하라.

$$A = \{2,4,10\}$$
$$B = \{4,6,8,10\}$$

(a) $\overline{A} = S - A$임을 보여라.
(b) $\overline{A} \cap B$를 구하라.
(c) $\overline{AB} = \overline{A} + \overline{B}$ 임을 보여라.
(d) $\overline{A+B} = \overline{A}\,\overline{B}$ 임을 보여라.

1.4 드모르간의 법칙을 이용해 다음을 증명하라.

(a) $\overline{A(B+C)} = (\overline{A} + \overline{B})(\overline{A} + \overline{C})$
(b) $\overline{ABC} = \overline{A} + \overline{B} + \overline{C}$

1.5 전체 집합 S에 대해 집합 A, B, C가 다음과 같이 정의된다. 물음에 답하라.

$$S=\{1,2,3,4,5,6,7,8,9,10\}$$
$$A=\{1,5,9\}$$
$$B=\{1,2,6,9\}$$
$$C=\{6,9\}$$

(a) 벤 다이어그램을 그려라.

(b) $A+B$, $A+\overline{C}$, $A(B+C)$를 구하라.

(c) $\overline{A+B}=\overline{A}\ \overline{B}$ 임을 보여라.

(d) $\overline{AB}=\overline{A}+\overline{B}$ 임을 보여라.

1.6 충격파 함수 $\delta(t)$는 다음과 같이 정의된다. 다음 적분을 계산하라.

$$\int_{\alpha}^{\beta} f(t)\,\delta(t-t_0)dt=\begin{cases} f(t_0) & \alpha<t_0<\beta \\ 0 & otherwise \end{cases}$$

(a) $\int_{-\infty}^{\infty}\cos 6t\cdot\delta(t-3)dt$

(b) $\int_{-\infty}^{\infty}e^{-t^2}\cdot\delta(t-1)dt$

(c) $\int_{-\infty}^{\infty}\delta(t-2)\sin\pi t\,dt$

(d) $\int_{-\infty}^{\infty}f(3-t)\,\delta(1-t)dt$

(e) $\int_{-\infty}^{0}\delta(t+3)e^{-t}dt$

(f) $\int_{0}^{\infty}e^{x}\cos\pi(x+3)\,\delta(x+1)dx$

1.7 다음 그림과 같은 임펄스 열impulse train 신호의 주파수 스펙트럼을 구하고 nf_0에 대해 그려라. 단, $f_0=1/T_s$이다.

$$x(t)=\sum_{n=-\infty}^{\infty}\delta(t-nT_s)$$

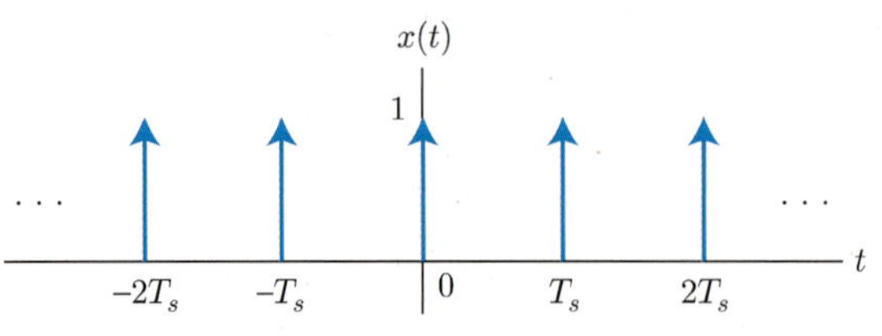

1.8 다음 그림과 같은 주기 신호에 대해 물음에 답하라.

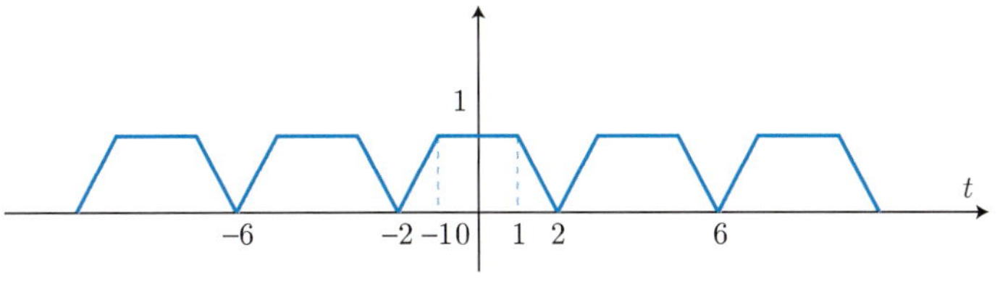

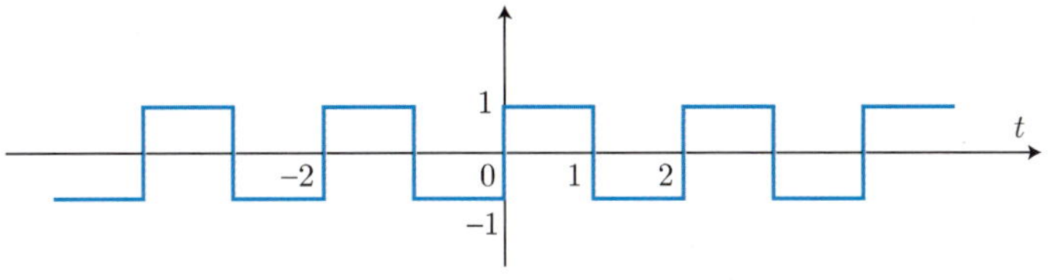

(a) 삼각 푸리에 급수를 구하고 크기 스펙트럼과 위상 스펙트럼을 그려라.
(b) 삼각 푸리에 급수에서 코사인 항이나 사인 항이 없을 경우 그 이유를 설명하라.

1.9 주기 신호 $x(t) = 2\cos 200t$에 대해 다음 물음에 답하라.

(a) 신호 $x(t)$의 평균 전력을 시간 영역 적분으로 구하라.
(b) 신호 $x(t)$의 푸리에 급수 계수 x_n를 구한 후 x_n의 제곱값을 모두 합한 값이 시간 영역에서 구한 평균 전력값과 같음을 확인하라.

1.10 다음 그림과 같은 신호의 푸리에 변환 $X(f)$를 구하고 크기 스펙트럼을 그려라. 단, $x(t) = \cos\omega_0 t,\ -T \le t < T$이고 $\omega_0 = 2\pi/T$이다.

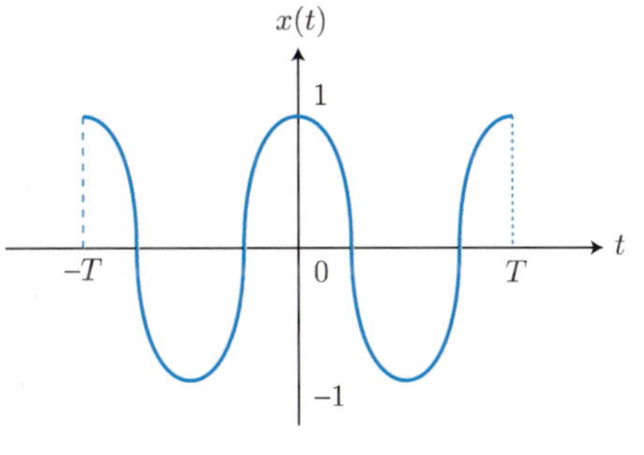

1.11 각 물음에 답하라.

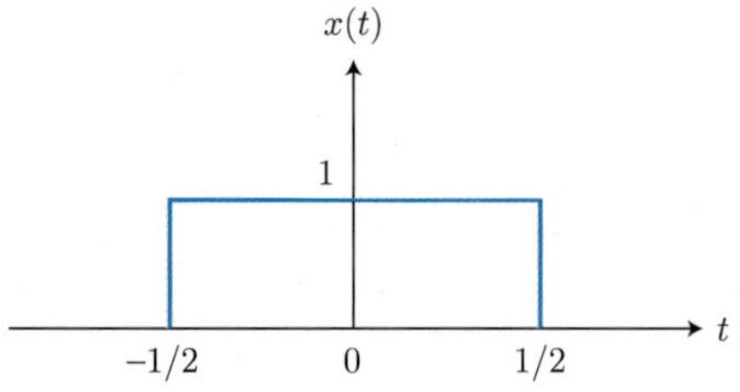

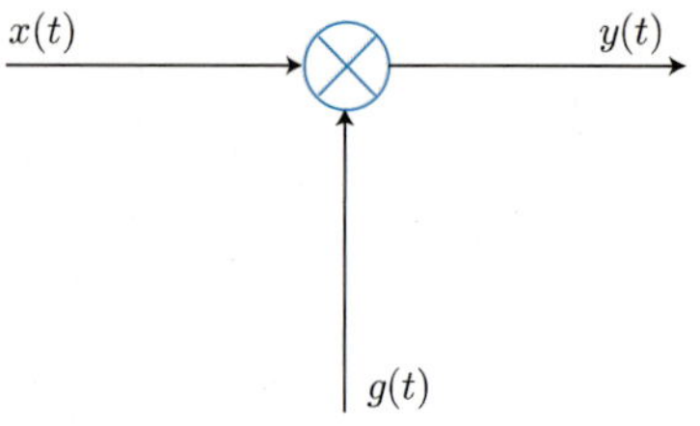

(a) 왼쪽 그림과 같은 신호 $x(t)$의 푸리에 변환 $X(f)$를 구하고 그려라.

(b) 신호 $g(t)$가 다음 식과 같을 때 신호 $y(t)$의 푸리에 변환을 구하라.

$$g(t) = A\cos\omega_0 t$$

(c) 위의 결과로부터 오른쪽 그림의 곱셈기[mixer]는 주파수 영역에서 어떠한 동작을 하는지 설명하라.

1.12 신호 $x(t) = e^{-2|t|}$에 대해 물음에 답하라.

(a) 신호 $x(t)$의 푸리에 변환이 $X(f) = \dfrac{4}{4+4\pi^2 f^2}$ 임을 보여라.

(b) 신호 $x(t)$의 에너지를 시간 영역에서 구하라.

(c) 신호 $x(t)$의 에너지를 주파수 영역에서 구하고 시간 영역에서 구한 값과 동일함을 보여라.

1.13 $x(t) = rect(t/2)$일 때 물음에 답하라.

(a) $z(t) = x(t) * x(t)$를 계산하고 $z(t)$를 정확히 그려라.

(b) $z(t)$의 푸리에 변환 $Z(f)$를 구하라.

1.14 신호 $x(t) = \sin 10\pi t$의 푸리에 변환 $X(f)$을 구하고 $X(f)$의 크기 스펙트럼과 위상 스펙트럼을 그려라.

1.15 선형 시스템을 통하여 신호 $x(t)$를 전송할 경우 수신 신호 $y(t)$는 다음 그림과 같은 형태를 가질 때 왜곡 없이 전송되었다고 한다. 단, K, t_0는 상수다.

$$y(t) = K\,x(t-t_0)$$

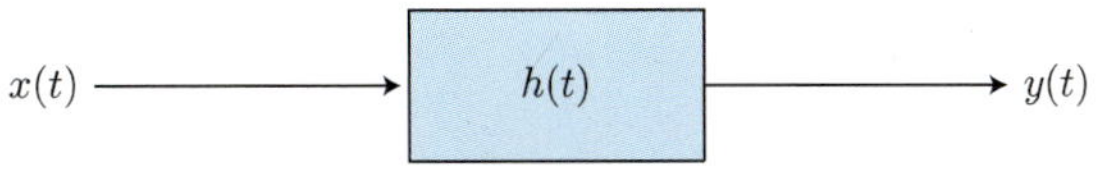

(a) 전달 함수 $H(f)$의 크기 $|H(f)|$를 구하라.
(b) 전달 함수 $H(f)$의 위상 $\theta(f)$를 구하라.
(c) $|H(f)|$와 $\theta(f)$를 그려라.

1.16 여파기의 전달 함수가 다음과 같을 때 물음에 답하라.

$$H(f) = \begin{cases} 2e^{-j2\pi f} & |f| < 10 \\ 0 & otherwise \end{cases}$$

(a) 신호 $x(t) = 10\,\delta(t)$가 입력 신호로 인가될 때 출력 신호 $y(t)$를 구하라.
(b) 출력 신호 $y(t)$를 그려라.

Chapter

02

확률 이론

Probability Theory

이 장의 학습 내용

학습목표

- 랜덤 변수 및 랜덤 과정을 학습하는 데 필수적인 확률 이론의 기본 개념을 익힌다.
- 확률의 기본 정의를 내리고 이산 표본공간과 연속 표본공간에서의 확률 개념을 살펴본다.
- 조건 확률을 통해 베이즈 법칙과 체인 법칙을 알아본다.
- 결합 확률과 조건 확률의 개념으로부터 통계적 독립의 의미를 살펴본다.

실생활에는 불확실성을 가진 랜덤random한 형태의 현상이 수없이 존재하며 이들의 동작을 분석하거나 예측하고 모델링하는 일이 매우 중요하다. 예를 들어 인터넷 망이나 디지털 통신 시스템은 예외 없이 랜덤 잡음의 영향을 받아 성능이 저하되는데, 효율적인 시스템을 만들려면 이러한 잡음을 최소화해야 한다. 따라서 랜덤 잡음을 분석하고 이를 수학적으로 모델링하는 것은 우수한 통신 시스템을 설계하는 데 필수적이다. 확률 이론과 랜덤 과정은 랜덤 신호나 랜덤 현상을 다루는 데 가장 기본적이고 중요한 수학적 도구다.

이 장에서는 확률 이론의 기본 개념을 여러 가지 예를 통해 자세히 설명한다. 또한 결합 확률과 조건 확률을 통해 통계적 독립 개념을 익힘으로써, 앞으로 공부하게 될 랜덤 변수 및 랜덤 과정의 기초를 다질 수 있도록 한다.

이 장의 학습 내용

1. 임의의 사건 A의 확률 : $P(A)$

실험의 시행 횟수 N을 무한히 크게 했을 때, N과 사건 A의 발생 횟수 n의 비를 사건 A의 확률 $P(A)$라고 하고 다음과 같이 나타낸다.

$$P(A)=\lim_{N\to\infty}\frac{n}{N}$$

2. 연속 표본공간에서의 확률

연속 표본공간 내에 존재하는 단순 사건은 셀 수 없이 많아 단순 사건에 대한 확률은 정의할 수 없다. 그러나 영역 혹은 구간에 대한 확률은 계산할 수 있다. 전체 영역 S 중에서 부분 영역 A에 해당하는 사건을 E_A라고 하면, 사건 E_A의 발생 확률은 다음과 같다.

$$P(E_A)=\frac{A\text{의 면적}}{S\text{의 면적}}$$

3. 결합 확률 : $P(AB)$

총 N번의 실험에서 사건 A와 사건 B가 동시에 발생한 횟수를 N_{AB}라고 하면, 사건 A와 사건 B의 결합 확률은 다음과 같다.

$$P(AB)=\lim_{N\to\infty}\frac{N_{AB}}{N}$$

4. 조건 확률 : $P(A|B)$

사건 A가 사건 B에 종속되어 있을 경우 사건 B에 대한 사건 A의 조건 확률은 다음과 같이 정의한다.

$$P(A|B)=\frac{N_{AB}}{N_B}=\frac{N_{AB}/N}{N_B/N}=\frac{P(AB)}{P(B)}$$

$$P(AB)=P(A)P(B|A)=P(B)P(A|B)$$

5. 조건 확률과 총합 확률 법칙

전체 집합 S가 N개의 배타적 집합 $B_1, B_2, \cdots, B_N$으로 분할되어 있을 경우 S에 속한 임의의 집합 A의 확률은 총합 확률 법칙을 이용하여 다음과 같이 표현한다.

$$P(A) = P(A \cap S) = P\left(A \cap \bigcup_{i=1}^{N} B_i\right)$$

$$= P\left[\sum_{i=1}^{N} (A \cap B_i)\right] = \sum_{i=1}^{N} P(A \cap B_i) = \sum_{i=1}^{N} P(A|B_i)P(B_i)$$

6. 독립사건의 확률

두 사건 A와 B가 다음 식을 만족하면 두 사건은 서로 통계적으로 독립이다. 또한 반대로 두 사건 A와 B가 통계적으로 독립이면 반드시 다음 식을 만족한다.

$$P(AB) = P(A|B)P(B) = P(B|A)P(A) = P(A)P(B)$$

7. 배타적 관계와 독립 관계

두 사건 A와 B가 서로 배타적일 경우 B가 발생하면 사건 A는 절대로 발생할 수 없으므로 $P(AB) = P(A|B)P(B) = 0$이다. 하지만 A와 B가 독립인 경우에는 $P(A|B) = P(A)$이므로, $P(A) = 0$일 경우에만 두 경우의 조건 확률값이 같다. 따라서 $P(A) = 0$인 경우를 제외하면 두 사건 A와 B가 독립이라는 것과 배타적이라는 것은 서로 다른 의미를 가진다.

$P(A \cup B) = P(A) + P(B)$: 배타적 관계

$P(AB) = P(A)P(B)$: 독립 관계

8. 베르누이 시행과 이항 분포 확률

두 가지 결과를 가지는 실험을 N번 반복하여 시행하는 것을 베르누이 시행이라고 한다. 베르누이 시행에서 사건 A가 k번 발생할 확률은 이항 분포 확률로 계산할 수 있다.

$$P_N(k) = \binom{N}{k} p^k (1-p)^{N-k}$$

Section

2.1 확률 이론의 개요

확률probability이란 어떤 특정한 사건이 발생할 가능성이라고 할 수 있다. 예를 들어 내일 비가 올 확률이라든가 복권에 당첨될 가능성 등을 말한다. 하지만 이러한 확률은 수많은 요인에 영향을 받는 경우가 많으므로 확실하게 발생한다거나 발생하지 않는다고 단정 지을 수 없는 경우가 대부분이다.

▪ 확률

내일 비가 올 가능성(혹은 확률)이 30%라는 것은 비가 오는 사건에 영향을 주는 여러 가지 조건 아래 10번 중에 3번꼴로 비가 올 것이라고 예측하는 것이다. 이를 비의 강수 **상대 빈도**relative frequency가 $\frac{3}{10}$이라고도 한다. 따라서 내일 확실하게 비가 올 경우는 강수 확률이 1(혹은 100%)이라고 할 수 있고 확실하게 비가 오지 않는 경우는 0(혹은 0%)이라고 할 수 있으므로, 확률은 0 ~ 1 사이의 값으로 할당하여 취급한다. 이처럼 확률을 적용하는 사건은 발생하는 형태가 랜덤하여 발생 여부를 확신할 수 없기에 상대적인 빈도수로 발생 가능성의 정도를 추정한다는 공통점이 있다.

랜덤하게 발생하는 사건의 발생 여부를 하나하나 정확히 예측할 수는 없지만 이들 사건의 발생 형태는 대부분 통계적인 규칙성statistical regularity이 있다. 따라서 랜덤하게 발생되는 사건에 대해 확률 개념을 적용하는 것은 매우 중요하다. 예를 들어 특정한 랜덤 사건 하나에 대해 발생 가능성을 정확히 예측할 수는 없지만, 이 사건의 동작 특성을 장기적으로(평균적으로) 예측할 수 있고, 이를 **평균**average이라는 개념으로 정확히 말할 수 있다. 평균은 공학, 경제, 물리학 등 수많은 분야에서 중요하게 사용되는 확률 개념이다.

▪ 평균

확률 개념을 살펴보기 위해서는 실제 물리적인 실험experiment에서 출발하는 것이 좋다. 실험을 한 번 실행하는 것을 시행trial이라고 하고, 시행에 대한 결과outcome는 반드시 존재한다. 예를 들어 정육면체 주사위를 던진 후 윗면에 나타나는 점의 개수를 관찰하는 실험의 경우, 시행 결과는 여섯 가지고 각각의 결과가 발생할 가능성은 모두 $\frac{1}{6}$로 동일하다고 볼 수 있다.

■ 표본공간

어떤 실험에 대해 발생 가능한 모든 결과를 모아 놓은 집합을 **표본공간**sample space S라고 하는데 위의 실험의 경우 표본공간은 6개의 시행 결과값으로 구성된다. 표본공간은 주어진 실험 결과에 대한 전체 집합이라고 할 수 있으며, 실험이 달라지면 표본공간도 달라진다.

■ 이산 표본 공간

주사위를 던지는 실험에서 표본공간은 6개의 이산값으로 구성되며, 이를 **이산 표본공간**discrete sample space이라고 한다. 또 구성 원소의 개수가 유한finite하므로 유한 표본공간finite sample space이라고도 말한다. 어떤 실험은 표본공간을 구성하는 원소를 셀 수 없는 경우도 있다. 예를 들어 연속 랜덤 신호continuous random signal의 크기를 측정하는 실험에서 시행 결과는 측정하는 순간마다 크기가 달라 셀 수 없는 연속적인 값이 발생한다. 이러한 원소로 구성된 표본공간을 **연속 표본공간**continuous sample space, 혹은 구성 원소의 개수가 무한하므로 무한 표본공간infinite sample space이라고 한다.

■ 연속 표본 공간

때로는 실험의 시행 결과값 자체보다 값들 중에서 특정 성격을 갖는 결과값에 대해 더 관심을 갖는 경우가 많다. 이런 경우 이러한 시행 결과값을 모으면 전체 집합의 부분 집합subset 형태가 된다. 이와 같이 관심이 있는 결과값을 모은 부분 집합을 확률 이론에서 **사건**event이라고 부른다.

■ 사건

위의 주사위 실험 예를 다시 살펴보자. 정육면체 주사위를 던지는 실험에서 윗면에 나오는 점의 개수가 짝수인 사건을 정의할 수 있다. 3개의 결과로 구성된 짝수 사건은 6개의 결과로 구성된 전체 표본공간의 부분 집합이라고 할 수 있다. 이때 사건 자체가 집합이므로, 집합 이론에서 사용되는 모든 수학적 개념(집합에 적용되는 집합 연산 등)을 사건에도 그대로 적용할 수 있다. 예를 들면 주사위를 던지는 실험에서 윗면의 점의 개수가 짝수인 사건과 홀수인 사건은 서로 공유하는 원소가 전혀 없으므로 두 사건은 서로 **배타적 사건**mutually exclusive이다.

■ 배타적 사건

■ 단순 사건

하나의 시행 결과로 구성된 단순 집합 $\{n\}$을 특별히 **단순 사건**simple event이라고 한다. 예를 들어 주사위를 던지는 실험에서 윗면에 나오는 점의 개수 $\{1\}$, $\{2\}$, $\cdots$, $\{6\}$의 하나하나가 단순 사건이다.

Section

2.2 확률의 정의

어떤 실험에 대해 표본공간 S에 사건 A가 정의되어 있다고 하자. S의 원소가 발생하는 횟수가 N, 사건 A의 원소가 발생하는 횟수가 n이라면 사건 A에 대한 확률 $P(A)$는 식 (2.1)과 같이 정의할 수 있다. 즉, 임의의 사건 A의 확률이란 실험의 시행 횟수를 무한히 크게 했을 때 N과 사건 A의 발생 횟수 n의 비[ratio]다.

$$P(A) = \lim_{N \to \infty} \frac{n}{N} \tag{2.1}$$

동전을 던져 앞면이 나오는 사건을 A라고 하면, A의 발생 확률은 $P(A) = \frac{1}{2}$이다. 동전을 던지는 횟수를 늘려 무한대로 근접할수록 $\frac{1}{2}$ 값에 수렴되기 때문이다. 사건 A에 대한 확률 $P(A)$에는 다음과 같은 **공리**[axiom]가 성립된다.

- 공리 1 : $P(A) \geq 0$ (2.2)
- 공리 2 : $P(S) = 1$ (2.3)
- 공리 3 : $P\left(\bigcup_{n=1}^{N} A_n\right) = \sum_{n=1}^{N} P(A_n)$ (2.4)

  단, $A_m \cap A_n = \varnothing,\ m \neq n = 1, 2, 3, \cdots, N$

임의의 사건에 대해 확률값이 음수인 경우는 없으며(공리 1), 전체 집합 S의 확률은 1이다(공리 2). 그리고 서로 배타적인 사건의 합집합에 대한 확률이 각각의 집합에 대한 확률을 합한 것과 같다(공리 3).

지금까지 실험을 모델링하기 위해 먼저 표본공간 S를 정의했다. 그리고 S의 원소 중 관심이 있는 시행 결과만을 모아 사건 A를 정의한 후, 이에 대한 확률 $P(A)$를 정립했다.

예제 2-1 배타적 사건의 합집합

정육면체 주사위를 던지는 실험에서 A_n이 하나의 시행 결과로 구성된 단순 사건 $\{n\}$을 나타낸다고 가정하자. 단순 사건 $\{n\}$이 서로 배타적임을 이용해 공리 3이 성립함을 보여라.

풀이

표본공간은

$$S = \bigcup_{n=1}^{6} A_n$$

이므로 식 (2.3)에 의해

$$P(S) = P\left(\bigcup_{n=1}^{6} A_n\right) = 1$$

이 성립한다. 단순 사건은 서로 공유하는 원소가 없어 서로 배타적이므로 식 (2.4)에 의해

$$P\left(\bigcup_{n=1}^{6} A_n\right) = \sum_{n=1}^{6} P(A_n) = 6 \times \frac{1}{6} = 1$$

이므로 공리 3이 성립함을 알 수 있다.

지금까지 이산 표본값으로 구성된 이산 표본공간에 적용하여 확률 개념을 이야기했다. 연속 표본값을 갖는 연속 표본공간에 대해서도 동일한 확률 정의와 공리들이 성립하지만, 단순 사건에 대한 확률 적용은 유의해야 한다. 왜냐하면 연속 표본공간 내에 존재하는 단순 사건은 셀 수 없이 많아 단순 사건에 대한 확률을 정의할 수 없기 때문이다.

예를 들어 [그림 2-1]과 같이 4등분된 원형 다트판dartboard에 다트를 던지는 실험을 생각해보자. 다트판의 전체 영역을 S, 4등분된 각 영역을 B_1, B_2, B_3, B_4라고 가정하면, 영역 A는 4개의 영역 B_1, B_2, B_3, B_4과 일부 공유되는(음영 표시된) 영역이다. 여기서 어느 특정한 점point에 다트가 꽂힐 확률을 계산할 수 있는가?

다트판에 꽂힐 수 있는 점(단순 사건이라고 할 수 있음)은 셀 수 없이 많기 때문에 확률을 계산할 수 없다. 대신 다트판의 어느 한 영역에 다트가 꽂힐 확률은 계산할 수 있다. 만일 다트판의 모든 면에 대해 다트가 동일한 확률을 갖고 랜덤하게 꽂힌다고 할 때, 영역 A에 다트가 꽂힐 확률을 계산해보자.

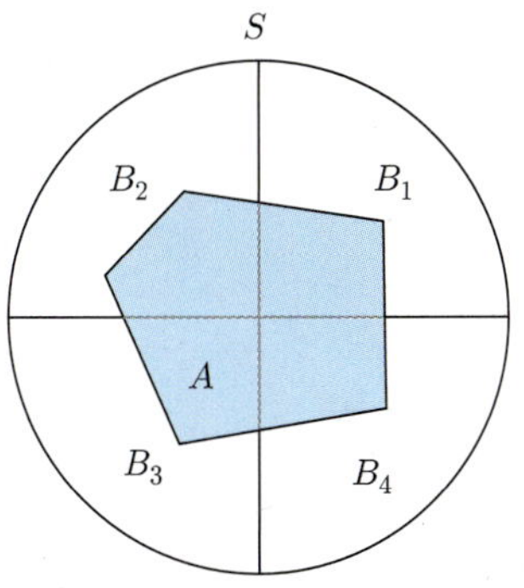

[그림 2-1] **4등분된 원형 다트판**

영역 A에 다트가 꽂히는 사건을 E_A라고 하면, 사건 E_A의 발생 확률은 식 (2.5)와 같다.

$$P(E_A) = \frac{A\text{의 면적}}{S\text{의 면적}} \tag{2.5}$$

연속 표본공간에서 영역에 대해 적용되는 확률은 이산 표본공간에서 정의했던 확률의 공리를 모두 만족한다. 영역 A의 면적은 0 이상이므로 $P(E_A) \geq 0$이고, 공리 1을 만족한다. 또한 $P(E_S) = 1$이므로, 공리 2도 만족한다. 영역 B_1, B_2, B_3, B_4는 서로 배타적이고 $S = B_1 + B_2 + B_3 + B_4$이므로 식 (2.6)이 성립하여 공리 3도 만족한다.

$$\begin{aligned} P(E_S) &= P(E_{B_1+B_2+B_3+B_4}) \\ &= P(E_{B_1}) + P(E_{B_2}) + P(E_{B_3}) + P(E_{B_4}) = 4 \times \frac{1}{4} = 1 \end{aligned} \tag{2.6}$$

어느 특정한 점의 면적이 0이므로 특정한 점에 다트가 꽂힐 확률이 0이라고 생각할 수도 있지만, 이럴 경우 모든 점에 대한 확률이 0이 되어 다트가 절대 꽂힐 수 없는다는 모순이 생긴다. 뿐만 아니라 특정한 점에 대한 확률을 정의할 수 있다면, 유한한 확률값을 갖는 무한개의 점을 모두 합할 경우 수학적으로 유한한 값(확률값이므로 1 이하가 되어야 함)이 나와야 한다. 하지만 이런 값은 절대로 나올 수 없으므로 이 역시 모순이다. 다트판의 면적이 0인 다트는 존재하지 않기 때문이다. 결론적으로 무한히 많은 표본점을 갖는 연속 표본공간에서는 특정한 한 점에 대한 확률은 정의할 수 없고, 영역이나 간격 등에 대해서만 확률값을 계산할 수 있다.

2.3 결합 확률

▪ 결합 확률

임의의 두 사건 A, B에 대해 두 사건이 모두 발생하는 경우에 대한 확률을 계산하는 경우가 많다. 이때 두 사건이 모두 발생하는 사건을 **결합 사건**joint event AB, 결합 사건 AB가 발생할 확률을 **결합 확률**joint probability $\boldsymbol{P(AB)}$라고 한다.

예를 들어 주사위와 동전을 동시에 던지는 실험에서 주사위 앞면이 짝수인 사건을 A, 동전의 앞면이 나오는 사건을 B라고 하면 결합 사건 AB는 주사위 앞면은 짝수이고, 동전은 앞면이 나오는 사건이라고 할 수 있다. 총 N번의 실험에서 사건 A와 사건 B가 동시에 발생한 횟수를 N_{AB}라고 하면, 사건 A와 사건 B의 결합 확률은 다음과 같이 정의한다.

$$P(AB) = \lim_{N \to \infty} \frac{N_{AB}}{N} \tag{2.7}$$

위의 예의 경우 결합 사건 AB를 구하기 위해 사건 AB 집합을 구하면 다음 식과 같다.

$$AB = \{(H,2), (H,4), (H,6)\} \tag{2.8}$$

전체 표본 집합의 원소의 개수는 12개이므로 결합 사건의 결합 확률은 $P(AB) = 3/12 = 1/4$임을 쉽게 알 수 있다.

예제 2-2 결합 사건의 확률

두 개의 정육면체 주사위를 연속하여 던지는 실험에서 첫 번째 주사위가 짝수인 사건을 A, 두 번째 주사위가 4보다 큰 사건을 B라고 하자. 결합 사건 AB의 확률을 구하라.

풀이

결합 사건은 $AB = \{(2,5), (2,6), (4,5), (4,6), (6,5), (6,6)\}$로 여섯 가지다. 표본공간은 36개의 표본으로 구성되므로, 결합 확률은 $P(AB) = \frac{6}{36} = \frac{1}{6}$ 이다.

Section

2.4 조건 확률

2.4.1 조건 확률 : $P(A|B)$

한 사건이 발생할 확률이 다른 사건에 의해 영향을 받을 경우가 있다. 예를 들어 정육면체 주사위를 던지는 실험에서 사건 A는 단순 사건 $A=\{4\}$라고 하고, 사건 B는 짝수 사건이라고 하자. 단순히 사건 A가 발생할 확률은 $P(A)=\frac{1}{6}$이지만 주사위를 던진 결과가 짝수(즉, 사건 B)라는 사실을 미리 알고 있는 경우 사건 A가 발생할 확률은 $\frac{1}{3}$로 변한다. 따라서 사건 B가 전제되어 있을 경우 사건 A의 발생 확률은 사건 B에 영향을 받아 크게 달라질 수 있다.

이와 같이 사건 A가 사건 B에 종속되어 있을 때 사건 A의 확률을 사건 B에 대한 사건 A의 **조건 확률**conditional probability $\boldsymbol{P(A|B)}$라고 한다.

▪ 조건 확률

$$P(A|B)=\frac{N_{AB}}{N_B}=\frac{N_{AB}/N}{N_B/N}=\frac{P(AB)}{P(B)} \tag{2.9}$$

식 (2.9)에서 $P(B)>0$이어야 한다. 사건 B의 발생 전제 조건에서 사건 A의 발생 확률을 계산하는 경우, 사건 B가 발생하지 않으면 의미가 없기 때문이다. 식 (2.9)의 분자인 식 $P(AB)$는 사건 A와 사건 B의 결합 확률이다. 즉, 사건 B가 발생했다는 조건 아래 사건 A의 발생 확률을 구해야 하므로 분자는 결합 확률 $P(AB)$가 될 수밖에 없다. 만일 사건 B가 사건 A의 발생에 영향을 주지만 서로 배타적일 경우 $P(AB)=0$이므로 조건 확률은 $P(A|B)=0$이다(예를 들어 사건 B가 $B=\{1,3,5\}$인 경우).

식 (2.9)로부터 **베이즈 법칙**Bayes' rule과 **체인 법칙**Chain rule을 얻을 수 있다. 베이즈 법칙은 수신기가 수신 신호를 수신한 후에 송신 신호를 추정하여 결정하는 **결정 이론**decision theory에서 중요하게 사용된다. 그리고 체인 법칙은 중요한 확률 과정 중 하나인 **마코프 과정**Markov process에서 자주 이용된다.

▪ 베이즈 법칙
▪ 체인 법칙

$$P(AB)=P(A)P(B|A)=P(B)P(A|B) \tag{2.10}$$

$$P(A|B) = \frac{P(B|A)P(A)}{P(B)},\ P(B) \neq 0 : \text{베이즈 법칙} \quad (2.11)$$

$$P(ABC) = P(A)P(B|A)P(C|AB) : \text{체인 법칙} \quad (2.12)$$

예제 2-3 독립 시행의 확률

주머니에 100원짜리 동전 6개와 500원짜리 동전 4개가 있다. 한 번에 하나씩 동전을 두 번 연속하여 꺼낸다고 하자. 이때 500원짜리 동전과 100원짜리 동전을 각각 한 개씩 꺼낼 확률을 구하라. 단, 처음에 꺼낸 동전은 다시 넣지 않는다.

풀이

첫 번째에 100원짜리 동전을 꺼내는 사건을 A, 두 번째에 100원짜리 동전을 꺼내는 사건을 B, 첫 번째에 500원짜리 동전을 꺼내는 사건을 C, 두 번째에 500원짜리 동전을 꺼내는 사건을 D라고 하자. 순서에 관계없이 100원짜리 동전과 500원짜리 동전을 각각 한 개씩 꺼내면 되므로, 다음과 같이 두 가지 확률을 더하면 된다.

$$\begin{aligned} P(AD) + P(CB) &= P(D|A)\,P(A) + P(B|C)\,P(C) \\ &= \left(\frac{4}{9} \times \frac{6}{10}\right) + \left(\frac{6}{9} \times \frac{4}{10}\right) = \frac{8}{15} \end{aligned}$$

예제 2-4 결합 확률, 조건 확률 및 부분 확률의 계산

어떤 반 학생들의 성적 G_j와 결석 시간 수 A_i에 대한 관계를 조사했더니, A_i와 G_j의 결합 확률 $P(A_i, G_j)$가 [표 2-1]과 같이 나타났다. 결석이 6시간 이하인 학생이 80점 이상일 확률을 구하라.

[표 2-1] 성적과 결석 시간의 관계

성적 \ 결석 시간	A_1 (0~3)	A_2 (4~6)	A_3 (7~9)	A_4 (10~12)	A_5 (13~)	$P(G_i)$
G_1 90~100	0.07	0.05	0.02	0	0	0.14
G_2 80~89	0.08	0.10	0.06	0.02	0	0.26
G_3 70~79	0	0.06	0.14	0.06	0	0.26
G_4 60~69	0	0.02	0.06	0.08	0.06	0.22
G_5 0~59	0	0	0	0.07	0.05	0.12
$P(A_i)$	0.15	0.23	0.28	0.23	0.11	

풀이

학생이 80점 이상일 경우를 사건 A라고 하자. 집합 A는

$$A = \{(A_i, G_j) : A = A_1, A_2, A_3, A_4, A_5,\ \ G = G_1, G_2\}$$

이므로 사건 A의 발생 확률은 다음과 같이 계산할 수 있다.

$$P(A) = P(G_1) + P(G_2) = \sum_{i=1}^{5} P(A_i,\ G_1) + \sum_{i=1}^{5} P(A_i,\ G_2) = 0.14 + 0.26 = 0.4$$

결석이 6시간 이하인 경우를 사건 B라고 하면, 집합 B와 사건 B의 발생 확률도 같은 방법으로 구할 수 있다.

$$B = \{(A_i, G_j) : A = A_1, A_2,\ \ G = G_1, G_2, G_3, G_4, G_5\}$$

$$P(B) = P(A_1) + P(A_2) = \sum_{j=1}^{5} P(A_1,\ G_j) + \sum_{j=1}^{5} P(A_2,\ G_j) = 0.15 + 0.23 = 0.38$$

결합 사건은 $AB = \{(A_i, G_j) : A = A_1, A_2,\ \ G = G_1, G_2\}$이므로 결합 확률은 다음과 같다.

$$P(AB) = 0.07 + 0.08 + 0.05 + 0.10 = 0.3$$

따라서 결석이 6시간 이하인 학생이 80점 이상일 확률은, 조건 확률 $P(A|B)$을 이용해 다음과 같이 계산한다.

$$P(A|B) = \frac{P(AB)}{P(B)} = \frac{0.3}{0.38} = 0.79$$

결과적으로 단순히 80점 이상일 확률($P(A) = 0.4$)보다 결석 시간이 6시간 이하인 조건이 전제되어 있을 경우 80점 이상일 확률($P(A|B) = 0.79$)이 훨씬 높음을 알 수 있다.

여기에서 $P(A_i) = \sum_{j=1}^{5} P(A_i, G_j)$ 혹은 $P(G_j) = \sum_{i=1}^{5} P(A_i, G_j)$가 성립함을 알 수 있는데, 이때 결합 확률 $P(A_i, G_j)$로부터 구한 $P(A_i)$ 혹은 $P(G_j)$를 부분 확률marginal probability이라고 한다. 이는 표의 가장자리margin 부분에 표기되기 때문에 붙여진 이름으로, [표 2-1]의 회색 부분에 해당한다.

예제 2-5 체인 법칙

정육면체 주사위를 던지는 실험에서 사건 A, B, C가 다음과 같이 정의된다.

$$A = \{2,4,6\}\ ,\ B = \{3,4,5,6\},\ C = \{1,2,3,4\}$$

$P(ABC) = P(A|BC)P(B|C)P(C)$임을 보여라.

풀이

$ABC = \{4\}$이므로 $P(ABC) = \frac{1}{6}$, $BC = \{3,4\}$이다. 따라서 $P(BC) = \frac{2}{6}$, $P(A|BC) = \frac{1}{2}$이다. 결과적으로 다음 식이 성립한다.

$$P(ABC) = P(A|BC)\,P(B|C)\,P(C)$$
$$= \left(\frac{1}{2}\right)\left(\frac{2/6}{4/6}\right)\left(\frac{4}{6}\right) = \frac{1}{6}$$

2.4.2 조건 확률과 총합 확률 법칙

■ 총합 확률 법칙

조건 확률은 확률 계산을 쉽게 해준다는 점에서 대단히 유용한 확률 개념이다. 이러한 점을 이용한 것 중 하나가 **총합 확률 법칙**law of total probability이다. [그림 2-1]에서 다트판의 전체 면적을 표본공간 S로 놓는다면, 각 영역은 이에 속한 부분 집합이나 사건으로 볼 수 있다. 전체 표본공간은 $S=\bigcup_{i=1}^{4} B_i$이고 $B_i \cap B_j = \varnothing$, $i \neq j$인 배타적 집합 B_i로 구성되어 있다. 여기에서 집합 A는 $A \cap S = A$이므로 다음 관계가 성립한다.

$$P(A) = P(A \cap S) = P\left(A \cap \bigcup_{i=1}^{4} B_i\right) \tag{2.13}$$

집합의 분배 법칙을 이용하면

$$\begin{aligned} P(A) &= P[(A \cap B_1) \cup (A \cap B_2) \cup (A \cap B_3) \cup (A \cap B_4)] \\ &= \sum_{i=1}^{4} P(A \cap B_i) \\ &= \sum_{i=1}^{4} P(A|B_i)P(B_i) \end{aligned} \tag{2.14}$$

가 성립한다. 이때 식 (2.14)의 관계를 총합 확률 법칙이라고 하며, 조건 확률을 이용하면 쉽게 계산할 수 있다.

전체 집합 S가 N개의 배타적 집합 $B_1, B_2, \cdots, B_N$으로 분할되어 있다고 가정하자. S에 속한 임의의 집합 A의 확률은 총합 확률 법칙을 이용하여 다음과 같이 표현할 수 있다.

$$P(A) = P(A \cap S) = \left(A \cap \bigcup_{i=1}^{N} B_i\right) \tag{2.15}$$

$$= P\left[\sum_{i=1}^{N}(A \cap B_i)\right] = \sum_{i=1}^{N} P(A \cap B_i) = \sum_{i=1}^{N} P(A|B_i)P(B_i)$$

Section

2.5 독립사건의 확률

▪ 통계적 독립

두 사건 A와 B의 발생 확률이 모두 0이 아니라고 가정하자. 이때 한 사건의 발생 확률이 다른 사건의 발생 여부와 관계없이 계산되면 두 사건은 **통계적 독립**statistically independent이라고 한다. 다시 말해 어느 한 사건의 발생 확률값은 다른 사건의 발생 여부와 관계가 없다. 따라서 확률값이 변하지 않는다.

수식으로 표현하면 $P(A|B)=P(A)$, $P(B|A)=P(B)$이므로, 식 (2.16)이 성립한다.

$$P(AB)=P(A|B)P(B)=P(B|A)P(A)=P(A)P(B) \tag{2.16}$$

따라서 두 사건 A와 B의 발생 확률이 0보다 클 경우 두 사건이 통계적으로 독립이면 $P(AB)=P(A)P(B)\neq 0$이므로, 통계적으로 독립이면서 동시에 상호 배타적일 수는 없다.

▪ 배타적 관계

통계적 독립과 **배타적 관계**mutually exclusive는 서로 다르다. 만일 A와 B가 서로 배타적일 경우 B가 발생하면 사건 A는 절대로 발생할 수 없으므로 $P(AB)=0$이 된다. 그러나 A와 B가 독립인 경우에는 $P(A|B)=P(A)$이므로, $P(A)=0$일 경우에만 두 경우의 조건 확률값이 같다. 따라서 $P(A)=0$인 경우를 제외하면 두 사건 A와 B가 독립이라는 것과 배타적이라는 것은 서로 다른 의미를 가지고, 서로 다른 값을 나타낸다. 다음 두 식은 두 사건이 배타적인 경우와 독립인 경우의 관계를 정리한 것이다.

$$P(A\cup B)=P(A)+P(B) : \text{배타적 관계} \tag{2.17}$$

$$P(AB)=P(A)P(B) : \text{독립 관계} \tag{2.18}$$

두 사건 A와 B가 독립인 경우 조건 확률식 $P(A|B)=P(A)$에서 사건 B가 발생했다는 것을 미리 알고 있는지의 여부와 상관없이 A의 확률은 달라지지 않는다. 그러나 통계적으로 독립이라고 해서 한 사건이 다른 사건에 영향을 주지 않는다는 의미는 아니며, 다만 $P(AB)/P(B)$의 비율이 $P(A)$값과 동일하

다는 것이다. 따라서 두 사건 A와 B가 통계적으로 독립이면 식 (2.18)에 의해 $P(AB)=P(A)P(B)$이므로, A와 B의 결합 확률을 계산하려면 A와 B의 부분 확률인 $P(A)$, $P(B)$만 알고 있으면 된다.

통계적 독립은 **대칭성**symmetry property이 있는데, 이는 식 (2.19)로부터 알 수 있다. A와 B가 통계적으로 독립이면 다음 식이 성립한다.

■ 대칭성

$$P(B|A)=\frac{P(BA)}{P(A)}=\frac{P(AB)}{P(A)}=\frac{P(A)P(B)}{P(A)}=P(B) \qquad (2.19)$$

예제 2-6 독립사건의 결합 확률

정육면체 주사위를 던지는 실험에서 사건 $A=\{2,3\}$의 확률은 $P(A)=\frac{1}{3}$이다. 또한 짝수가 나오는 사건을 사건 B라고 하면 $B=\{2,4,6\}$이므로 $P(B)=\frac{1}{2}$이고, $AB=\{2\}$이므로 $P(AB)=\frac{1}{6}$이다. 이때 B에 대한 A의 조건 확률을 구하고 두 사건이 통계적으로 독립임을 보여라.

풀이

$$P(A|B)=\frac{P(AB)}{P(B)}=\frac{1/6}{1/2}=\frac{1}{3}=P(A)$$

B의 발생 조건에 관계없이 A의 확률은 변하지 않는다. 따라서 사건 A와 B는 통계적으로 독립이다. 여기에서 사건 B가 발생했다는 전제 조건이 있을 경우 사건 A의 결과값은 2개에서 1개로 줄어들지만 전체 표본공간도 $S=\{1,2,3,4,5,6\}$의 6개에서 $B=\{2,4,6\}$의 3개로 줄어 그 비율은 변함이 없다. 따라서 A와 B가 통계적으로 독립일 경우 사건 B의 전제 조건의 존재 여부와 관계없이 A의 확률값은 변하지 않는다.

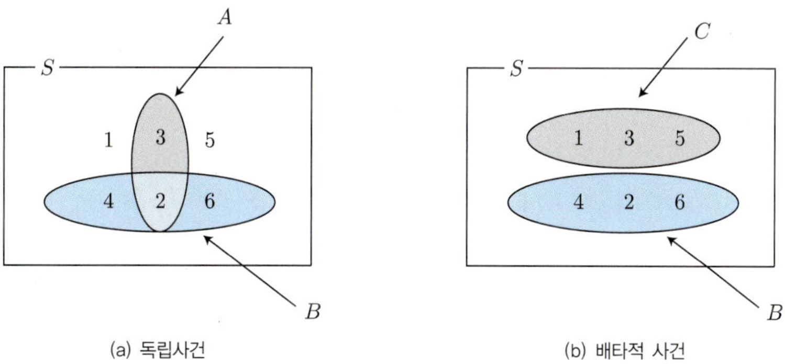

[그림 2-2] 두 사건의 개념도

예제 2-7 독립사건일 때의 결합 확률

52장의 카드 중에서 2장만 뽑는 실험을 한다고 가정하자. 단, 하트인 카드는 총 13장이다.

(a) 첫 번째 카드를 뽑은 후 다시 넣지 않고 두 번째 카드를 뽑는다. 첫 번째 카드가 하트이고, 두 번째 카드도 하트일 확률을 구하라.

(b) 첫 번째 카드를 뽑은 후 다시 넣고 두 번째 카드를 뽑는다. 첫 번째 카드가 하트이고, 두 번째 카드도 하트일 확률을 구하라.

풀이

(a) 첫 번째 카드가 하트인 사건을 A라고 하고 두 번째 카드가 하트인 사건을 B라고 하면, 사건 B는 사건 A의 발생 여부에 따라 발생 확률이 달라진다. 사건 A에 의해 하트가 1장 없으므로 사건 B의 확률은 $P(B|A)=\frac{12}{51}$이다. 따라서 첫 번째 카드와 두 번째 카드 모두가 하트일 확률은 다음과 같다.

$$P(AB)=P(A)P(B|A)=\frac{13}{52}\times\frac{12}{51}=\frac{3}{51}$$

(b) 사건 B의 확률은 사건 A의 발생 여부와 관계없이 일정하므로 두 사건은 독립사건이다. 따라서 $P(AB)=P(A)P(B)$를 적용할 수 있으므로 첫 번째 카드와 두 번째 카드가 모두 하트일 확률은 다음과 같다.

$$P(AB)=\frac{13}{52}\times\frac{13}{52}=\frac{1}{16}$$

두 개의 사건에 대한 독립 관계는 세 개 혹은 그 이상의 사건에 대한 통계적 독립 관계로 확대할 수 있다. 우선 세 개의 사건 A, B, C가 통계적으로 독립일 경우 다음과 같은 관계가 성립한다.

$$P(A|B)=P(A|C)=P(A|B,\ C)=P(A) \tag{2.20}$$

$$P(B|A)=P(B|C)=P(B|A,\ C)=P(B) \tag{2.21}$$

$$P(C|A)=P(C|B)=P(C|A,\ B)=P(C) \tag{2.22}$$

위의 사실을 이용하면 세 개의 사건 A, B, C가 통계적으로 독립일 조건은 다음과 같다.

$$P(AB)=P(A)P(B) \tag{2.23}$$

$$P(BC)=P(B)P(C) \tag{2.24}$$

$$P(AC)=P(A)P(C) \tag{2.25}$$

$$P(ABC)=P(A)P(B)P(C) \tag{2.26}$$

따라서 일반적으로 N개의 사건 $A_1, A_2, \cdots, A_N$이 통계적으로 독립이기 위한 조건을 다음과 같이 확대하여 정리할 수 있다.

$$P(A_iA_j) = P(A_i)P(A_j), \quad i \neq j \tag{2.27}$$

$$P(A_iA_jA_k) = P(A_i)P(A_j)P(A_k), \quad i \neq j \neq k \tag{2.28}$$

$$\cdots$$

$$P(A_1A_2 \cdots A_N) = P(A_1)P(A_2) \cdots P(A_N) \tag{2.29}$$

예제 2-8 독립사건과 배타적 사건

[그림 2-3]과 같은 직렬 릴레이 회로의 동작에 대한 사건 A, B를 다음과 같이 정의한다. 스위치 S_1이 닫히는 동작을 사건 A(열리는 동작은 A^c), 스위치 S_2가 닫히는 동작을 사건 B(열리는 동작은 B^c)라고 한다. 직렬 릴레이 회로에서 발생할 수 있는 네 가지 동작이 발생할 확률이 모두 동일할 때 다음 물음에 답하라.

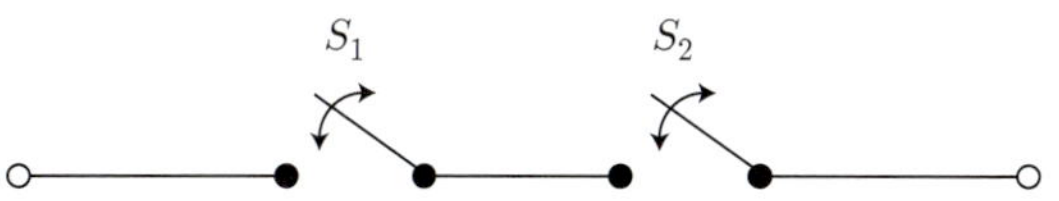

[그림 2-3] 직렬 릴레이 회로

(a) S_1이 열릴 확률 $P(A^c)$를 구하라.

(b) S_2가 열릴 확률 $P(B^c)$를 구하라.

(c) S_1과 S_2가 모두 열릴 확률 $P(A^cB^c)$를 구하라.

(d) 사건 A^c과 B^c이 독립임을 밝혀라.

풀이

직렬 릴레이 회로의 동작은 [그림 2-4]와 같이 $\{AB, AB^c, A^cB, A^cB^c\}$ 네 가지가 있고 각각의 발생 확률은 $\frac{1}{4}$로 동일하다. 또한 네 가지 동작은 동시에 발생할 수 없으므로 서로 배타적인 관계에 있다.

(a) $P(A^c) = P(A^cB) + P(A^cB^c) = \frac{1}{4} + \frac{1}{4} = \frac{1}{2}$, $P(A) = 1 - P(A^c) = \frac{1}{2}$

(b) $P(B^c) = P(AB^c) + P(A^cB^c) = \frac{1}{4} + \frac{1}{4} = \frac{1}{2}$, $P(B) = 1 - P(B^c) = \frac{1}{2}$

(c) 표본공간 S의 원소는 동일한 발생 확률을 가지므로 $P(A^cB^c) = \frac{1}{4}$

(d) $P(A^cB^c) = P(A^c)P(B^c) = \frac{1}{2} \times \frac{1}{2} = \frac{1}{4}$이므로, A^c와 B^c는 독립임을 알 수 있다.

실제로 사건 A^c는 사건 B^c의 발생 여부와 관계없이 발생할 수 있고, 사건 B^c도 사건 A^c의 발생 여부와 관계없이 발생할 수 있다. 한편 사건 A와 사건 A^c은 동시에 발생할 수 없으므로 서로 배타적인 관계다. 하지만 둘 중 하나가 발생했을 경우 나머지 하나는 절대로 발생할 수 없으므로 독립은 아니다.

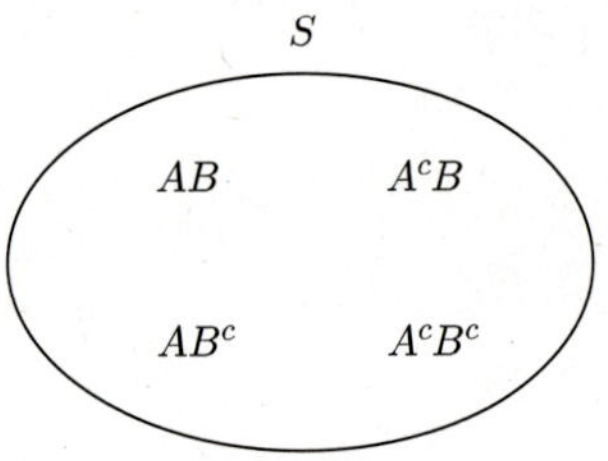

[그림 2-4] 직렬 릴레이 회로 실험에 대한 표본공간

2.6 베르누이 시행

실험 결과가 단 두 가지만 존재하는 경우는 많다. 예를 들어 동전을 던지는 실험에서 앞면과 뒷면, 시험을 치른 결과에서 합격 혹은 불합격, 스위치의 열림과 닫힘 등이다. 여기에서 둘 중 하나의 결과가 발생하는 사건을 A라고 하면, 나머지 하나의 결과가 발생하는 사건은 A^c으로 표시할 수 있다. 이와 같이 두 가지 결과를 가지는 실험을 N번 반복하여 시행한 후 사건 A가 k번 발생할 확률을 계산해야 하는 경우가 많은데, 이러한 시행을 **베르누이 시행**Bernoulli trials이라고 한다.

▪ 베르누이 시행

여기에서 반복되는 기본 시행을 서로 독립이라고 가정한다. 이렇게 두 가지 결과를 갖는 기본 실험을 N번 반복하여 시행하는 베르누이 시행에서, 사건 A가 k번 발생할 확률은 **이항 확률 법칙**binomial probability law을 이용해 계산한다.

▪ 이항 확률 법칙

각 시행이 서로 독립적인 관계라고 가정하고, 사건 A의 발생 확률을 p라고 하자. 우선 N번 반복하여 시행한 실험 결과에서 사건 A가 k번 연속하여 발생하고, 다른 사건 A^c가 뒤이어 $(N-k)$번 연속하여 발생했다고 가정한다. 각 시행 결과는 서로 독립이므로 이에 대한 확률은 다음과 같이 구한다.

$$\underbrace{P(A)P(A)\cdots P(A)}_{k\text{번}}\underbrace{P(A^c)P(A^c)\cdots P(A^c)}_{(N-k)\text{번}} = p^k(1-p)^{N-k}$$

N번의 시행 중에 사건 A가 k번 발생한다는 것은 순서에 상관없으므로 N번 중에 사건 A가 k번 발생하고 사건 A^c가 $(N-k)$번 발생하는 경우의 수는 **이항 계수**binomial coefficient C_k^N을 이용해 쉽게 구할 수 있다.

▪ 이항 계수

$$C_k^N = \binom{N}{k} = \frac{N!}{k!\,(N-k)!} \tag{2.30}$$

따라서 N번의 베르누이 시행에서 사건 A가 k번 발생할 확률은

$$P_N(k) = \binom{N}{k} p^k (1-p)^{N-k} \quad (2.31)$$

▪ 이항 확률 법칙

으로 구할 수 있다. 식 (2.31)과 같이 계산되는 확률을 **이항 확률 법칙**이라고 한다.

예제 2-9 베르누이 시행

동전을 10번 연속하여 던지는 실험에서 동전의 앞면이 4번 나올 확률을 구하라. 단, 각 실험에서 앞면이 나올 확률은 $p=0.5$라고 가정한다.

풀이

동전을 던지는 실험은 앞면과 뒷면, 두 가지 시행 결과가 있다. 각 시행은 서로 독립이고, 10번 반복하여 던지므로 베르누이 시행으로 볼 수 있다. 따라서 앞면이 4번 나올 확률은 다음과 같다.

$$P_{10}(4) = \binom{10}{4} p^4 (1-p)^6 = 0.205$$

예제 2-10 이항 정리

베르누이 시행에서 발생 확률이 p인 사건 A가 k번 발생할 확률은 식 (2.31)과 같다. $0 \le k \le N$인 모든 경우에 대해 $P_N(k)$을 더하면 1이 됨을 보여라.

$$\sum_{k=0}^{N} P_N(k) = \sum_{k=0}^{N} \binom{N}{k} p^k (1-p)^{N-k} = 1$$

풀이

이항 정리로부터

$$(a+b)^N = \sum_{k=0}^{N} \binom{N}{k} a^k b^{N-k}$$

임을 알고 있다. $a=p$이고 $b=(1-p)$라면 다음이 성립한다.

$$1 = \sum_{k=0}^{N} \binom{N}{k} p^k (1-p)^{N-k}$$

Chapter 02 연습문제

2.1 정육면체 주사위를 던지는 실험에서 사건 A, B를 다음과 같이 정의한다. 물음에 답하라.

A = { 주사위 윗면에 나오는 점의 개수가 4보다 작은 경우 }
B = { 주사위 윗면에 나오는 점의 개수가 짝수인 경우 }

(a) 표본공간 S의 원소를 나열하라.
(b) 사건 A, B의 원소를 나열하라.
(c) 결합 사건 AB의 원소를 나열하라.
(d) 합 사건 $A+B$의 원소를 나열하라.
(e) $P(A)$, $P(B)$, $P(AB)$ 및 $P(A+B)$를 계산하라.
(f) $P(A+B)=P(A)+P(B)-P(AB)$가 성립하는가?

2.2 52장의 카드에서 2장을 연속하여 뽑되 첫 번째 뽑은 카드는 다시 넣지 않는다고 한다. 단, 퀸[queen] 카드는 총 4장이다.

(a) 첫 번째 카드가 퀸일 때 두 번째 카드도 퀸일 확률을 구하라.
(b) 첫 번째 카드가 퀸일 때 두 번째 카드가 7이 될 확률을 구하라.
(c) 카드 2장이 모두 퀸일 확률을 구하라.

2.3 짝수가 나올 확률보다 홀수가 나올 확률이 2배 더 큰 주사위를 던지는 실험에서, 홀수가 발생할 확률을 구하라.

2.4 정육면체 주사위 2개를 동시에 던지는 실험에서 합이 7이 될 확률을 구하라.

2.5 4개의 부품 박스에 다음 표와 같이 저항이 들어 있다. 4개의 박스 중 무작위로 하나를 선택하여 그 안에 들어 있는 저항 하나를 무작위로 뽑는 실험을 한다. 단, 부품 박스가 뽑힐 가능성과 선택된 부품 박스 내에서 저항이 선택되는 확률은 모두 같다고 가정한다. 물음에 답하라.

저항값(kΩ)	부품 박스 번호				합계
	1	2	3	4	
1	20	40	30	50	140
10	30	50	40	60	180
100	40	60	50	70	220
합계	90	150	120	180	540

(a) 세 번째 박스가 뽑혔다고 가정할 경우 10[kΩ]의 저항이 뽑힐 확률은 얼마인가?
(b) 10[kΩ]의 저항이 선택된 경우 이 저항이 세 번째 박스에서 뽑혔을 확률은 얼마인가?

2.6 주머니에 빨간 공 3개와 흰 공 2개가 들어 있다. 첫 번째 집은 공을 다시 넣지 않고 두 번째 공을 연속적으로 꺼내는 실험을 한다. 물음에 답하라.

(a) 첫 번째 공이 흰 공일 때 두 번째 공도 흰 공일 확률을 구하라.
(b) 두 번째 공이 빨간 공일 때 첫 번째 공도 빨간 공이었을 확률을 구하라.
(c) 첫 번째 공을 다시 주머니에 넣는다고 할 때 문항 (a)의 답을 구하라.

2.7 표본공간 S에서 발생하는 사건 A, B는 다음과 같이 정의된다. 물음에 답하라.

$$S = \{(x,y) : 0 \le x \le 1,\ 0 \le y \le 1\}$$
$$A = \{(x,y) : y \le 2x,\ 0 \le x \le 1/2 \text{ 이고 } \ y \le 2-2x,\ 1/2 \le x \le 1\}$$
$$B = \{(x,y) : 1/2 \le x \le 1,\ 0 \le y \le 1\}$$

(a) $P(A|B)$를 구하라.
(b) A와 B는 독립인가? 그 이유를 밝혀라.

2.8 이진 대칭 채널(BSC)은 다음 그림과 같이 모델링할 수 있다. $P(A_1) = 0.4$, $P(B_1|A_1) = 1-p = 0.6$이라고 한다. 이때

A_0 : '0'이 발생하여 전송하는 경우
A_1 : '1'이 발생하여 전송하는 경우
B_0 : '0'을 수신하는 경우
B_1 : '1'을 수신하는 경우

를 의미한다. 물음에 답하라.

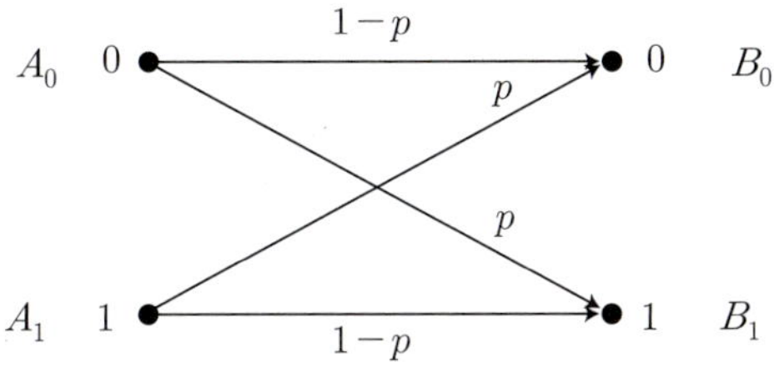

(a) '0'이 수신되었을 때 '0'이 전송되었을 확률 $P(A_0|B_0)$을 구하라.
(b) '0'이 수신되었을 때 '1'이 전송되었을 확률 $P(A_1|B_0)$을 구하라.
(c) 위의 문제 (a), (b)로부터 '0'이 수신되었을 때 수신기의 전송 심벌은 어떻게 결정해야 하는가?

2.9 항아리 안에 흰 공이 5개, 빨간 공이 7개 들어 있다. 2개의 공을 연속하여 꺼낼 경우 물음에 답하라. 단, 꺼낸 공은 다시 넣지 않는다고 가정한다.

(a) 첫 번째 공이 흰색일 확률을 구하라.
(b) 두 개의 공이 모두 흰색일 확률을 구하라.
(c) 두 번째 공이 빨간색일 확률을 구하라.
(d) 두 번째 공을 꺼내기 전에 첫 번째로 꺼냈던 공을 다시 넣는다고 할 때 2개의 공이 모두 흰색일 확률을 구하라.

2.10 정육면체 주사위와 동전을 동시에 던지는 실험을 한다. 사건 A, B를 다음과 같이 정의할 때 물음에 답하라.

$A=\{$ 주사위 윗면에 나오는 점의 개수가 3보다 작은 경우 $\}$
$B=\{$ 동전의 앞면이 나오는 경우 $\}$

(a) $P(A)$, $P(B)$를 계산하라.
(b) 결합 사건의 확률 $P(AB)$를 구하라.
(c) 두 사건이 독립일 조건 $P(AB)=P(A)P(B)$를 이용하여 사건 A와 B가 서로 독립임을 밝혀라.

2.11 10[μF]의 커패시터를 생산하는 기계가 C_1, C_2, C_3으로 3대가 있다. 10[μF]으로부터 오차 값이 0.5% 이내인 커패시터를 합격품으로 판정한다고 한다. C_1이 합격품을 생산할 확률이 0.9, C_2가 합격품을 생산할 확률이 0.8, C_3가 합격품을 생산할 확률이 0.7일 때 다음 물음에 답하라. 단, 3대의 기계는 모두 분당 100개의 커패시터를 생산한다.

(a) 3대의 기계로부터 10분 동안 생산한 3,000개의 커패시터를 하나의 박스에 섞어 넣을 경우 박스 안의 커패시터가 합격품일 확률을 총합 확률 법칙을 이용하여 구하라.
(b) 박스 안의 합격품이 C_1의 기계에서 생산되었을 확률을 베이즈 법칙을 이용하여 구하라.
(c) C_2, C_3에 대해서도 문제 (b)의 답을 구하라.

Chapter

03

랜덤 변수

Random Variable

이 장의 학습 내용

학습목표

- 랜덤 변수를 정의하고 기본 개념을 살펴본다.
- 랜덤 변수의 누적 확률분포와 확률밀도 함수 개념을 익힘으로써 통계값을 계산할 수 있는 기초를 마련한다.
- 공학 분야에서 중요하게 사용되는 확률분포를 알아본다.
- 난수 발생기를 이용해 임의의 확률분포를 갖는 랜덤 변수를 발생시킨다.
- 통계적 평균 개념을 자세히 살펴보고, 확률밀도 함수를 이용해 평균과 분산값을 계산한다.
- 특성 함수를 이용해 랜덤 변수의 모멘트를 계산하는 방법을 익힌다.
- 랜덤 변수의 함수에 대한 확률밀도 함수를 구하는 방법을 익힌다.

어떤 실험을 실행한 결과에 대해 특정한 성격을 갖는 결과만 모아놓은 집합을 사건event이라고 정의했다. 실험 결과 자체만 생각하는 것보다는 사건을 정의해 실험을 다루는 것이 더 유용하지만, 사건은 서술적으로 표현할 수밖에 없으므로 과학적 혹은 공학적으로 사용하기에는 적절하지 않다. 왜냐하면 대부분의 공학적인 응용 분야에서는 여러 가지 측정값이나 관찰값이 실수값으로 표현되기 때문이다. 이러한 사건을 실수값과 연결시켜 실질적인 확률 문제를 효율적으로 다룰 수 있도록 해주는 개념이 있는데, 바로 랜덤 변수random variable다.

이 장에서는 랜덤 변수의 기초적인 내용을 살펴보고 랜덤 변수에 확률 개념을 적용함으로써 향후 랜덤 과정random process과 랜덤 신호random signal를 분석할 수 있는 수학적인 토대를 마련한다.

이 장의 학습 내용

1. 랜덤 변수

임의의 실험으로부터 얻은 결과에 대해 실수로 일대일이나 다대일로 대응시키는 함수나 규칙이다. 랜덤 변수는 굵은 대문자 $\boldsymbol{X}$, $\boldsymbol{Y}$ 등으로 표시하고, 랜덤 변수가 갖는 실제 실수값은 소문자 x, y 등으로 표시한다.

2. 이산 랜덤 변수

랜덤 변수 $\boldsymbol{X}$의 값 x가 이산값을 가질 때를 말하며 x_i으로 표시한다. 한 점에서의 확률밀도 함숫값은 그 점에서의 확률값과 같다.

3. 연속 랜덤 변수

랜덤 변수 $\boldsymbol{X}$의 값 x가 연속값을 가질 때를 말한다. 임의의 한 점에서 확률값은 정의할 수 없으며, 확률밀도 함숫값으로 정의하여 사용된다.

4. 두 이산 독립 랜덤 변수의 결합 확률

두 이산 랜덤 변수 $\boldsymbol{X}$와 $\boldsymbol{Y}$가 서로 독립이면 $\boldsymbol{X}$와 $\boldsymbol{Y}$의 결합 확률은 다음과 같다.

$$P(\boldsymbol{X}=x_i,\ \boldsymbol{Y}=y_i)=P(\boldsymbol{X}=x_i)\,P(\boldsymbol{Y}=y_i)$$

5. 누적 확률분포 함수 : $F_X(x)$

랜덤 변수 $\boldsymbol{X}$가 x보다 같거나 작을 확률을 말하며, 다음 식과 같이 정의한다. 이산 랜덤 변수의 누적 확률분포 함수는 계단 모양이고, 연속 랜덤 변수의 누적 확률분포 함수는 단조증가하는 형태다.

$$F_X(x)=P(X\le x)$$

6. 누적 확률분포 함수의 성질

누적 확률분포 함수는 다음과 같은 성질을 갖는다.

- $0 \le F_{\boldsymbol{X}}(x) \le 1, \ -\infty < x < \infty$
- $\lim_{x \to -\infty} F_{\boldsymbol{X}}(x) = 0, \ \lim_{x \to +\infty} F_{\boldsymbol{X}}(x) = 1$
- $F_{\boldsymbol{X}}(x_1) \le F_{\boldsymbol{X}}(x_2)$, if $x_1 \le x_2$
- $\lim_{x \to x_0^+} F_{\boldsymbol{X}}(x) = F_{\boldsymbol{X}}(x_0)$
- $P(a < X \le b) = F_X(b) - F_X(a)$

7. 확률밀도 함수 : $p_X(x)$

연속 랜덤 변수 $\boldsymbol{X}$의 확률밀도 함수 $p_X(x)$는 다음과 같이 정의된다.

$$p_X(x) = \frac{dF_X(x)}{dx}$$

$$F_X(x) = \int_{-\infty}^{x} p_X(x)dx$$

이산 랜덤 변수 $\boldsymbol{X}$의 확률밀도 함수 $p_X(x)$는 확률값 $P(\boldsymbol{X}= x_i)$와 같다.

$$p_X(x) = \frac{dF_X(x)}{dx} = \sum_i P(x_i)\delta(x - x_i)$$

8. 확률밀도 함수의 성질

- 모든 x에 대해 $p_X(x) \ge 0$
- $\int_{-\infty}^{\infty} p_X(x)dx = 1$
- $F_X(x) = \int_{-\infty}^{x} p_X(\alpha)d\alpha$
- $P\{x_1 < X \le x_2\} = \int_{x_1}^{x_2} p_X(x)dx$

9. 가우시안 확률분포

공학의 수많은 분야에서 사용되는 중요한 확률밀도 함수이며, 디지털 통신 분야에서 열잡음 신호가 갖는 대표적인 확률밀도 함수이기도 하다.

$$p_X(x) = \frac{1}{\sqrt{2\pi}\,\sigma_X} e^{-(x-m)^2/2\sigma_X^2}$$

$$F_X(x) = \int_{-\infty}^{x} \frac{1}{\sqrt{2\pi}\,\sigma_X} e^{-(\alpha-m)^2/2\sigma_X^2} d\alpha$$

m은 랜덤 변수 $\boldsymbol{X}$의 평균을 의미하고 σ_X^2의 분산을 의미한다.

10. Q 함수를 이용한 가우시안 누적 확률분포 함수의 계산

- $x > m$일 경우

$$F_X(x) = 1 - Q\left(\frac{x-m}{\sigma_X}\right)$$

- $x < m$일 경우

$$F_X(x) = Q\left(\left|\frac{x-m}{\sigma_X}\right|\right)$$

11. 레일레이 확률분포

대역 통과 여파기를 통과한 잡음의 포락선에 나타나는 확률분포다. 이동통신의 다경로 페이딩 채널을 통해 수신된 수신 신호의 포락선도 레일레이 분포를 갖는다.

$$p_X(x) = \begin{cases} \frac{2}{b}(x-a)e^{-(x-a)^2/b} & x \geq a \\ 0 & x < a \end{cases}$$

$$F_X(x) = \begin{cases} 1 - e^{-(x-a)^2/b} & x \geq a \\ 0 & x < a \end{cases}$$

12. 이항 확률분포

이항 분포 함수는 매 시행마다 나올 수 있는 실험 결과가 두 가지밖에 없을 때 적용하는 확률분포함수로 레이더, 소나 등의 신호 검출에 중요하게 사용된다.

$$p_X(x) = \sum_{k=0}^{N} \binom{N}{k} p^k (1-p)^{N-k} \delta(x-k)$$

$$F_X(x) = \sum_{k=0}^{N} \binom{N}{k} p^k (1-p)^{N-k} u(x-k)$$

13. 포아송 확률분포

일정 시간 동안 무작위로 발생하는 사건의 개수를 세는 경우에 응용된다. b가 $b = \lambda T$ 값의 상수일 때 확률밀도 함수와 누적 확률분포 함수는 다음과 같다.

$$p_X(x) = e^{-b} \sum_{k=0}^{\infty} \frac{b^k}{k!} \delta(x-k)$$

$$F_X(x) = e^{-b} \sum_{k=0}^{\infty} \frac{b^k}{k!} u(x-k)$$

14. 균일 확률분포

디지털 통신 신호인 PCM 신호를 생성하는 과정에서 양자화 오류의 크기는 균일 확률분포를 가지며, 다음과 같은 확률밀도 함수와 누적 확률분포 함수를 갖는다.

$$p_X(x) = \begin{cases} 1/(b-a) & a \le x \le b \\ 0 & elsewhere \end{cases}$$

$$F_X(x) = \begin{cases} 0 & x < a \\ (x-a)/(b-a) & a \le x < b \\ 1 & b \le x \end{cases}$$

15. 이산 랜덤 변수의 평균과 분산

$$E[X^2] = \sum_i x_i^2 \, P(X = x_i)$$

$$\sigma_X^2 = E[(X - m_X)^2] = \sum_i (x_i - m_X)^2 \, P(X = x_i)$$

16. 연속 랜덤 변수의 평균과 분산

$$m_X = \int_{-\infty}^{\infty} x\, p_X(x)dx$$

$$\sigma_X^2 = E[(X - m_x)^2] = \int_{-\infty}^{\infty} (x - m_X)^2 p_X(x)dx$$

$$E[(X - m_X)^2] = E[X^2 - 2Xm_X + m_X^2] = E[X^2] - m_X^2$$

17. 특성 함수를 이용한 모멘트 계산

랜덤 변수 $\boldsymbol{X}$에 대한 n차 모멘트를 특성 함수 $\Phi_X(\omega)$를 이용해 다음과 같이 계산할 수 있다.

$$m_n = E[X^n] = (-j)^n \frac{d^n}{d\omega^n} \Phi_X(\omega)|_{\omega=0}$$

단, $\Phi_X(\omega) = E[e^{j\omega X}]$

$$= \int_{-\infty}^{\infty} p_X(x)\, e^{j\omega x} dx$$

18. 랜덤 변수의 변환에 따른 확률밀도 함수(단조 함수일 경우) : $Y = G(X)$

$$p_Y(y) = \frac{p_X(x)}{|dy/dx|}$$

19. 랜덤 변수의 변환에 따른 확률밀도 함수(다차 함수일 경우) : $Y = G(X)$

$$p_Y(y) = \frac{p_X(x_1)}{|dy/dx_1|} + \frac{p_X(x_2)}{|dy/dx_2|} + \cdots + \frac{p_X(x_n)}{|dy/dx_n|}$$

Section

3.1 랜덤 변수의 정의

■ 랜덤 변수

랜덤 변수random variable란 임의의 실험으로부터 얻은 결과에 대해 실수로 일대일 one-to-one이나 다대일many-to-one로 대응시키는 함수 혹은 규칙으로 정의한다. 랜덤 변수는 굵은 대문자 $\boldsymbol{X}$, $\boldsymbol{Y}$ 등으로 표시하고 랜덤 변수가 갖는 실제 실수값은 소문자 x, y 등으로 표시한다.

[그림 3-1]과 같이 주사위를 던지는 실험을 생각해보자. 이 실험의 표본공간은 식 (3.1)과 같이 6개의 실험 결과값으로 구성된다.

$$\boldsymbol{S} = \{1, 2, 3, 4, 5, 6\} \tag{3.1}$$

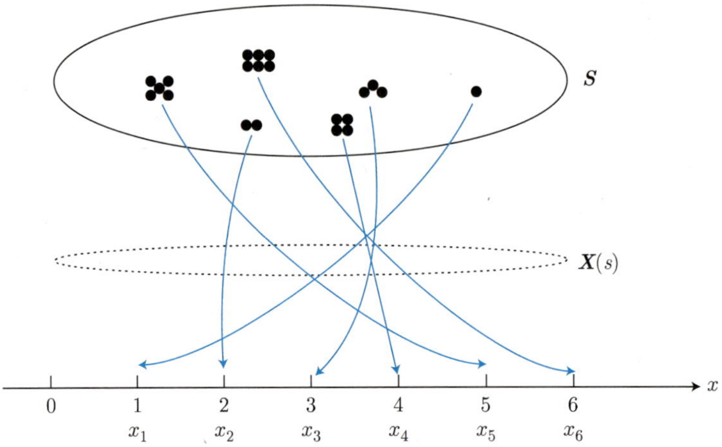

[그림 3-1] 주사위 실험에서의 랜덤 변수

식 (3.1)의 표현은 주사위 윗면에 나타나는 점의 형태를 점의 개수로 나타낸 것으로, 가장 자연스러운 표현 형태다. 이때 랜덤 변수 $\boldsymbol{X}$를 정의하면 다음과 같다.

$\boldsymbol{X}$: 주사위 윗면에 나타나는 점의 개수

■ 이산 랜덤 변수

랜덤 변수 $\boldsymbol{X}$는 $\boldsymbol{S_X} = \{1, 2, 3, 4, 5, 6\}$ 중 하나의 값을 갖는다. $\boldsymbol{X}$가 갖는 값 x는 이산값이므로 $\boldsymbol{X}$를 **이산 랜덤 변수**discrete random variable라고 한다. 만일 랜덤

변수 $\boldsymbol{X}$를 다음과 같이 정의하면

$$\boldsymbol{X}=\begin{cases}0 & \text{주사위 윗면이 홀수}\\ 1 & \text{주사위 윗면이 짝수}\end{cases}$$

[그림 3-2]와 같이 3개의 표본값 $\{1,3,5\}$는 랜덤 변수 $x=0$에 대응되고, 3개의 다른 표본값 $\{2,4,6\}$은 $x=1$에 대응된다.

랜덤 변수는 우리가 원하는 모든 규칙 혹은 함수 형태가 될 수 있지만, 표본공간 $\boldsymbol{S}$에서 하나의 표본값 s에 대응되는 랜덤 변수의 값 x는 여러 개가 될 수 없다는 점을 유의해야 한다. 다시 말해 표본값 s에 대응되는 랜덤 변수의 값은 오직 하나만 존재한다. [그림 3-2]와 같이 여러 개의 표본값을 하나의 랜덤 변숫값 x에 대응시킬 수는 있지만, 하나의 표본값 s에 대해 여러 개의 랜덤 변숫값이 존재할 수는 없다. 결론적으로 표본공간 $\boldsymbol{S}$와 랜덤 변수 공간 $\boldsymbol{S_X}$에 대해 일대일 혹은 다대일 대응은 가능하지만, 일대다 one-to-many 의 대응 관계는 성립하지 않는다.

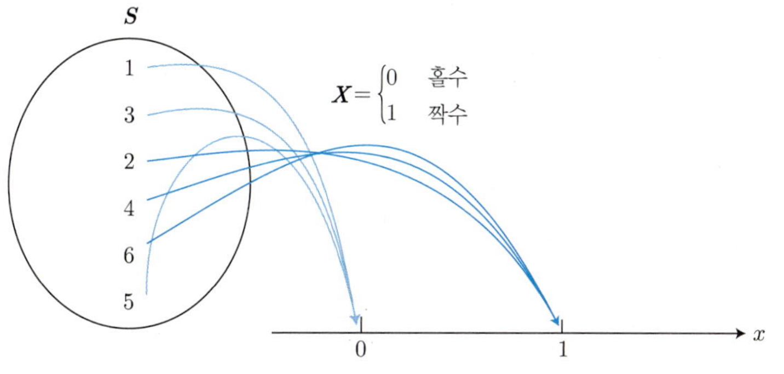

[그림 3-2] 다대일의 대응 관계를 갖는 랜덤 변수

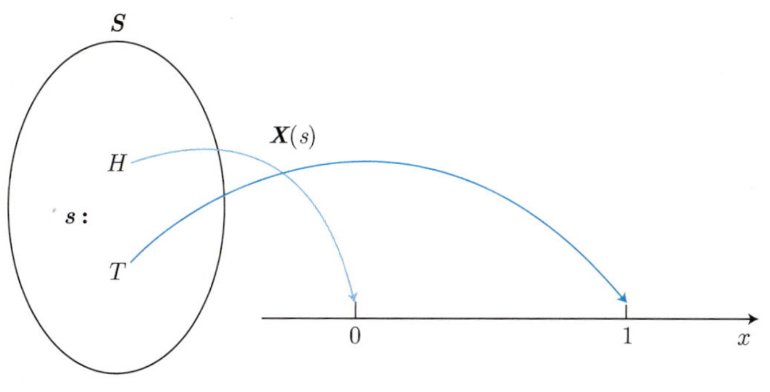

[그림 3-3] 동전을 던지는 실험에서의 랜덤 변수

[그림 3-3]과 같이 동전을 던지는 실험처럼, 표본공간을 구성하는 원소가 숫자 형태가 아닌 경우도 많다.

$$\boldsymbol{S} = \{H, T\} \tag{3.2}$$

물론 이 경우에도 표본공간의 원소를 실수 형태로 일대일 대응시킨 표본공간 $\boldsymbol{S_X}$를 구성할 수 있다. 랜덤 변수 $\boldsymbol{X}$를 다음과 같이 정의해보자.

$$\boldsymbol{X} = \begin{cases} 0 & \text{동전의 앞면} \\ 1 & \text{동전의 뒷면} \end{cases}$$

이제 랜덤 변숫값의 표본공간 $\boldsymbol{S_X}$는 식 (3.3)과 같이 구성할 수 있다. 이때 0은 동전의 앞면을, 1은 동전의 뒷면을 나타내는 랜덤 변숫값 x가 된다.

$$\boldsymbol{S_X} = \{0, 1\} \tag{3.3}$$

이와 같이 랜덤하게 발생하는 실험 결과를 실수로 대응시키는 것은 여러 응용에서 아주 유용하게 사용된다. 표본공간 $\boldsymbol{S}$를 실수화된 표본공간 $\boldsymbol{S_X}$로 대응시키는 함수 혹은 규칙을 랜덤 변수라고 한다.

랜덤 변수는 원래의 표본공간 $\boldsymbol{S}$를 실수로 구성된 표본공간 $\boldsymbol{S_X}$로 대응시키는 함수로 볼 수 있다. 하지만 함수 혹은 규칙이라는 말은 랜덤 변수라는 개념을 명확히 정의하는 데 혼동을 줄 우려도 있다. 왜냐하면 함수 $\boldsymbol{X}(\cdot)$는 랜덤하다기보다 오히려 일정한 규칙을 가지고 있기 때문이다. 그러나 함수 $\boldsymbol{X}(\cdot)$에 입력되는 심벌이 랜덤하게 변하기 때문에 함수 $\boldsymbol{X}(\cdot)$의 출력값도 랜덤하게 변할 수밖에 없다. 따라서 랜덤 변수의 값이 발생하는 형태가 랜덤하다는 점에서 랜덤 변수라는 용어를 이해하는 것이 좋겠다.

▪ 랜덤 변수의 값

앞에서 말한 바와 같이 랜덤 변수는 굵은 대문자 $\boldsymbol{X}$로 나타내고, 랜덤 변수에 의해 할당되는 특정 실수값인 **랜덤 변수의 값**은 소문자 x로 표시한다. 다시 말해 x는 랜덤 변수 $\boldsymbol{X}(s)$ 혹은 $\boldsymbol{X}$가 가질 수 있는 실제값이다.

예제 3-1 이산 랜덤 변수의 정의

[그림 3-4]와 같이 ±1의 값을 갖는 펄스 신호를 이용해 랜덤 이진 데이터를 전송하는 디지털 통신 시스템에서 랜덤 변수 $\boldsymbol{X}$를 정의하라.

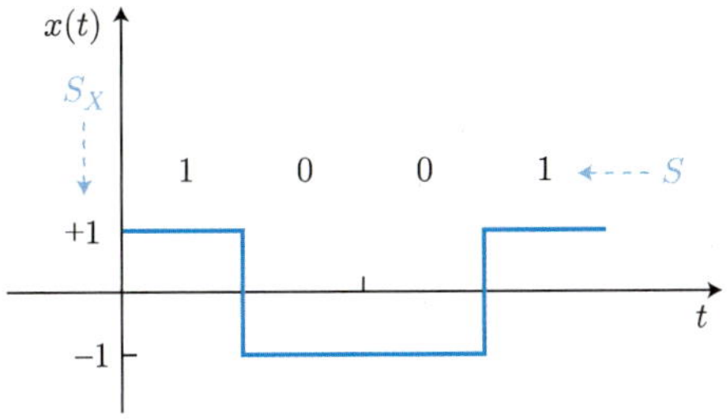

[그림 3-4] 랜덤 이진 데이터를 전송하는 디지털 통신 신호 시스템

풀이

이진수의 표본공간 $\boldsymbol{S}=\{0,1\}$을 실수의 표본공간 $\boldsymbol{S_X}=\{-1,+1\}$로 대응시키는 랜덤 변수(혹은 함수) $\boldsymbol{X}$는 다음과 같이 정의한다.

$$\boldsymbol{X}=\begin{cases}+1 & s=1\\ -1 & s=0\end{cases}$$

랜덤 변수가 이산값을 가질 경우 이를 이산 랜덤 변수라고 한다. 마찬가지로 랜덤 변수가 갖는 값이 연속값일 경우 이를 **연속 랜덤 변수**continuous random variable 라고 한다.

■ 연속 랜덤 변수

[그림 3-5]는 통신 시스템에 항상 존재하는 **백색 가우시안 잡음**white gaussian noise 을 나타낸 것이다. 임의의 시간 t_1에서의 잡음 크기값 $n(t_1)$은 이산값이 아니라 연속값을 가진다. 만일 랜덤 변수 $\boldsymbol{X}$를 '시간 t에서 잡음 신호 $n(t)$의 크기값'으로 정의한다면 랜덤 변수 $\boldsymbol{X}$가 가질 수 있는 값은 연속적인 실수값이 되고, $\boldsymbol{X}$는 연속 랜덤 변수라고 할 수 있다. 연속 랜덤 변수가 정의되는 표본공간 $\boldsymbol{S}$의 표본 개수는 무한하다.

■ 백색 가우시안 잡음

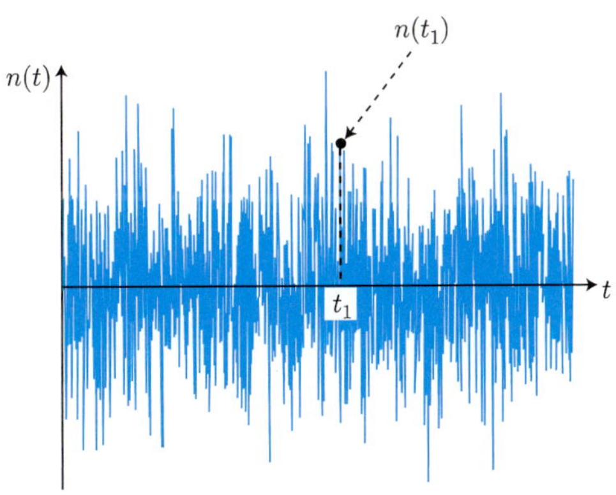

[그림 3-5] 백색 가우시안 잡음 신호의 연속 랜덤 변수

3.2 랜덤 변수의 확률

랜덤 변수가 정의되면 자연스럽게 랜덤 변수에 확률 개념을 적용할 수 있다. 예를 들어 [그림 3-1]에서 이산 랜덤 변수 $\boldsymbol{X}$가 갖는 값을 $x_1 = 1$, $x_2 = 2$, $\cdots$, $x_6 = 6$이라고 할 때, 랜덤 변수 $\boldsymbol{X}$가 5일 확률은 $P(X = x_5) = \frac{1}{6}$로 표시할 수 있다. 마찬가지로 주사위 윗면에 나타나는 점의 개수가 4개 이상일 확률은 $P(\boldsymbol{X} \geq x_4) = \frac{1}{2}$이 된다. 또한 주사위 윗면에 나타나는 점의 개수가 홀수일 확률은 $P(\boldsymbol{X} = x_1) + P(\boldsymbol{X} = x_3) + P(\boldsymbol{X} = x_5) = \frac{1}{2}$로 표시할 수 있다.

앞에서 설명한 바와 같이 랜덤 변수는 사건의 결과값을 실수값과 일대일 혹은 다대일 대응시켜 정의한 것이므로, 표본공간의 사건에 대해 적용된 모든 확률 개념은 랜덤 변수에도 그대로 적용할 수 있다. 이산 표본공간 $\boldsymbol{S}$에 대해 정의된 랜덤 변수는 셀 수 있는 실수값으로 구성되며 $\boldsymbol{X}(s_i) = x_i$, $i = 1, 2, \cdots$으로 표시한다. 물론 s_i는 표본공간 $\boldsymbol{S}$를 구성하고 있는 표본값이고, x_i는 랜덤 변수 $\boldsymbol{X}$의 값이다. 랜덤 변수 $\boldsymbol{X}$가 일대일로 s_i를 x_i에 대응시킨다고 할 때 s_i와 x_i는 동일 사건에서 이름만 다른 동일한 실체이므로 식 (3.4)가 성립한다.

$$P(\boldsymbol{X}(s_i) = x_i) = P(\{s_j : \boldsymbol{X}(s_j) = x_i\}) = P(\{s_i\}) \tag{3.4}$$

하지만 표본공간 $\boldsymbol{S}$의 여러 결과값이 하나의 랜덤 변숫값에 대응되는 경우 식 (3.4)는 식 (3.5)와 같이 쓸 수 있다.

$$\begin{aligned} P(\boldsymbol{X}(s_i) = x_i) &= P(\{s_j : \boldsymbol{X}(s_j) = x_i\}) \\ &= \sum_{\{j : \boldsymbol{X}(s_j) = x_i\}} P(\{s_j\}) \end{aligned} \tag{3.5}$$

위 식에서 $\{s_j\}$는 단순 사건이고 서로 상호 배타적인 관계에 있으므로 이들 확률을 더하면 하나의 랜덤 변숫값에 대응되는 표본값의 확률이 된다. 여기에서 $\boldsymbol{S_X}$에서 정의된 사건 $\{\boldsymbol{X} = x_i\}$와 공간 $\boldsymbol{S}$에서 정의된 사건 $\{s_j : \boldsymbol{X}(s_j) = x_i\}$를 **등가 사건**equivalent event이라고 하며, 이들의 발생 확률은 같다. 또한 표본공간 $\boldsymbol{S}$

▪ 등가 사건

의 전체 발생 확률은 1이므로, 이산 랜덤 변수 $\boldsymbol{X}$의 전체 확률도 1이 되어 식 (3.6)이 성립한다.

$$\sum_i P(\boldsymbol{X}=x_i) = 1 \tag{3.6}$$

두 사건의 독립 조건으로부터 두 랜덤 변수 $\boldsymbol{X}$와 $\boldsymbol{Y}$가 서로 독립이면 $\boldsymbol{X}$와 $\boldsymbol{Y}$의 결합 확률은 식 (3.7)과 같다.

$$P(\boldsymbol{X}=x_i, \boldsymbol{Y}=y_i) = P(\boldsymbol{X}=x_i)\,P(\boldsymbol{Y}=y_i) \tag{3.7}$$

▪ 독립 조건
$P(AB)=P(A)P(B)$

예제 3-2 랜덤 변수의 확률

동전 하나를 던지는 실험에서 앞면이 나올 확률을 p라고 하자. 표본공간 $\boldsymbol{S}=\{H, T\}$에 대한 랜덤 변수 $\boldsymbol{X}$는 다음과 같이 정의된다. 랜덤 변수 $\boldsymbol{X}$의 확률을 모두 구하라.

$$\boldsymbol{X}(s_i) = \begin{cases} 0 & s_i = T \\ 1 & s_i = H \end{cases}$$

풀이

동전의 앞면이 나오면 랜덤 변수의 값은 $\boldsymbol{X}=1$이고 앞면의 발생 확률이 p이므로, 다음과 같이 표현할 수 있다.

$$P_{\boldsymbol{X}}(1) = P(\boldsymbol{X}=1) = p$$

또한 뒷면이 나오면 랜덤 변수의 값은 $\boldsymbol{X}=0$이고 뒷면의 발생 확률은 $1-p$이므로, 뒷면이 발생할 때 랜덤 변수의 확률은 다음과 같다.

$$P_{\boldsymbol{X}}(0) = P(\boldsymbol{X}=0) = (1-p)$$

연속 랜덤 변수의 경우도 확률 개념을 적용하여 쉽게 표현할 수 있다. 열잡음과 같은 백색 잡음은 일반적으로 0[V]를 중심으로 양의 값과 음의 값이 랜덤한 형태로 나타난다. 이와 같은 백색 잡음의 크기를 랜덤 변수 $\boldsymbol{X}$로 정의할 경우 랜덤 변수 $\boldsymbol{X}$의 실제값은 연속적인 값을 가지므로 연속 랜덤 변수가 된다.

연속 랜덤 변수의 개수는 무한한 값이므로 각각의 특정한 값 x에 대한 확률은 0이라고 할 수 있다. 각각의 x에 대한 확률을 모두 합하면 1이 되어야 하는데, 앞의 경우라면 불가능하다. 따라서 연속 랜덤 변수의 경우 하나의 값에 대한 확률을 정의할 수 없다. 이를 해결하려면 연속 랜덤 변수의 영역 혹은 간격에 확률값을 할당하는 방법을 사용한다. 예를 들어 [그림 3-5]에서 '백색 잡음의 크기'로 정의되는 랜덤 변수 $\boldsymbol{X}$가 0보다 클 확률은 당연히 $P(X > 0) = \frac{1}{2}$이다. 그리고 이는 하나의 값이 아니라 0보다 큰 영역에 대한 확률이다.

이와 같이 연속 랜덤 변수의 영역 혹은 간격에 대해 확률을 적용하는 것은 제2장에서 설명한 확률의 공리를 모두 만족한다는 측면에서도 타당하다. 연속 랜덤 변수의 영역 혹은 간격에 대해 적용된 확률 개념은 연속 랜덤 변수의 확률밀도 함수 개념으로 이어진다. 이는 3.3절에서 자세히 설명하기로 한다.

'랜덤 변수가 임의의 함수에 의해 변환되는 경우 변환된 새로운 랜덤 변수에 대한 확률을 구할 수 있는가'하는 문제가 자주 발생한다. 이 문제는 변환되기 전의 랜덤 변숫값과 변환 함수에 의해 대응된 새로운 랜덤 변숫값의 등가 사건 관계를 고려하면 쉽게 풀 수 있다. 이와 같은 변환 관계는 3.8절의 랜덤 변수의 함수 개념을 이해하는 데 도움이 될 것이다.

예를 들어 정육면체 주사위를 던지는 실험에서 윗면에 나오는 점의 개수를 랜덤 변수 $\boldsymbol{X}$라고 하면 랜덤 변수 $\boldsymbol{X}$의 표본공간은 $\boldsymbol{S_X} = \{1, 2, 3, 4, 5, 6\}$이다. [그림 3-6]과 같이 랜덤 변수 $\boldsymbol{Y}$로 변환될 경우, 랜덤 변수 $\boldsymbol{Y}$의 확률을 구해보자.

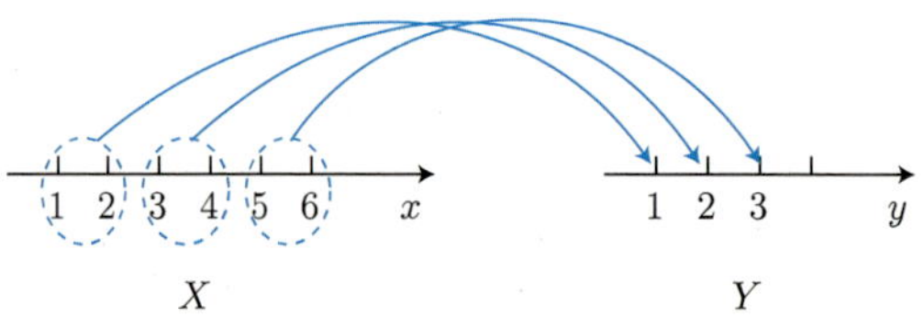

[그림 3-6] **변환된 랜덤 변수의 확률**

$$\boldsymbol{Y} = \begin{cases} y_1 = 1 & 단,\ x = x_1 = 1 \ \ 혹은\ \ x = x_2 = 2 \\ y_2 = 2 & 단,\ x = x_3 = 3 \ \ 혹은\ \ x = x_4 = 4 \\ y_3 = 3 & 단,\ x = x_5 = 5 \ \ 혹은\ \ x = x_6 = 6 \end{cases} \tag{3.8}$$

사건 $\{y : y = y_1 = 0\}$과 사건 $\{x : x = x_1 = 1,\ x = x_2 = 2\}$가 등가 사건으로 같으므로 발생 확률도 같다. 나머지 경우도 동일하므로 식 (3.9)가 성립한다.

$$P_Y(y_i) = \begin{cases} P_X(1) + P_X(2) = \dfrac{1}{3}, & i = 1 \\ P_X(3) + P_X(4) = \dfrac{1}{3}, & i = 2 \\ P_X(5) + P_X(6) = \dfrac{1}{3}, & i = 3 \end{cases} \tag{3.9}$$

Section 3.3 랜덤 변수의 누적 확률분포 함수와 확률밀도 함수

랜덤 변수에 대한 여러 가지 통계값(예를 들면 평균, 분산 등)은 랜덤 변수의 누적 분포 함수와 확률밀도 함수를 통해 계산할 수 있다. 이 절에서는 랜덤 변수의 누적 분포 함수와 확률밀도 함수를 정의하고, 이들의 기본 개념을 살펴본다.

3.3.1 누적 확률분포 함수

랜덤 변수 $\boldsymbol{X}$가 x보다 같거나 작을 확률, 즉 $P(X \leq x)$를 $F_X(x)$라고 표시하고 **누적 확률분포 함수**CDF : Cumulative probability Distribution Function 혹은 간단히 누적 분포 함수라고도 한다.

▪ 누적 확률분포 함수

$$F_X(x) = P(X \leq x) \tag{3.10}$$

정육면체의 주사위를 던지는 실험에서 '윗면에 나오는 점의 개수'를 랜덤 변수 $\boldsymbol{X}$라고 하면 $\boldsymbol{X}$의 값은 $\{1, 2, 3, 4, 5, 6\}$의 원소 중 하나이며, 발생 확률은 모두 $\frac{1}{6}$로 동일하다. 따라서 랜덤 변수 $\boldsymbol{X}$의 누적 확률분포 함수는 [그림 3-7(a)]와 같이 나타낼 수 있다.

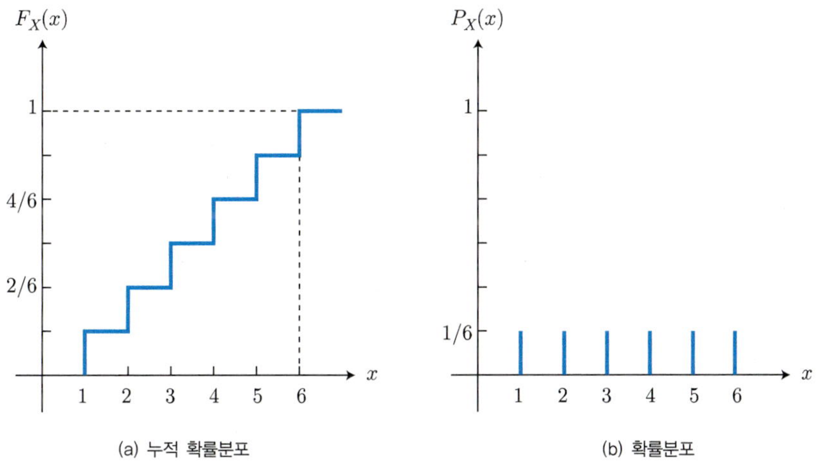

[그림 3-7] 랜덤 변수 X의 분포 함수

랜덤 변수 $\boldsymbol{X}$는 이산 랜덤 변수이므로 이산 랜덤 변수의 누적 확률분포 함수는 계단 모양을 하고 있다.

이산 랜덤 변수의 누적 확률분포 함수는 랜덤 변수의 확률로부터 구할 수 있다. 반대로 랜덤 변수의 확률은 누적 확률분포 함수로부터 식 (3.11)의 관계를 통해 구한다.

$$P_X(x) = F_X(x^+) - F_X(x^-) \tag{3.11}$$

따라서 $F_X(x)$**의 값이** x**에서 연속이면**(연속 랜덤 변수의 경우가 됨) 특정한 한 점에서 랜덤 변수 $\boldsymbol{X}$의 확률값은 0이 된다. 그러나 앞에서 말한 바와 같이 랜덤 변수 $\boldsymbol{X}$가 연속 랜덤 변수면 모든 x점의 확률값이 0이어야 하는데, 이는 전체 확률도 0이 되므로 확률의 공리에 맞지 않는다. 결국 연속 랜덤 변수 $\boldsymbol{X}$의 특정 한 하나의 값에 대한 확률은 의미가 없고, **확률밀도 함수**pdf : probability density function 개념을 통해 연속 랜덤 변수 $\boldsymbol{X}$의 한 점에 대한 확률 개념을 적용해야 한다. 확률밀도 함수에 대해서는 3.3.2절에서 자세히 설명한다.

■ 확률밀도 함수

누적 분포의 값 $F_{\boldsymbol{X}}(x)$**가 불연속이면** 누적 확률분포 함숫값이 x에서 불연속적으로 변한 만큼이 x에서의 확률값이다. 또한 누적 확률분포 함수의 정의로부터 $F_X(x) = P(X \le x)$이므로 $F_{\boldsymbol{X}}(x)$의 값은 x에서 점프한 후의 값이 된다. 따라서 이산 랜덤 변수 $\boldsymbol{X}$의 확률 $P_X(x)$와 누적 확률분포 함수 $F_{\boldsymbol{X}}(x)$는 이산 랜덤 변수 $\boldsymbol{X}$에 대한 확률을 표현하는 같은 방법이라고 할 수 있다. 예를 들어 [그림 3-7(b)]에서 $P\left(\frac{1}{2} < X \le \frac{3}{2}\right)$의 확률은 랜덤 변수 $\boldsymbol{X}$의 확률과 누적 확률분포 함수를 이용해 식 (3.12)와 같이 쓸 수 있다.

$$P\left(\frac{1}{2} < X \le \frac{3}{2}\right) = P_X(1) = F_X\left(\frac{3}{2}\right) - F_X\left(\frac{1}{2}\right) \tag{3.12}$$

여기에서 누적 확률분포 함수가 불연속적이므로 랜덤 변수 $\boldsymbol{X}$의 구간을 표시할 때 주의해야 한다. 구간을 $(a, b]$로 표시할 때 우측의 b는 구간에 포함되고 좌측의 a는 포함되지 않음을 의미한다면, 랜덤 변수 $\boldsymbol{X}$의 누적 확률분포 함수는 변수 $\boldsymbol{X}$가 구간 $(-\infty, x]$에 있을 확률로 정의될 수 있다. 이때 우측의 x는 구간에 포함되므로 식 (3.13)이 성립한다.

$$P(a < X \le b) = F_X(b^+) - F_X(a^+) \tag{3.13}$$

이상을 종합하면 이산 랜덤 변수 X의 누적 확률분포 함수는 다음과 같은 성질을 갖는다.

이산 랜덤 변수 X의 누적 확률분포 함수의 특성

- $0 \le F_X(x) \le 1, \; -\infty < x < \infty$
- $\lim_{x \to -\infty} F_X(x) = 0, \quad \lim_{x \to +\infty} F_X(x) = 1$
- $F_X(x_1) \le F_X(x_2), \text{ if } x_1 \le x_2$
- $\lim_{x \to x_0^+} F_X(x) = F_X(x_0)$
- $P(a < X \le b) = F_X(b) - F_X(a)$

예제 3-3 랜덤 변수의 누적 확률분포 함수

균일한 모양의 동전 한 개를 연속해서 세 번 던지는 실험이 있다.

(a) 실험에서 얻은 앞면의 수를 랜덤 변수 X라고 할 때 X값의 확률을 모두 구하라.

(b) 랜덤 변수 X의 확률분포와 누적 확률분포 함수를 그려라.

풀이

(a) 동전의 앞면을 H, 뒷면을 T로 표시하자. X값은 $\{0, 1, 2, 3\}$의 네 가지 값이 된다. $X=0$인 경우는 $\{(T, T, T)\}$, $X=1$인 경우는 $\{(T, T, H), (T, H, T), (H, T, T)\}$, $X=2$인 경우는 $\{(T, H, H), (H, T, H), (H, H, T)\}$, $X=3$인 경우는 $\{(H, H, H)\}$이므로 랜덤 변수 X의 확률은 다음과 같다.

$$P(X=0) = \frac{1}{8}, \quad P(X=1) = \frac{3}{8}, \quad P(X=2) = \frac{3}{8}, \quad P(X=3) = \frac{1}{8}$$

(b)

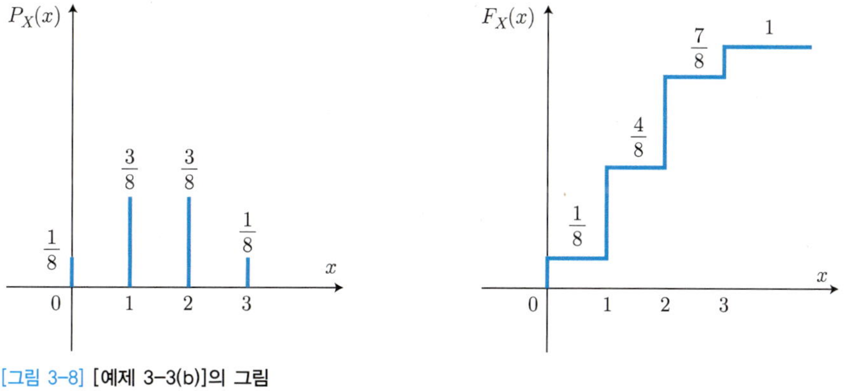

[그림 3-8] [예제 3-3(b)]의 그림

예제 3-4 베르누이 랜덤 변수 X의 누적 확률분포 함수

두 가지 경우에만 발생 확률을 갖는 베르누이 랜덤 변수 X의 누적 확률분포 함수를 그려라. 단, $p=0.65$다.

$$P_X(x) = \begin{cases} 1-p & x=0 \\ p & x=1 \end{cases}$$

풀이

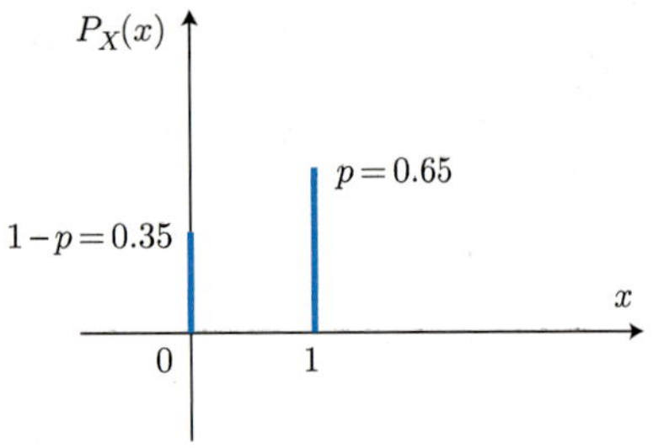

(a) 확률분포($p=0.65$)

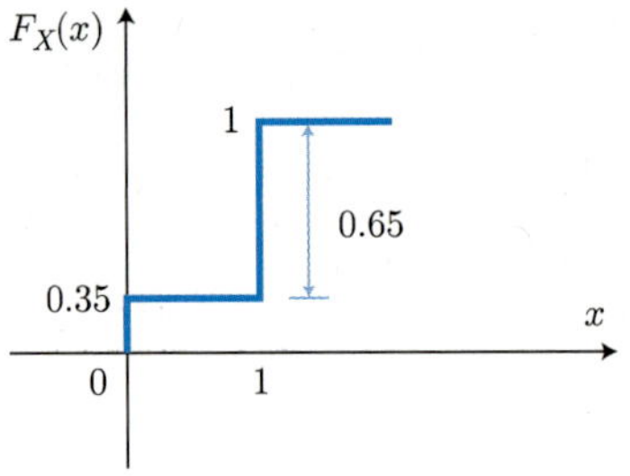

(b) 누적 확률분포 함수($p=0.65$)

[그림 3-9] 베르누이 랜덤 변수의 누적 확률분포 함수

3.3.2 확률밀도 함수

앞서 설명했듯이 연속 랜덤 변수의 확률은 점에서는 의미가 없고, 영역 혹은 간격에만 적용할 수 있다. 예를 들어 영역 $(x, x+\Delta x]$에서 랜덤 변수 X가 발생할 확률 $P(x < X \leq x+\Delta x)$을 생각해보자. 식 (3.10)의 누적 확률분포 함수 정의와 누적 확률분포 함수 특성에 의해 $P(x < X \leq x+\Delta x) = F_X(x+\Delta x) - F_X(x)$이므로 식 (3.14)가 성립한다.

$$F_X(x+\Delta x) = F_X(x) + P(x < X \leq x+\Delta x) \tag{3.14}$$

$\Delta x \to 0$일 때 $F_X(x+\Delta x)$를 테일러Taylor 급수로 전개하여 처음 두 항만 취하면 식 (3.15)와 같다.

$$F_X(x+\Delta x) \cong F_X(x) + \frac{dF_X(x)}{dx}\Delta x \tag{3.15}$$

식 (3.14)와 식 (3.15)를 비교해보면 식 (3.16)이 성립한다.

$$\lim_{\Delta x \to 0} \frac{dF_X(x)}{dx} \Delta x = P(x < X \le x + \Delta x) \tag{3.16}$$

다시 정리하면

$$\frac{dF_X(x)}{dx} = \lim_{\Delta x \to 0} \frac{P(x < X \le x + \Delta x)}{\Delta x} \tag{3.17}$$

이며 식 (3.17)의 우측 항은 연속 랜덤 변숫값 x에 대한 확률밀도임을 알 수 있다. 이제 **연속 랜덤 변수 X의 확률밀도 함수 $p_X(x)$**는 식 (3.18) 및 식 (3.19)와 같이 정의할 수 있다.

▪ 연속 랜덤 변수 X의 확률밀도 함수

$$p_X(x) = \frac{dF_X(x)}{dx} \tag{3.18}$$

$$F_X(x) = \int_{-\infty}^{x} p_X(x)dx \tag{3.19}$$

확률밀도 함수 $p_X(x)$는 연속 랜덤 변수 X의 한 점 x에 대해 정의될 수 있고, 확률밀도 함수를 이용해 연속 랜덤 변수에 관련된 모든 통계값(평균, 분산 등)을 계산할 수 있다.

영역 $(x, x+\Delta x]$에서 연속 랜덤 변수 X가 발생할 확률은 누적 확률분포 함수 특성 $P(a < X \le b) = F_X(b) - F_X(a)$와 식 (3.19)로부터

$$\begin{aligned} P(x_1 < X \le x_2) &= F_X(x_2) - F_X(x_1) \\ &= \int_{-\infty}^{x_2} p_X(x)dx - \int_{-\infty}^{x_1} p_X(x)dx \\ &= \int_{x_1}^{x_2} p_X(x)dx \end{aligned} \tag{3.20}$$

임을 알 수 있다. 또한 $F_X(\infty) = 1$이므로 식 (3.21)이 성립한다.

$$\int_{-\infty}^{\infty} p_X(x)dx = 1 \tag{3.21}$$

이산 랜덤 변수의 확률밀도 함수에 대해서도 살펴보자. [그림 3-7(a)]는 이산 랜덤 변수 X의 누적 확률분포 함수를 나타낸 것인데, 각 계단의 크기는 랜덤

변수 $\boldsymbol{X}$의 발생 확률과 같다. 랜덤 변수 $\boldsymbol{X}$의 값을 x_i라고 하면 누적 확률분포 함수 $F_X(x)$는 식 (3.22)와 같다.

$$F_X(x) = \sum_{i=1}^{6} P\{X = x_i\} u(x - x_i) \tag{3.22}$$

여기에서 $u(x)$는 다음과 같이 정의되는 단위 계단 함수를 의미한다.

$$u(x) = \begin{cases} 1 & x \geq 0 \\ 0 & x < 0 \end{cases} \tag{3.23}$$

$P(X = x_i) = P(x_i)$라고 표시하면 식 (3.22)는

$$F_X(x) = \sum_{i=1}^{6} P(x_i) u(x - x_i) \tag{3.24}$$

이므로 랜덤 변수 X의 확률밀도 함수는 식 (3.25)와 같다.

$$p_X(x) = \frac{dF_X(x)}{dx} = \sum_{i=1}^{6} P(x_i) \delta(x - x_i) \tag{3.25}$$

■ 이산 랜덤 변수일 경우 확률밀도값

여기에서 $\delta(x)$는 단위 임펄스 함수이며, **이산 랜덤 변수일 경우 확률밀도값과 확률값이 같음**을 알 수 있다.

한편 식 (3.25)로부터 $X = x_i$에서의 랜덤 변수 $\boldsymbol{X}$의 확률밀도 함수는 $p_X(x_i) = P(x_i)\delta(x - x_i)$이므로 크기가 $P(x_i)$인 임펄스 함수 형태를 갖는다. 또한 $\sum_{i=1}^{6} P(x_i) = 1$이므로 식 (3.26)이 성립한다.

$$\int_{-\infty}^{\infty} p_X(x) dx = \int_{-\infty}^{\infty} \sum_{i=1}^{6} P(x_i) \delta(x - x_i) dx = 1 \tag{3.26}$$

랜덤 변수 $\boldsymbol{X}$에 대한 확률밀도 함수 $p_X(x)$는 다음과 같은 성질이 있다.

> 모든 x에 대하여 랜덤 변수 $\boldsymbol{X}$의 확률은 다음이 성립한다.
>
> $$p_X(x) \geq 0 \tag{3.27}$$

증명

만일 어떤 작은 구간 $(x, x+\Delta x)$에서 확률밀도 함수 $p_X(x) < 0$인 음수값을 갖는다면

$$P(x < X \le x+\Delta x) = \int_x^{x+\Delta x} p_X(x)dx < 0$$

이 된다. 그러나 '모든 사건 A에 대해 $P(A) \ge 0$'이라는 공리 1에 위반되므로 음수가 될 수 없다. ■

$$\int_{-\infty}^{\infty} p_X(x)dx = 1 \tag{3.28}$$

증명

$$1 = P(X \in S_X) = P(-\infty < X < \infty) = \int_{-\infty}^{\infty} p_X(x)dx$$ ■

$$F_X(x) = \int_{-\infty}^{x} p_X(\alpha)d\alpha \tag{3.29}$$

$$P\{x_1 < X \le x_2\} = \int_{x_1}^{x_2} p_X(x)dx \tag{3.30}$$

예제 3-5 랜덤 변수에 대한 확률밀도 함수의 조건

연속 랜덤 변수 $\boldsymbol{X}$의 확률밀도 함수가 다음과 같을 때 양수 b를 구하라.

$$p_X(x) = \begin{cases} \dfrac{e^{3x}}{4} & 0 \le x \le b \\ 0 & elsewhere \end{cases}$$

풀이

$$\int_{-\infty}^{\infty} p_X(x)dx = \int_0^b \frac{e^{3x}}{4}dx = \frac{1}{12}[e^{3b}-1] = 1$$

$$\therefore\ b = \frac{1}{3}\ln 13$$

예제 3-6 확률밀도 함수를 이용한 랜덤 변수의 확률 계산

랜덤 변수 $\boldsymbol{X}$의 확률밀도 함수가 다음과 같다. $\boldsymbol{X}$가 $4.5 < \boldsymbol{X} \leq 6.7$의 값을 가질 확률을 구하라.

$$p_X(x) = \begin{cases} 0 & 3 > x \geq 13 \\ (x-3)/25 & 3 \leq x < 8 \\ 0.2-(x-8)/25 & 8 \leq x < 13 \end{cases}$$

풀이

$$\begin{aligned} P\{4.5 < \boldsymbol{X} \leq 6.7\} &= \int_{4.5}^{6.7} \frac{(x-3)}{25}\, dx \\ &= 0.2288 \end{aligned}$$

예제 3-7 랜덤 변수의 확률밀도 함수 조건

지수 랜덤 변수 $\boldsymbol{X}$의 확률밀도 함수가 다음과 같다. $a=0$이고 $b>0$일 때 전체 확률이 $P(-\infty < X < \infty) = 1$임을 보여라.

$$p_X(x) = \begin{cases} \dfrac{1}{b} e^{-(x-a)/b} & x > a \\ 0 & x < a \end{cases}$$

풀이

$$\int_{-\infty}^{\infty} p_X(x)dx = \int_0^{\infty} \frac{1}{b} e^{-\frac{1}{b}x}\, dx = \left[-e^{-\frac{1}{b}x}\right]_0^{\infty} = 1$$

3.4 확률분포에 따른 주요 랜덤 변수

3.4.1 가우시안 분포

랜덤 변수 $\boldsymbol{X}$의 확률밀도 함수가 식 (3.31)과 같은 가우시안 함수 형태이면 $\boldsymbol{X}$를 **가우시안 랜덤 변수**Gaussian random variable라고 한다.

■ 가우시안 랜덤 변수

$$p_X(x) = \frac{1}{\sqrt{2\pi}\,\sigma_X} e^{-(x-m)^2/2\sigma_X^2} \tag{3.31}$$

[그림 3-10]은 식 (3.31)의 가우시안 함수를 나타낸 것으로 $-\infty < x < \infty$이고, $\sigma_X > 0$인 값을 갖는다. 그림의 m은 확률밀도 함숫값이 최대인 X값으로, 랜덤 변수 X의 평균과 관련이 있다. 또한 σ_X^2는 분산을 의미하는 것으로, 랜덤 변수 X가 평균값 m으로부터 퍼진 정도를 나타낸다.

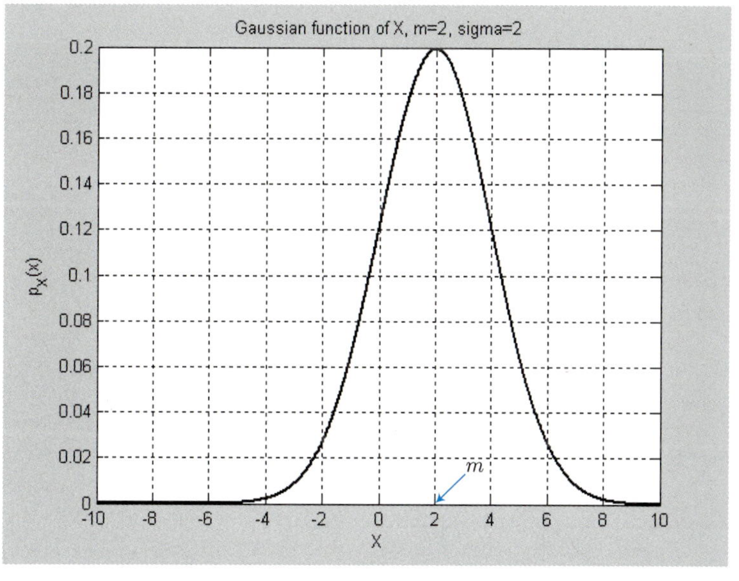

[그림 3-10] **가우시안 함수**$(m=2, \sigma_X=2)$

가우시안 확률밀도 함수는 공학의 거의 모든 분야에서 사용되는 중요한 밀도 함수다. 디지털 통신 분야에서 열잡음 신호의 대표적인 확률밀도 함수 분포가 가우시안 분포이기도 하다. 이러한 특성을 지닌 잡음을 **가우시안 잡음**Gaussian noise이라고 하며, 가우시안 함수 형태는 [그림 3-10]과 같다.

가우시안 랜덤 변수의 누적 확률분포 함수CDF는 다음과 같은 적분 형태로 나타낼 수 있다.

$$\begin{aligned} F_X(x) &= \int_{-\infty}^{x} p_X(\alpha)d\alpha \\ &= \int_{-\infty}^{x} \frac{1}{\sqrt{2\pi}\,\sigma_X} e^{-(\alpha-m)^2/2\sigma_X^2} d\alpha \end{aligned} \tag{3.32}$$

변수 α를 $y=(\alpha-m)/\sigma_X$로 치환하면

$$F_X(x) = \int_{-\infty}^{\left(\frac{x-m}{\sigma_X}\right)} \frac{1}{\sqrt{2\pi}} e^{-y^2/2} dy \tag{3.33}$$

이고, 이는 수치적인 방법에 의해 계산할 수 있다. 특히 가우시안 랜덤 변수 X의 평균이 0이고($m=0$), 분산이 1인 경우($\sigma_X^2=1$) 식 (3.33)을 더 간단히 계산할 수 있다.

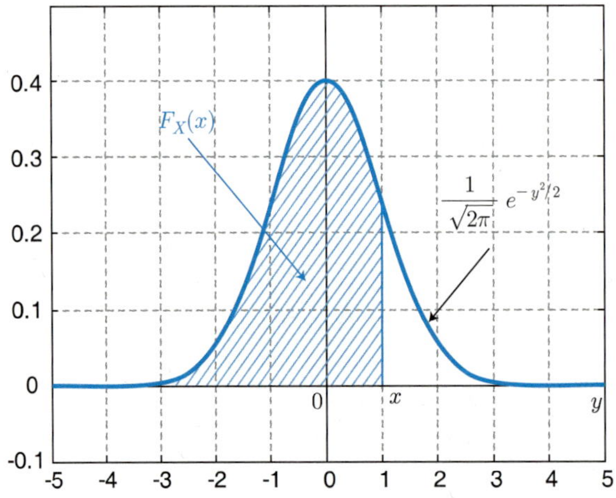

[그림 3-11] 가우시안 랜덤 변수의 누적 확률분포 함수 계산($m=0$, $\sigma_X^2=1$)

$x < 0$인 경우

$$F_X(x) = \int_{-\infty}^{x} \frac{1}{\sqrt{2\pi}} e^{-y^2/2} dy \tag{3.34}$$

이며, $x > 0$인 경우에는 [그림 3-11]과 같이

$$F_X(\infty) = \int_{-\infty}^{\infty} \frac{1}{\sqrt{2\pi}} e^{-y^2/2} dy = 1 \tag{3.35}$$

이고,

$$\int_{-\infty}^{0} \frac{1}{\sqrt{2\pi}} e^{-y^2/2} dy = \frac{1}{2} \tag{3.36}$$

임을 이용하면 식 (3.37)과 같은 관계식을 얻을 수 있다.

$$\begin{aligned} F_X(x) &= 1 - F(-x) \\ &= \frac{1}{2} + \int_{0}^{x} \frac{1}{\sqrt{2\pi}} e^{-y^2/2} dy \end{aligned} \tag{3.37}$$

앞에서 말한 바와 같이 주어진 식 (3.33)의 가우시안 랜덤 변수의 누적 확률분포 함수CDF는 수치적으로 구할 수밖에 없는데, 누적 확률분포 함수식과 유사한 형태의 함수를 이용하는 것이 일반적이다. 함숫값이 잘 알려져 있는 **상보 오차 함수**complementary error function $erfc(x)$나 ***Q* 함수**Q function $Q(x)$는 가우시안 랜덤 변수의 누적 확률분포 함수와 유사하여, 누적 확률분포 함수를 계산할 때 널리 사용된다. $Q(x)$ 함수는 통신 공학에서 비트 오류 확률을 계산할 때 자주 이용되며, x에 대한 $Q(x)$ 함숫값을 수치 해석적으로 계산하여 표(부록 A)로 제공하고 있다. [그림 3-12]는 Q 함수를 도식적으로 나타낸 것이다.

■ Q **함수란?**
: 표준 정규 확률 변수가 x 보다 큰 값을 얻을 확률
: [그림 3-11]에서 정규화된 꼬리 확률 적분값을 보다 쉽게 구할 수 있음

$$erfc(x) = \frac{2}{\sqrt{\pi}} \int_{x}^{\infty} e^{-t^2} dt \tag{3.38}$$

$$Q(x) = \frac{1}{\sqrt{2\pi}} \int_{x}^{\infty} e^{-t^2/2} dt \tag{3.39}$$

$$Q(x) = \frac{1}{2} erfc\left(\frac{x}{\sqrt{2}}\right) \tag{3.40}$$

식 (3.33), (3.34), (3.37) 및 (3.39)를 이용하면 식 (3.41), (3.42)와 같이 Q 함수를 이용하여 누적 분포식을 표현할 수 있다.

가우시안 랜덤 변수 X의 누적 확률분포 함수는 다음과 같다.

- $x > m$일 경우

$$F_X(x) = \int_{-\infty}^{\left(\frac{x-m}{\sigma_X}\right)} \frac{1}{\sqrt{2\pi}} e^{-y^2/2} dy \tag{3.41}$$
$$= 1 - \int_{\left(\frac{x-m}{\sigma_X}\right)}^{\infty} \frac{1}{\sqrt{2\pi}} e^{-y^2/2} dy$$
$$= 1 - Q\left(\frac{x-m}{\sigma_X}\right)$$

- $x < m$일 경우

$$F_X(x) = \int_{-\infty}^{\left(\frac{x-m}{\sigma_X}\right)} \frac{1}{\sqrt{2\pi}} e^{-y^2/2} dy \tag{3.42}$$
$$= \int_{\left|\frac{x-m}{\sigma_X}\right|}^{\infty} \frac{1}{\sqrt{2\pi}} e^{-y^2/2} dy$$
$$= Q\left(\left|\frac{x-m}{\sigma_X}\right|\right)$$

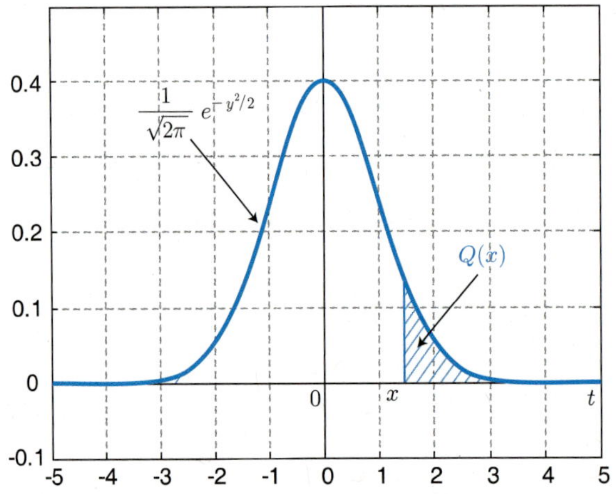

[그림 3-12] Q 함수의 도식적 표현

예제 3-8 가우시안 랜덤 변수의 발생

MATLAB의 randn 함수에 의해 발생되는 값은 평균이 0이고 분산 혹은 표준편차가 1인 가우시안 랜덤 변수다. randn 함수를 이용해 평균이 m이고 분산이 1인 가우시안 랜덤 변수 $\boldsymbol{X}$를 발생시킨 후 $\boldsymbol{X}$의 값을 도시하라.

풀이

randn 함수에 의해 발생되는 값은 평균이 0이므로 $x = randn(1,1) + m;$ 형태의 명령문을 이용해 랜덤 변수 $\boldsymbol{X}$의 값을 발생시킨다.

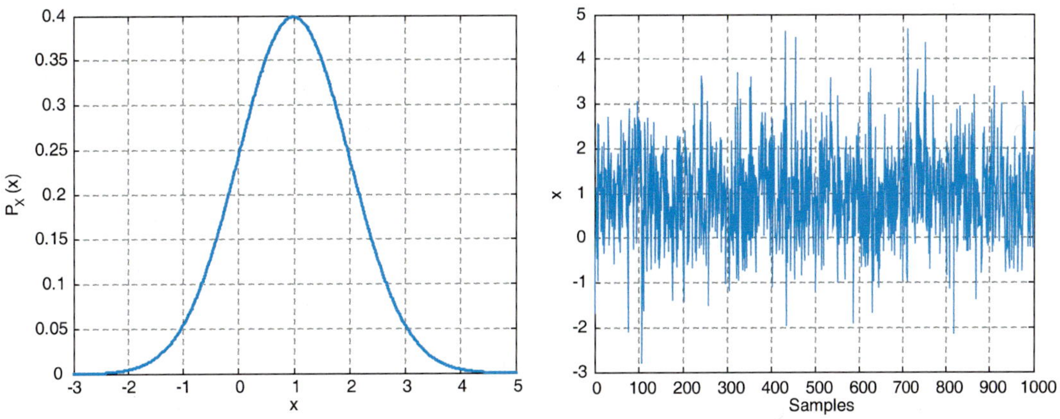

[그림 3-13] 가우시안 랜덤 변수의 확률밀도 함수(평균이 1인 경우)

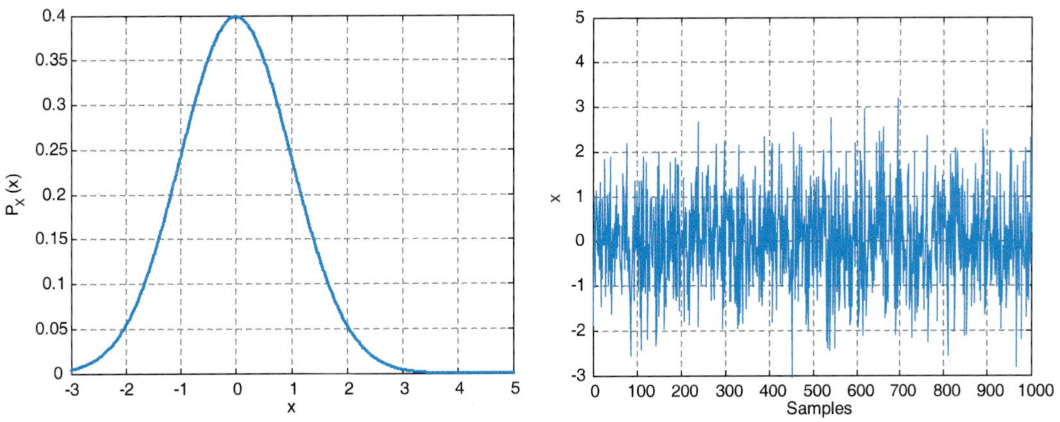

[그림 3-14] 가우시안 랜덤 변수의 확률밀도 함수(평균이 0인 경우)

예제 3-9 가우시안 랜덤 변수의 확률 계산

평균이 $m = 3$, 표준편차가 $\sigma_X = 2$인 가우시안 랜덤 변수 $\boldsymbol{X}$에 대해 랜덤 변수 $\boldsymbol{X}$가 5.5 이하일 확률을 구하라. 이때 $Q(x)$는 부록 A를 참조하라.

풀이

$\dfrac{(x-m)}{\sigma_X} = 1.25$이므로 $x > m$인 경우다. 식 (3.41)과 부록 A를 이용하면 다음과 같다.

$$P(\boldsymbol{X} \leq 5.5) = F_{\boldsymbol{X}}(5.5) = 1 - Q(1.25) = 0.8944$$

3.4.2 레일레이 분포

■ 레일레이 확률분포

레일레이 확률분포 Rayleigh distribution 함수는 통신 공학에서 대역 통과여파기band pass filter를 통과한 잡음의 포락선에 나타나는 확률분포로, 이동통신의 다경로 페이딩multi-path fading 채널을 통해 수신된 수신 신호의 포락선도 레일레이 분포를 갖는다. 레일레이 확률밀도 함수와 누적 확률분포 함수는 각각 식 (3.43), (3.44)와 같다. 레일레이 확률밀도 함수는 [그림 3-15]와 같다.

$$p_X(x) = \begin{cases} \dfrac{2}{b}(x-a)e^{-(x-a)^2/b} & x \geq a \\ 0 & x < a \end{cases} \tag{3.43}$$

$$F_X(x) = \begin{cases} 1 - e^{-(x-a)^2/b} & x \geq a \\ 0 & x < a \end{cases} \tag{3.44}$$

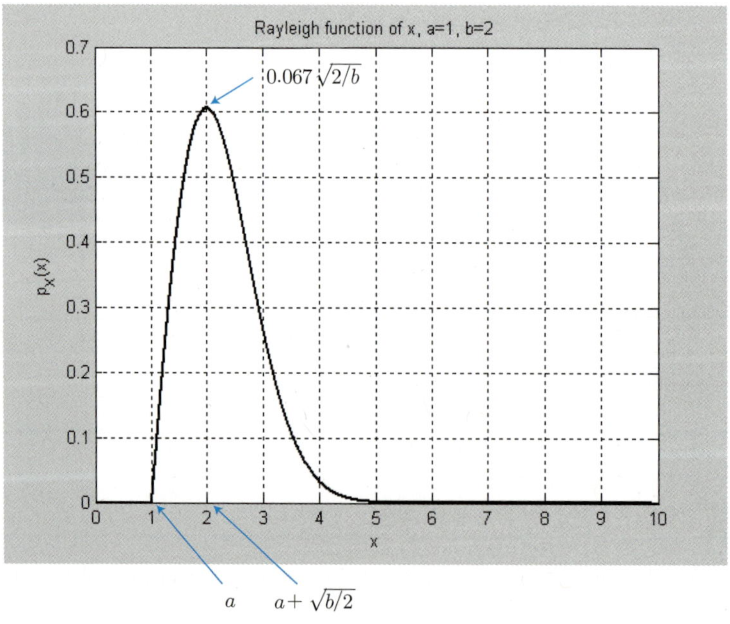

[그림 3-15] **레일레이 확률밀도 함수**($a=1,\ b=2$)

레일레이 확률분포를 갖는 레일레이 랜덤 변수는 가우시안 랜덤 변수와 밀접한 관계를 가지므로, 레일레이 확률분포는 컴퓨터를 이용해 가우시안 랜덤 변수를 발생시킬 때 긴요하게 사용된다. 이에 대해서는 [예제 3-15]를 참조하라.

3.4.3 이항 분포

$0 < p < 1$이고 $N = 1, 2, 3, \cdots$이라고 할 때 식 (3.45)와 같은 함수를 **이항 확률밀도 함수**binomial density function라고 한다.

▪ 이항 확률밀도 함수

$$p_X(x) = \sum_{k=0}^{N} \binom{N}{k} p^k (1-p)^{N-k} \delta(x-k) \tag{3.45}$$

이때 $\binom{N}{k}$는 다음과 같이 정의된다.

$$\binom{N}{k} = \frac{N\,!}{k\,!(N-k)\,!} \tag{3.46}$$

이항 분포 함수는 매 시행마다 나올 수 있는 실험 결과가 두 가지밖에 없을 때 적용되는데 레이더radar, 소나sonar 등의 신호 검출에 중요하게 이용된다. 누적 확률분포 함수는 식 (3.47)과 같다.

$$F_X(x) = \sum_{k=0}^{N} \binom{N}{k} p^k (1-p)^{N-k} u(x-k) \tag{3.47}$$

3.4.4 포아송 분포

포아송 랜덤 변수는 중요한 이산 랜덤 변수 중의 하나로, 일정 시간 동안 랜덤하게 발생하는 사건의 개수를 세는 형태에 응용될 수 있다. 일정 시간 동안 걸려온 전화의 수나, 일정 시간 동안 교환기에 도착하는 패킷의 수 등은 **포아송 분포** Poisson distribution를 보인다. 예를 들어 어떤 랜덤 변수가 매초마다 평균적으로 λ번 발생하고 포아송 분포를 갖는다면, 랜덤 변수 $\boldsymbol{X}$가 T초 동안에 k번 발생할 확률은 식 (3.48)과 같은 포아송 확률분포값을 가진다.

▪ 포아송 분포

$$P(X=k)=\frac{b^k e^{-b}}{k!} \tag{3.48}$$

이때 b는 $b=\lambda T$의 값인 상수다. 다시 일반적인 형태로 나타내면 포아송 이산 랜덤 변수 $\boldsymbol{X}$의 확률분포는 식 (3.49)와 같고, 누적 분포는 식 (3.50)과 같다.

$$p_X(x)=e^{-b}\sum_{k=0}^{\infty}\frac{b^k}{k!}\delta(x-k) \tag{3.49}$$

$$F_X(x)=e^{-b}\sum_{k=0}^{\infty}\frac{b^k}{k!}u(x-k) \tag{3.50}$$

예제 3-10 포아송 분포

주유소에 들어오는 자동차의 수가 포아송 분포를 갖는다고 한다. 자동차는 평균적으로 시간당 50대의 비율로 도착하고, 주유소에 주유 펌프는 단 한 개밖에 없다. 주유 펌프에서 줄을 서서 기다릴 확률을 구하라. 단, 모든 차는 기름을 넣는 데 1분이 걸린다.

풀이

1분 내에 차 두 대 이상이 주유소에 들어오면 줄을 서야 한다. 줄을 서지 않으려면 1분 내에 들어오는 자동차의 수가 0대이거나 1대이어야 한다. 따라서 줄을 설 확률은 1에서 줄을 서지 않을 확률을 빼면 된다. 자동차가 들어오는 평균 비율은 $\lambda=\frac{50}{60}$[대/분]이고 관심을 갖는 시간 구간은 $T=1$[분]이므로 $b=\lambda T=\frac{50}{60}\times 1=\frac{5}{6}$이 된다.

$$p_X(x=0)=e^{-5/6}\frac{(5/6)^0}{0!}=e^{-5/6}$$

$$p_X(x=1)=e^{-5/6}\frac{(5/6)^1}{1!}=\frac{5}{6}e^{-5/6}$$

$$\begin{aligned}\text{Prob}\{\text{줄을 설 경우}\}&=1-p_X(x=0)-p_X(x=1)\\&=0.2032\end{aligned}$$

따라서 주유 펌프에서 자동차가 줄을 설 확률은 약 20.32%이다.

3.4.5 균일 확률분포

균일 확률분포uniform distribution를 갖는 랜덤 변수는 주어진 영역 내에서 발생 확률이 모두 동일하다. 디지털 통신 시스템의 PCM 신호를 생성하는 과정 중 표본화한 샘플값을 양자화quantization하는 과정이 있는데, 이때 발생하는 양자화 오류의 크기는 균일 확률분포를 가진다. 균일 확률밀도 함수와 누적 분포 함수를 정의하면 다음과 같다.

▪ 균일 확률분포

$$p_X(x) = \begin{cases} 1/(b-a) & a \le x \le b \\ 0 & elsewhere \end{cases} \tag{3.51}$$

$$F_X(x) = \begin{cases} 0 & x < a \\ (x-a)/(b-a) & a \le x < b \\ 1 & b \le x \end{cases} \tag{3.52}$$

여기에서 a와 b는 상수이고 $-\infty < a < \infty$, $a < b$이다. [그림 3-16]은 균일 분포를 갖는 랜덤 변수의 확률밀도 함수를 나타낸 것이다.

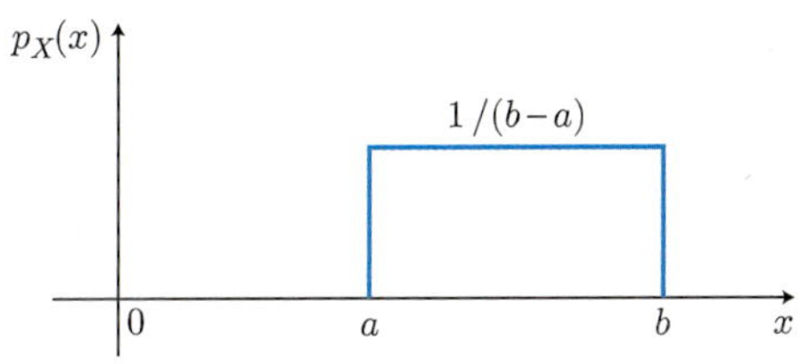

[그림 3-16] 균일 확률밀도 함수

예제 3-11 균일 랜덤 변수의 평균과 분산

랜덤 변수 X는 구간 $(-3, 3)$에서 균일한 확률밀도 함수를 갖는다.

(a) 평균 $E[X]$를 구하라.

(b) 분산 σ_X^2를 구하라.

풀이

균일 확률분포이므로 확률밀도 함수와 누적 확률분포 함수는 다음과 같다.

$$p_X(x) = \frac{1}{6} \qquad -3 \le x < 3$$

따라서 다음과 같다.

(a) $E[X] = \int_{-\infty}^{\infty} x \cdot p_X(x)dx = \int_{-3}^{3} x \cdot \frac{1}{6} dx = \frac{1}{12}[x^2]_{-3}^{3} = 0$

(b) $\sigma_x^2 = E[(X-\overline{X})^2] = E[X^2]$

$$= \int_{-3}^{3} x^2 p_X(x)dx = \frac{1}{6}\frac{1}{3}[x^3]_{-3}^{3} = 3$$

3.4.6 지수 분포

■ 지수 확률분포

전자기기나 시스템의 수명lifetime을 모델링하거나 어떤 사건이 발생하는 발생 시점 사이의 시간을 모델링하는 경우 **지수 확률분포**exponential probability distribution를 적용할 수 있다.

실수 $-\infty < a < \infty$, $b > 0$에 대하여 지수 확률밀도 함수와 누적 분포는 각각 식 (3.53), 식 (3.54)와 같다. [그림 3-17]은 지수 확률밀도 함수를 나타낸 것이다.

$$p_X(x) = \begin{cases} \frac{1}{b}e^{-(x-a)/b} & x > a \\ 0 & x < a \end{cases} \tag{3.53}$$

$$F_X(x) = \begin{cases} 1 - e^{-(x-a)/b} & x > a \\ 0 & x < a \end{cases} \tag{3.54}$$

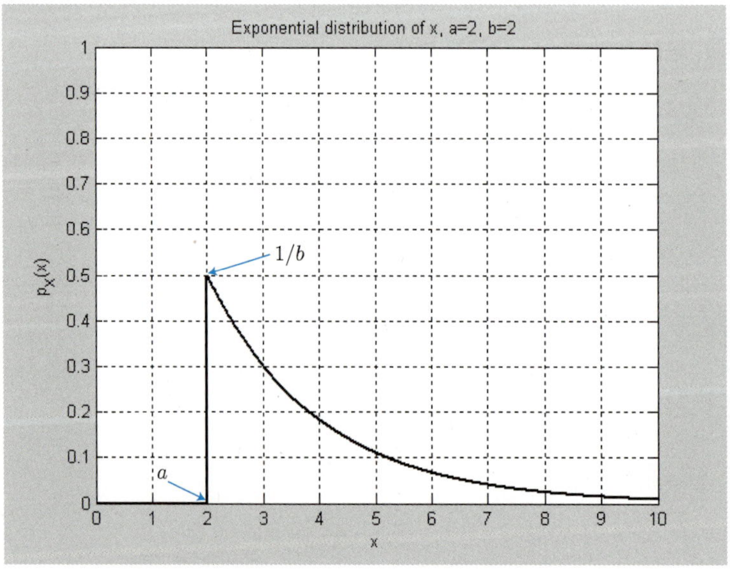

[그림 3-17] 지수 확률밀도 함수

예제 3-12 지수 분포를 갖는 랜덤 변수의 확률 계산

항공기에서 반사되어 수신되는 레이더 신호 전력은 지수 랜덤 변수 $\boldsymbol{X}$로 볼 수 있다. 이에 대한 확률밀도 함수는 다음 식과 같다.

$$p_{\boldsymbol{X}}(x) = \begin{cases} \frac{1}{X_0} e^{-x/X_0} & x > 0 \\ 0 & x < 0 \end{cases}$$

여기에서 X_0는 랜덤 변수 $\boldsymbol{X}$의 평균(평균 전력)값이다. 수신된 전력이 평균 전력보다 더 클 확률을 구하라.

풀이

누적 확률 분포 함수를 이용하면 수신된 전력이 평균 전력보다 더 클 확률을 다음과 같이 표현할 수 있다.

$$P(\boldsymbol{X} > X_0) = 1 - P(\boldsymbol{X} < X_0) = 1 - F_X(X_0)$$

식 (3.54)를 이용하면 다음과 같다.

$$\begin{aligned} P(\boldsymbol{X} > X_0) &= 1 - P(\boldsymbol{X} < X_0) = 1 - F_X(X_0) \\ &= 1 - (1 - e^{-X_0/X_0}) = e^{-1} = 0.368 \end{aligned}$$

Section 3.5 누적 확률분포 함수를 이용한 랜덤 변수의 발생

■ **난수 발생기란?**
: 특정한 크기의 난수를 발생시키기 위해 설계된 하드웨어 또는 프로그램

잡음 신호나 실제 발생하는 랜덤 형태의 자연 현상을 시뮬레이션할 때 종종 난수 발생기random number generator를 사용한다. 예를 들어 디지털 통신 시스템의 성능을 평가하기 위한 시뮬레이션에 백색 가우시안 잡음이 많이 쓰인다. 이러한 백색 가우시안 잡음은 난수 발생기를 이용해 발생시킬 수 있는 랜덤 신호의 대표적인 예다. 대부분 소프트웨어에는 난수 발생기가 라이브러리 형태로 포함되어 있으며, 이를 이용해 원하는 확률분포를 가진 랜덤 변수를 발생시킬 수 있다.

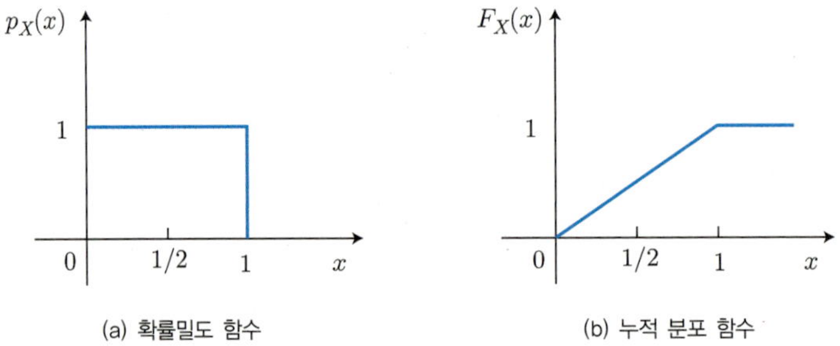

[그림 3-18] **균일 랜덤 변수**

[그림 3-18]은 균일 랜덤 변수 $\boldsymbol{X}$의 확률밀도 함수를 나타낸 것으로 평균은 $m_X = \frac{1}{2}$이다. 그리고 랜덤 변수 $\boldsymbol{X}$의 누적 분포 함수는 식 (3.55)와 같이 정의한다.

$$F_x(x) = \int_{-\infty}^{x} p_X(\alpha)d\alpha \tag{3.55}$$

누적 분포 함수의 최댓값은

$$F_X(1) = \int_{-\infty}^{1} p_X(x)dx = 1 \tag{3.56}$$

이므로, $F_X(x)$는 [그림 3-18(b)]와 같이 $0 \le F_X(x) \le 1$의 범위를 갖는다. 누적 분포 함수는 랜덤 변수가 어떠한 분포 형태를 갖더라도 (0,1)의 범위값을

갖는다.

이번에는 $(a, a+1)$ 사이의 값을 갖는 균일 분포의 잡음을 발생시켜보자. 우선 (0,1) 사이에서 균일 분포를 갖는 랜덤 변수 $\boldsymbol{X}$를 발생시켜 이 변수를 a만큼 이동시키면 $(a, a+1)$ 사이에서 균일한 랜덤 변수 $\boldsymbol{Y}$를 얻을 수 있다. 식 (3.57)은 이러한 관계를 나타낸 것이다.

$$Y = X + a \tag{3.57}$$

이제 랜덤 변수 $\boldsymbol{Y}$의 평균은 $m_Y = a + \frac{1}{2}$이 된다. 만일 $a = -\frac{1}{2}$이라면 랜덤 변수 Y는 $\left(-\frac{1}{2}, \frac{1}{2}\right)$ 사이에서 평균이 $m_Y = 0$이고, 균일한 확률분포를 갖는 균일 랜덤 변수가 될 것이다. [그림 3-19]는 $a = -\frac{1}{2}$일 경우 랜덤 변수 $\boldsymbol{Y}$의 확률밀도 함수와 누적 분포를 나타낸 것이다.

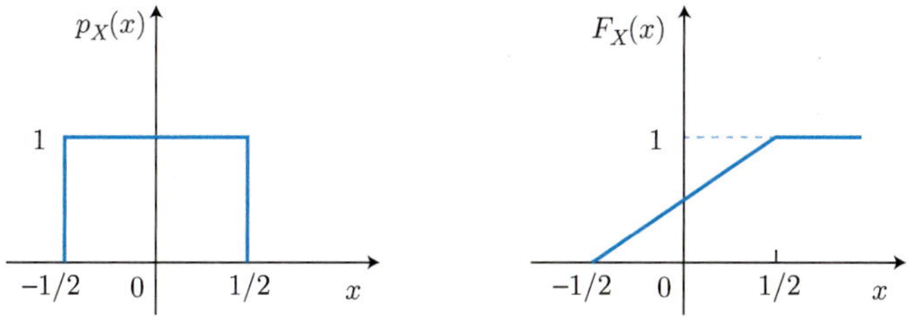

(a) 확률밀도 함수 (b) 누적 분포

[그림 3-19] 랜덤 변수 Y

일반적으로 (0,1) 사이에서 균일한 분포를 갖는 랜덤 변수를 이용하면 다른 확률분포 함수를 갖는 랜덤 변수를 발생시킬 수 있다. 예를 들어 [그림 3-20]처럼 누적 분포 함수가 $F_X(x)$인 랜덤 변수 $\boldsymbol{X}$를 발생시켜보자.

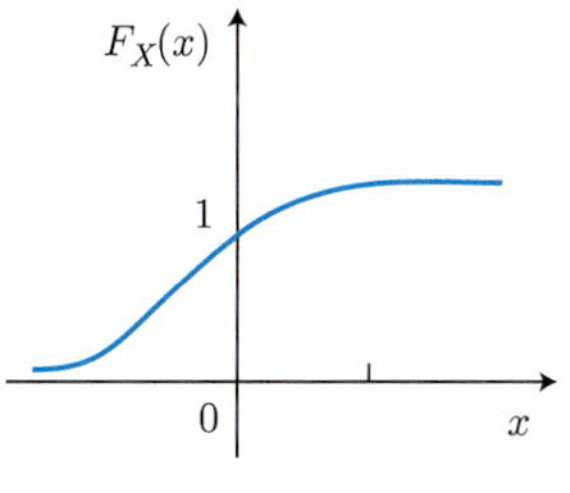

[그림 3-20] 임의의 누적 분포

다음과 같이 랜덤 변수 $\boldsymbol{X}$를 발생시킬 수 있는데, 이때 누적 분포 $F_X(x)$의 범위가 (0,1)임에 주의해야 한다. 우선 랜덤 변수 $\boldsymbol{Y}$를 식 (3.58)과 같이 두고 (0,1) 사이에서 균일한 랜덤 변수 $\boldsymbol{Y}$를 발생시킨다. MATLAB의 경우 rand 함수를 이용해 발생시킬 수 있다.

$$y = F_X(x) \tag{3.58}$$

x에 대해 정리하면 식 (3.59)와 같이 $F_X(x)$의 누적 분포를 갖는 랜덤 변수 $\boldsymbol{X}$의 값 x를 얻을 수 있다.

$$x = F_X^{-1}(y) \tag{3.59}$$

예제 3-13 임의의 확률밀도 함수를 갖는 랜덤 변수의 발생

다음 식과 같은 확률밀도 함수를 갖는 랜덤 변수 $\boldsymbol{X}$를 MATLAB을 이용하여 발생시켜라.

$$P_X(x) = \begin{cases} \frac{1}{2}x & 0 \le x < 2 \\ 0 & otherwise \end{cases}$$

풀이

랜덤 변수 $\boldsymbol{X}$의 누적 분포 $F_X(x)$는 다음과 같다.

$$\begin{aligned} F_X(x) &= \int_{-\infty}^{x} P_X(\alpha)d\alpha \\ &= \int_0^x \left(\frac{1}{2}\alpha\right)d\alpha = \frac{1}{2}\cdot\frac{1}{2}[\alpha^2]_0^x = \frac{1}{4}x^2, \quad 0 \le x < 2 \end{aligned}$$

따라서

$$F_X(x) = \begin{cases} 0 & x < 0 \\ \frac{1}{4}x^2 & 0 \le x \le 2 \\ 1 & x > 2 \end{cases}$$

(0,1) 사이에서 균일한 랜덤 변수 $\boldsymbol{Y}$를 발생시킨 후

$$y = F_X(x) = \frac{1}{4}x^2$$

으로 놓으면 다음 식이 성립한다.

$$x = 2\sqrt{y}, \quad 0 \le x \le 2$$

이와 같이 발생되는 x값은 [그림 3-21]의 분포 함수를 갖는 랜덤 변수 $\boldsymbol{X}$값이 된다.

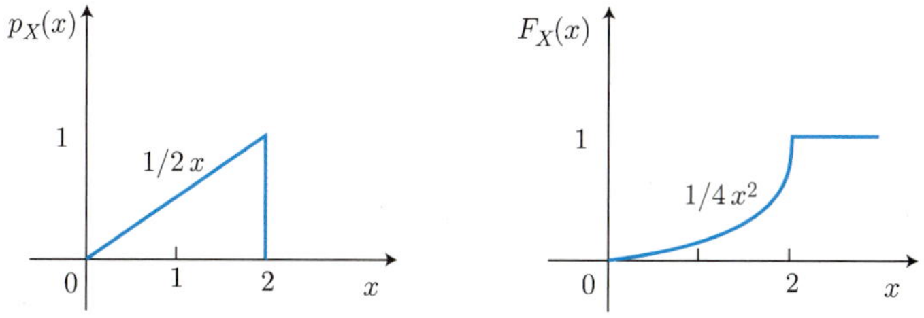

[그림 3-21] [예제 3-13]의 그림

[그림 3-22]는 MATLAB의 rand 함수를 이용해 발생시킨 랜덤 변수 $\boldsymbol{X}$의 형태다.

```
<MATLAB>
M=1000;                          % the number of samples
                                 %
for i=1:M,
    y=rand;                      % the value of CDF
    x(i)=2*sqrt(y);
end;
```

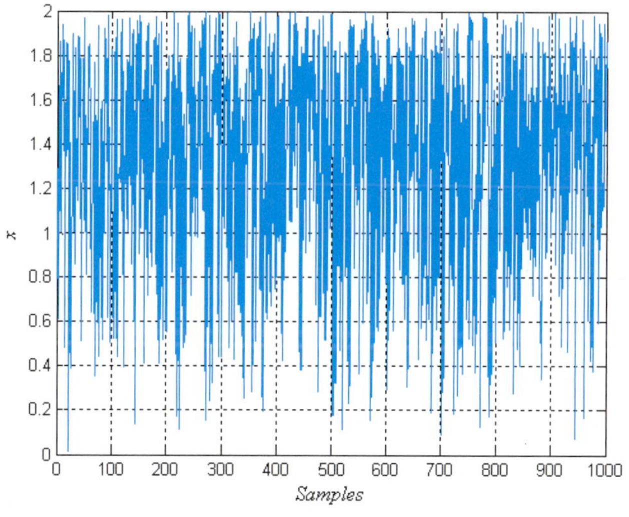

[그림 3-22] 랜덤 변수 X 의 발생($p_X(x)=\dfrac{1}{2}x$)

예제 3-14 이산 랜덤 변수의 발생

표본공간이 $S_X=\{1,2,3\}$인 랜덤 변수 $\boldsymbol{X}$의 발생 확률이 다음 식과 같을 때 랜덤 변수 $\boldsymbol{X}$를 MATLAB을 이용하여 발생시켜라.

$$P_X[x] = \begin{cases} p_1 = 0.3 & x_1 = 1 \\ p_1 = 0.3 & x_2 = 2 \\ p_1 = 0.4 & x_3 = 3 \end{cases}$$

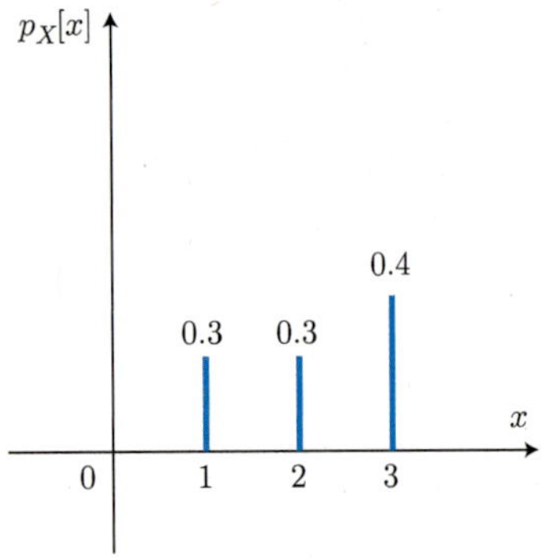

[그림 3-23] 컴퓨터 시뮬레이션을 위한 확률분포

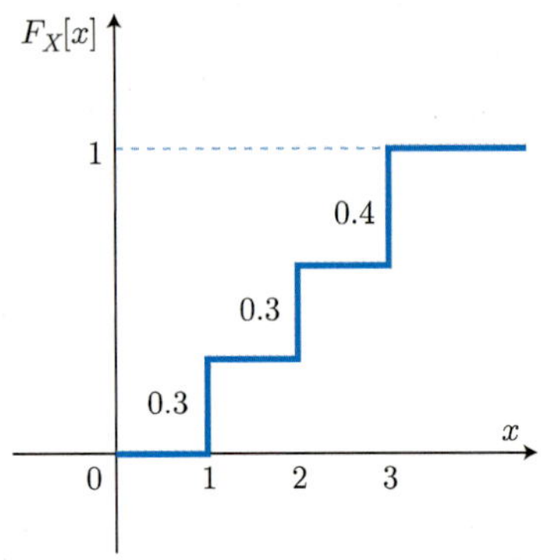

[그림 3-24] 컴퓨터 시뮬레이션을 위한 누적 확률분포 함수

풀이

$y = F_X(x)$라고 놓으면 누적 분포의 역함수는 $x = F_X^{-1}(y)$로 표시할 수 있으며, [그림 3-24]와 같은 누적 분포로부터 식 (3.60)이 성립한다.

$$x = F_X^{-1}(y) = \begin{cases} 1 & 0 < y \le 0.3 \\ 2 & 0.3 < y \le 0.6 \\ 3 & 0.6 < y \le 1 \end{cases} \tag{3.60}$$

따라서 구간 $(0, 1)$에서 균일하게 발생되는 y값으로부터 이산 랜덤 변수 $\boldsymbol{X}$는 다음과 같은 MATLAB 코드를 이용해 발생시킬 수 있다. [그림 3-25]와 [그림 3-26]은 각각 컴퓨터 시뮬레이션에 의해 식 (3.60)의 랜덤 변수의 확률분포와 누적 분포를 나타낸 것이다. [그림 3-25]와 [그림 3-26]은 총 $M = 1000$개의 랜덤 변숫값을 발생시켜 이로부터 추정한 값으로, [그림 3-23] 및 [그림 3-24]와 거의 일치한다.

〈MATLAB〉
```
clear all
                                        %
M=1000;
k=1:M;
                                        %
N_x1=0;                                 % the number of x=1
N_x2=0;                                 % the number of x=2
N_x3=0;                                 % the number of x=3
                                        %
for i=1:M,
    y=rand(1);                          % generation of CDF value
    if y<=0.3,
        x(i)=1;
```

```
        N_x1=N_x1+1;
    elseif y>0.3 & y<=0.6,
        x(i)=2;
        N_x2=N_x2+1;
    else
        x(i)=3;
        N_x3=N_x3+1;
    end
end
                                            %
P_X_x(1)=N_x1/M;
P_X_x(2)=N_x2/M;
P_X_x(3)=N_x3/M;
```

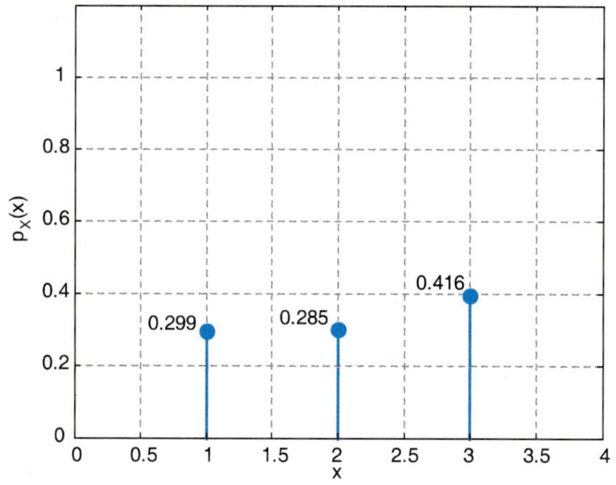

[그림 3-25] 컴퓨터 시뮬레이션에 의해 발생된 랜덤 변수의 확률분포

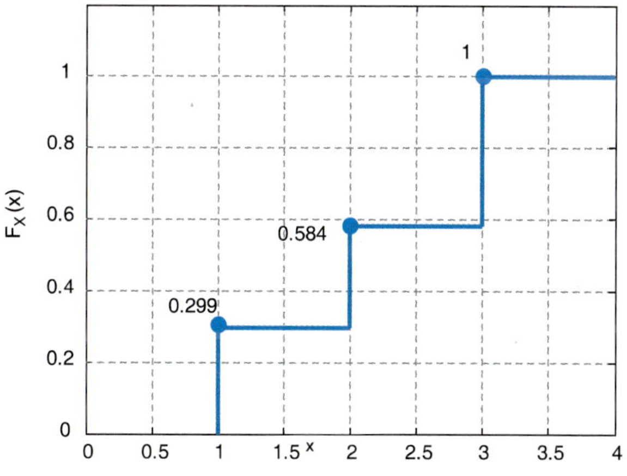

[그림 3-26] 컴퓨터 시뮬레이션에 의해 발생된 랜덤 변수의 누적 분포

예제 3-15 가우시안 랜덤 변수의 발생

다음과 같은 가우시안 확률밀도 함수를 갖는 랜덤 변수 X를 MATLAB을 이용하여 발생시켜라.

$$p_X(x) = \frac{1}{\sqrt{2\pi}\,\sigma_X} e^{-x^2/2\sigma_X^2}$$

풀이

랜덤 변수 X의 누적 분포 $F_X(x)$는

$$\begin{aligned} F_X(x) &= \int_{-\infty}^{x} p_X(\alpha)\,d\alpha \\ &= \int_{-\infty}^{x} \frac{1}{\sqrt{2\pi}\,\sigma_X} e^{-\alpha^2/2\sigma_X^2} d\alpha \end{aligned}$$

이지만 하나의 함수 형태로 표시할 수는 없다. 역함수를 구할 수 없으므로 앞에서 설명한 방법으로는 랜덤 변수 X를 발생시키기 어렵다. 하지만 레일레이 분포 함수를 갖는 랜덤 변수 R과 두 개의 가우시안 랜덤 변수 U, V는 다음 식과 같은 관계이므로

$$F_R(r) = \begin{cases} 0 & r < 0 \\ 1 - e^{-r^2/2\sigma^2} & r \ge 0 \end{cases}$$

$$\begin{aligned} U &= R\cos\Theta \\ V &= R\sin\Theta \end{aligned}$$

이를 이용하면 가우시안 랜덤 변수를 발생시킬 수 있다. 여기에서 Θ는 $(0, 2\pi)$ 사이에서 균일한 랜덤 변수이고, σ^2은 가우시안 랜덤 변수 U, V의 분산이다. $F_R(r)$의 역함수는 랜덤 변수 R의 누적 분포 함수 $F_R(r)$로부터 다음 식과 같이 쉽게 구할 수 있다. 우선

$$F_R(r) = 1 - e^{-\frac{r^2}{2\sigma^2}} = y$$

라고 하고, r에 대해 정리하면 랜덤 변수 R을 구할 수 있다.

$$r = \sqrt{2\sigma^2 \ln\left(\frac{1}{1-y}\right)}$$

물론 y는 $(0, 1)$에서 균일한 랜덤 변수 Y의 값이다. 그리고 $(0, 1)$에서 균일한 다른 랜덤 변수 A를 발생시킨 후 $\Theta = 2\pi A$라고 놓으면, Θ는 $(0, 2\pi)$에서 균일한 랜덤 변수가 된다. 이제 랜덤 변수 U, V에 대한 식에 R, Θ의 값을 적용하면, 평균이 0이고 분산이 σ^2인 2개의 가우시안 랜덤 변수 U, V를 얻을 수 있다.

[그림 3-27]은 레일레이 확률분포를 이용해 발생시킨 가우시안 랜덤 변수(평균=0, 분산=1)의 예를 나타낸 것이다.

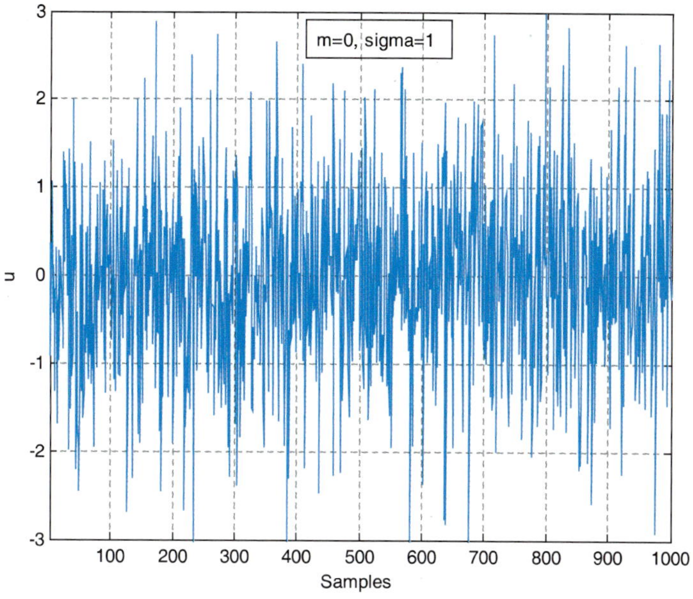

[그림 3-27] 레일레이 분포를 이용한 가우시안 랜덤 변수의 발생

〈MATLAB〉

```
M=1000;                                    % the number of samples
m=0;                                       % mean
sigma=1;                                   % standard deviation
                                           %
                                           %
for i=1:M,
    y=rand;
    a=rand;
    r(i)=sqrt(2*sigma^2 *log(1/(1-y)));    % Rayleigh dist.
    Theta=2*pi*a;
    u(i) = r(i)*cos(Theta);                % Gaussian RV 1
    v(i) = r(i)*sin(Theta);                % Gaussian RV 2
end;
```

3.6 통계적 평균과 분산

실생활에서 확률 개념을 이용하여 계산하는 값은 평균 강수량, 평균 성적, 여론 조사의 정확도에 대한 표준편차 등 주로 평균, 분산, 표준편차값일 것이다. 통신 공학에서도 평균은 랜덤 신호의 직류 성분을, 분산은 교류 성분의 평균 전력을 의미하기 때문에 매우 중요한 통계값이라 할 수 있다. 특히 평균 개념은 대부분의 통계값을 계산하는 데 이용되므로 이 절에서 자세히 알아보기로 한다.

3.6.1 이산 랜덤 변수의 평균과 분산

주사위를 던지는 실험을 다시 생각해보자. 주사위를 던지는 실험의 경우 표본공간은 식 (3.61)과 같이 6개의 실험 결과값으로 구성된다.

$$\boldsymbol{S} = \{1, 2, 3, 4, 5, 6\} \tag{3.61}$$

랜덤 변수 $\boldsymbol{X}$를 '주사위 윗면에 나타나는 점의 개수'로 정의할 경우, 랜덤 변수 $\boldsymbol{X}$의 평균 m_X를 계산하는 식으로 흔히 식 (3.62)를 생각한다.

$$m_X = \frac{1+2+3+4+5+6}{6} = 3.5 \tag{3.62}$$

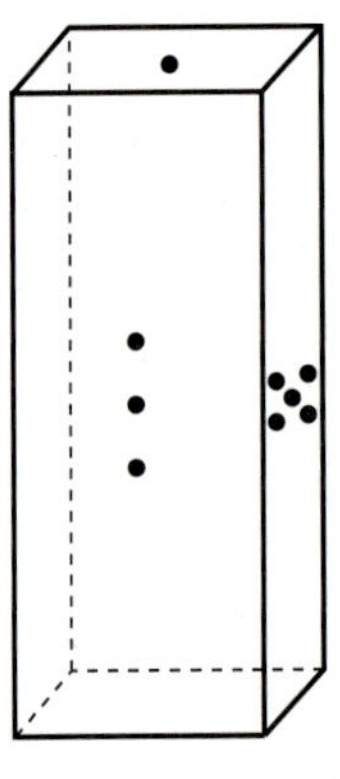

[그림 3-28] 직육면체 주사위

하지만 식 (3.62)에 의한 평균 계산식에는 주사위 모양이 정육면체라는 가정이 내포되어 있다. 즉, 모든 면의 발생 확률이 동일하다는 가정 하에 계산된 평균 식이고, [그림 3-28]과 같이 각 면에 대한 발생 확률이 다른 직육면체 주사위의 경우에는 다른 평균값이 나올 것이다. 식 (3.62)를 더 자세히 살펴보기 위해 식 (3.63)과 같이 표현해보자.

$$m_X = \frac{1+2+3+4+5+6}{6} \tag{3.63}$$

$$= 1 \cdot \frac{1}{6} + 2 \cdot \frac{1}{6} + 3 \cdot \frac{1}{6} + 4 \cdot \frac{1}{6} + 5 \cdot \frac{1}{6} + 6 \cdot \frac{1}{6} = 3.5$$

식 (3.63)의 두 번째 줄에 있는 각 항의 구성을 보면, 앞에 있는 숫자는 주사위 윗면에 나타나는 점의 개수인 랜덤 변수 ***X***값이고, 뒤에 있는 $\frac{1}{6}$은 점의 개수(랜덤 변수 ***X***값)가 발생할 확률이라는 것을 쉽게 알 수 있다. 이제 [그림 3-1]의 표시를 이용해 식 (3.63)을 다시 쓰면 식 (3.64)와 같다.

$$m_X = x_1 P(X=x_1) + x_2 P(X=x_2) + x_3 P(X=x_3) \tag{3.64}$$

$$+ x_4 P(X=x_4) + x_5 P(X=x_5) + x_6 P(X=x_6)$$

$$= \sum_{i=1}^{6} x_i \cdot P(X=x_i)$$

이산 랜덤 변수 ***X***의 값을 x_i라고 하면 ***X***의 **평균**mean, average, or expectation은 m_X, $E[X]$, 혹은 $\overline{X}$ 등으로 표시하고, 식 (3.64)로부터 식 (3.65)와 같이 정의할 수 있다.

▪ X의 평균

$$m_X = E[X] = \sum_i x_i P(X=x_i) \tag{3.65}$$

정리하면 랜덤 변수 ***X***의 평균은 평균을 얻고자 하는 대상값 x_i와 x_i의 발생 확률을 곱한 항을 모두 합하여 구한다. 예를 들어 랜덤 변수 ***X***에 대한 제곱의 평균 $E[X^2]$는 평균을 구하려는 대상값 x_i^2과 x_i^2의 발생 확률 $P(X^2=x_i^2)=P(X=x_i)$을 곱한 항을 모두 합해 식 (3.66)과 같이 나타낸다.

$$E[X^2] = \sum_i x_i^2 P(X=x_i) \tag{3.66}$$

마찬가지로 $(X-m_X)^2$에 대한 평균도 식 (3.67)과 같이 구한다.

$$\sigma_X^2 = E[(X - m_X)^2] = \sum_i (x_i - m_X)^2 \, P(X = x_i) \tag{3.67}$$

■ X의 분산

식 (3.67)을 (이산) 랜덤 변수 $\boldsymbol{X}$의 **분산**variance이라고 한다.

3.6.2 연속 랜덤 변수의 평균과 분산

연속 랜덤 변수는 랜덤 변수 $\boldsymbol{X}$에 대한 표본공간 $S_{\boldsymbol{X}}$의 구성 원소 개수가 무한히 많으므로 식 (3.65)를 사용할 수 없다. 예를 들어 (0,1) 사이에서 균일한 연속 랜덤 변수 $\boldsymbol{X}$가 가질 수 있는 값은 셀 수 없이 많으므로 식 (3.65)를 이용해 평균을 계산하는 것은 불가능하다. 이산 랜덤 변수의 평균 개념으로부터 연속 랜덤 변수의 평균 계산식을 얻기 위해, 위에서 말한 균일 랜덤 변수의 구간 (0,1)을 [그림 3-29]와 같이 M등분한다고 가정해보자. 등분된 각 구간 Δx는 M개의 이산값으로 볼 수 있고, 랜덤 변수 $\boldsymbol{X}$는 균일 분포를 가지므로 각 구간에 대한 발생 확률은 $\frac{1}{M}$로 동일하다. 따라서 식 (3.68)이 성립한다.

$$\begin{aligned} P_X(X = x_i) &= \frac{1}{M} \\ &= P\{(i-1)\Delta x < X \le i\Delta x\} \end{aligned} \tag{3.68}$$

$$\text{단, } x_i = i\Delta x\,, \quad i = 1, 2, \ldots, M, \; \Delta x = \frac{1}{M}$$

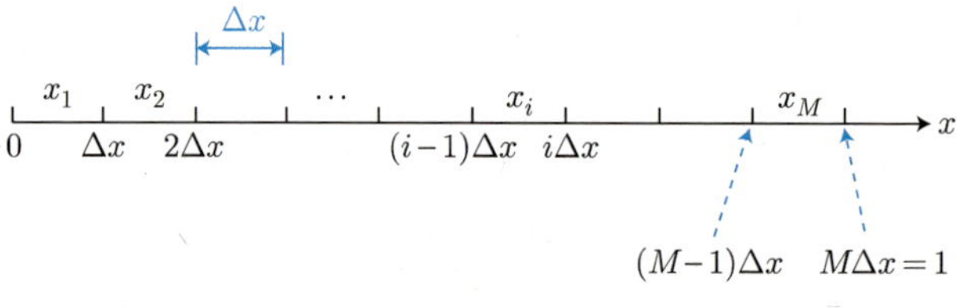

[그림 3-29] (0,1)을 M등분하여 얻은 이산 랜덤 변수

이제 식 (3.65), 식 (3.68)을 이용하면 M등분하여 얻은 이산 랜덤 변수 $\boldsymbol{X}$의 평균은 식 (3.69)와 같이 구할 수 있다.

$$E[\boldsymbol{X}] = \sum_{i=1}^{M} x_i \, P_X(X = x_i) \tag{3.69}$$

$$= \sum_{i=1}^{M} x_i \frac{P((i-1)\Delta x < X \le i\Delta x)}{\Delta x} \Delta x$$

식 (3.69)에서 $P((i-1)\Delta x < X \le i\Delta x)/\Delta x$는 구간 Δx에서의 확률밀도이므로 $\Delta x \to 0$이면

$$p_X(x) = \lim_{\Delta x \to 0} \frac{P((i-1)\Delta x < X \le \Delta x)}{\Delta x} \tag{3.70}$$

로 쓸 수 있다. 즉, x_i는 연속값이므로, 식 (3.69)에 식 (3.70)을 대입하면 식 (3.71)이 성립한다.

$$\begin{aligned} E[\boldsymbol{X}] &= \lim_{\Delta x \to 0} \sum_{i=1}^{M} x_i \frac{P((i-1)\Delta x < X \le i\Delta x)}{\Delta x} \Delta x \\ &= \int_0^1 x\, p_X(x)\, dx \end{aligned} \tag{3.71}$$

식 (3.71)은 구간 (0,1)에서 균일 분포를 갖는 연속 랜덤 변수 $\boldsymbol{X}$의 평균을 계산하는 식이다. 이 식을 이산 랜덤 변수의 평균을 나타내는 식 (3.65)와 비교하면 연속 랜덤 변수의 평균도 동일한 개념임을 알 수 있다. 일반적으로 **연속 랜덤 변수 $\boldsymbol{X}$의 평균**statistical average m_X는 식 (3.72)와 같이 정의한다.

■ 연속 랜덤 변수 X의 평균

$$m_X = \int_{-\infty}^{\infty} x\, p_X(x) dx \tag{3.72}$$

한편 x^n에 대한 평균은 랜덤 변수 **$\boldsymbol{X}$의 $\boldsymbol{n}$차 모멘트**nth moment라고 하고 m_X^n으로 표시한다.

■ X의 n차 모멘트

$$m_X^n = E[X^n] = \int_{-\infty}^{\infty} x^n p_X(x) dx \tag{3.73}$$

$(X - m_X)$는 랜덤 변수 $\boldsymbol{X}$의 평균을 0으로 이동시킨 변수로, $(X - m_X)^n$에 대한 평균 $E[(X - m_X)^n]$을 랜덤 변수 **$\boldsymbol{X}$의 $\boldsymbol{n}$차 중앙 모멘트**nth central moment라고 한다.

■ X의 n차 중앙 모멘트

$$E[(X - m_X)^n] = \int_{-\infty}^{\infty} (x - m_X)^n p_X(x) dx \tag{3.74}$$

특별히 2차 중앙 모멘트를 랜덤 변수 $\boldsymbol{X}$의 **분산**이라 하고 σ_X^2으로 표시한다.

$$\sigma_X^2 = E[(X - m_x)^2] = \int_{-\infty}^{\infty} (x - m_X)^2 p_X(x)\, dx \tag{3.75}$$

랜덤 변수 $\boldsymbol{X}$의 분산은 $\boldsymbol{X}$에 대한 확률밀도 $p_X(x)$의 퍼짐 정도를 나타내는 척도다. σ_X는 랜덤 변수 $\boldsymbol{X}$의 표준편차라고도 한다.

랜덤 변수 $\boldsymbol{X}$에 대한 평균과 분산은 다음과 같은 특성이 있다.

랜덤 변수 X에 대한 평균과 분산의 특성

- $E[cX] = c\,E[X]$
- $E[c] = c$
- $E[X + c] = E[X] + c$
- $Var[cX] = c^2\, Var[X]$
- $Var[c] = 0$
- $Var[X + c] = Var[X]$

위의 특성을 이용하면 분산 σ_X^2에 대해 식 (3.76)과 같은 등식이 성립한다.

$$E[(X - m_X)^2] = E[X^2 - 2X\, m_X + m_X^2] = E[X^2] - m_X^2 \tag{3.76}$$

예제 3-16 균일 랜덤 변수의 평균과 분산

랜덤 변수 $\boldsymbol{X}$가 [그림 3-30]과 같은 균일 분포를 가질 때 X의 평균과 분산을 구하라.

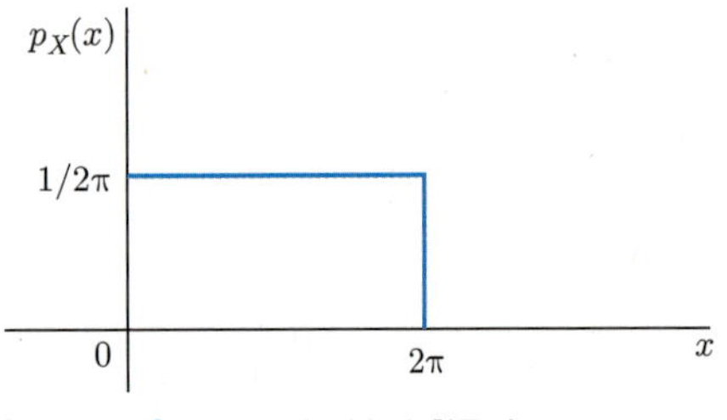

[그림 3-30] 균일 랜덤 변수의 확률밀도

풀이

랜덤 변수 X의 확률밀도 함수가 구간 $(0, 2\pi)$에서 $\left(\frac{1}{2\pi}\right)$이므로 X의 평균과 분산은 다음과 같이 계산할 수 있다.

$$m_X = E[X] = \int_{-\infty}^{\infty} x\, p_X(x)dx$$
$$= \int_0^{2\pi}\left(\frac{1}{2\pi}\right)x\,dx = \pi$$

$$E[X^2] = \int_0^{2\pi} x^2 p_X(x)dx = \int_0^{2\pi}\left(\frac{1}{2\pi}\right)x^2\,dx = \frac{4}{3}\pi^2$$

$$\therefore\ \sigma_X^2 = E[(X-m_X)^2] = E[X^2] - m_X^2 = \frac{\pi^2}{3}$$

예제 3-17 임의의 확률밀도 함수를 갖는 랜덤 변수의 평균

다음 식과 같은 확률밀도 함수를 갖는 랜덤 변수 X의 평균 m_X를 구하라.

$$p_X(x) = \begin{cases} \frac{1}{2}x & 0 \le x < 2 \\ 0 & otherwise \end{cases}$$

풀이

$$E[X] = \int_0^2 x\left(\frac{1}{2}x\right)dx$$
$$= \frac{1}{6}x^3\Big|_0^2 = \frac{4}{3}$$

예제 3-18 균일 분포를 갖는 랜덤 변수의 평균과 분산(양자화 오류의 예)

랜덤 변수 X가 $(-\Delta x/2, \Delta x/2)$ 사이에서 균일 분포를 가질 때 평균 m_X와 분산 σ_X^2을 구하라.

풀이

$$m_X = \int_{-\Delta x/2}^{\Delta x/2} x\, p_X(x)dx = \int_{-\Delta x/2}^{\Delta x/2} x\frac{1}{\Delta x}dx = 0$$
$$\sigma_X^2 = E[(X-m_X)^2] = E[X^2] = \int_{-\Delta x/2}^{\Delta x/2} x^2\, p_X(x)dx = \frac{1}{\Delta x}\left[\frac{1}{3}x^3\right]_{-\Delta x/2}^{\Delta x/2} = \frac{\Delta x^2}{12}$$

예제 3-19 지수 분포를 갖는 랜덤 변수의 평균

랜덤 변수 X가 다음과 같이 지수 분포를 가질 때 평균 m_X를 구하라.

$$p_X(x) = \begin{cases} \lambda e^{-\lambda x} & x \geq 0 \\ 0 & x < 0 \end{cases}$$

풀이

$$\begin{aligned} E[X] &= \int_0^\infty x\lambda e^{-\lambda x} dx \\ &= \left[-x e^{-\lambda x} - \frac{1}{\lambda} e^{-\lambda x} \right]_0^\infty = \frac{1}{\lambda} \end{aligned}$$

예제 3-20 가우시안 랜덤 변수의 평균과 분산

랜덤 변수 X가 다음과 같이 가우시안 분포를 가질 때 평균 m_X와 분산 σ_X^2을 구하라.

$$p_X(x) = \frac{1}{\sqrt{2\pi}\,\sigma} e^{-(x-\mu)^2/2\sigma^2}$$

풀이

$$\begin{aligned} E[X] &= \int_{-\infty}^\infty x \frac{1}{\sqrt{2\pi}\,\sigma} e^{-(x-\mu)^2/2\sigma^2} dx \\ &= \int_{-\infty}^\infty (x-\mu) \frac{1}{\sqrt{2\pi}\,\sigma} e^{-(x-\mu)^2/2\sigma^2} dx + \int_{-\infty}^\infty \mu \frac{1}{\sqrt{2\pi}\,\sigma} e^{-(x-\mu)^2/2\sigma^2} dx \end{aligned}$$

$u = x - \mu$라고 놓으면

$$E[X] = \int_{-\infty}^\infty u \frac{1}{\sqrt{2\pi}\,\sigma} e^{-u^2/2\sigma^2} du + \mu \int_{-\infty}^\infty \frac{1}{\sqrt{2\pi}\,\sigma} e^{-u^2/2\sigma^2} du = \mu = m_X$$

랜덤 변수 X의 분산은

$$\sigma_X^2 = \int_{-\infty}^\infty (x-\mu)^2 \frac{1}{\sqrt{2\pi}\,\sigma} e^{-(x-\mu)^2/2\sigma^2} dx$$

$u = (x-\mu)/\sigma$로 치환하면 다음과 같다.

$$\begin{aligned} \sigma_X^2 &= \int_{-\infty}^\infty \sigma^2 u^2 \frac{1}{\sqrt{2\pi}\,\sigma} e^{-u^2/2} \sigma\, du \\ &= \sigma^2 \int_{-\infty}^\infty u^2 \frac{1}{\sqrt{2\pi}} e^{-u^2/2} du \\ &= \sigma^2 \end{aligned}$$

3.7 랜덤 변수의 특성 함수와 모멘트

임의의 랜덤 변수에 대해 모멘트를 계산할 수 있도록 해주는 함수로 **특성 함수** characteristic function가 있다. 랜덤 변수 $\boldsymbol{X}$의 특성 함수는 다음과 같이 정의한다. ▪특성 함수

$$\Phi_X(\omega) = E[e^{j\omega X}] \tag{3.77}$$

여기에서 $j = \sqrt{-1}$ 이고, ω는 $-\infty < \omega < \infty$ 의 범위를 갖는 실수다. 식 (3.77)을 확률밀도 함수를 이용해 표현하면 $p_X(x)$에 대한 푸리에 변환과 동일한 형태를 가진다.

$$\begin{aligned} \Phi_X(\omega) &= E[e^{j\omega X}] \qquad (3.77) \\ &= \int_{-\infty}^{\infty} p_X(x)\, e^{j\omega x} dx \end{aligned}$$

이 같은 사실 때문에 $\Phi_X(\omega)$가 주어질 경우 역 푸리에 변환을 통해 $p_X(x)$를 구할 수 있다. 단, x의 부호는 반대가 되어야 한다.

$$p_X(x) = \frac{1}{2\pi} \int_{-\infty}^{\infty} \Phi_X(\omega)\, e^{-j\omega x} d\omega \tag{3.78}$$

식 (3.77)에서 ω에 대해 n번 미분한 후 $\omega = 0$으로 놓으면 식 (3.79)과 같이 $\boldsymbol{X}$에 대한 n차 모멘트를 얻을 수 있다.

$$m_n = E[X^n] = (-j)^n \frac{d^n}{d\omega^n} \Phi_X(\omega)\,|_{\omega=0} \tag{3.79}$$

모멘트를 구할 때 $\Phi_X(\omega)$를 사용하는 것은 $\Phi_X(\omega)$가 항상 존재하는 함수이기 때문이다. $\Phi_X(\omega)$만 알고 있다면 역 푸리에 변환을 통해 항상 모멘트를 구할 수 있다는 장점이 있다.

특성 함수의 최댓값은 1이고, 이것은 $\omega = 0$일 때 특성 함수의 값이다.

$$|\Phi_X(\omega)| \leq \Phi_X(0) = 1 \tag{3.80}$$

예제 3-21 랜덤 변수의 특성 함수와 평균 계산

다음과 같은 확률밀도 함수를 갖는 랜덤 변수 $\boldsymbol{X}$의 특성 함수 $\Phi_X(\omega)$를 구하고, 이를 이용해 평균 m을 구하라.

$$p_X(x) = \begin{cases} \frac{1}{3}\, e^{-(x-2)/3} & x \geq 2 \\ 0 & x < 2 \end{cases}$$

풀이

$$\begin{aligned} \Phi_X(\omega) &= E[\,e^{j\omega x}] \\ &= \int_{-\infty}^{\infty} e^{j\omega x}\, p_X(x)dx = \int_{2}^{\infty} e^{j\omega x}\, \frac{1}{3}\, e^{-(x-2)/3} dx \\ &= \frac{1}{3}\, e^{2/3} \int_{2}^{\infty} e^{-(\frac{1}{3}-j\omega)x} dx = \frac{e^{j2\omega}}{1-j3\omega} \end{aligned}$$

$$\begin{aligned} m = (-j)^1 \frac{d}{d\omega}\, \Phi_X(\omega)\Big|_{\omega=0} &= (-j)\left(e^{j2\omega}\left[\frac{j2}{1-j3\omega} + \frac{j3}{(1-j3\omega)^2}\right]\right)_{\omega=0} \\ &= 2+3=5 \end{aligned}$$

Section

3.8 랜덤 변수의 함수

하나의 랜덤 변수 $\boldsymbol{X}$를 임의의 함수 $Y = G(X)$에 의해 다른 랜덤 변수 $\boldsymbol{Y}$로 변환시켜야 하는 경우가 많다.

예를 들어 랜덤 입력 $\boldsymbol{X}$가 [그림 3-31]과 같이 선형 시스템에 인가되어 출력 $\boldsymbol{Y}$를 발생시키는 경우, $\boldsymbol{X}$와 $\boldsymbol{Y}$의 관계는 시스템 특성에 의해 $Y = G(X)$와 같은 함수 형태를 가진다. 이때 출력 랜덤 변수 $\boldsymbol{Y}$의 통계적 특성은 입력 랜덤 변수 $\boldsymbol{X}$의 통계적 특성과 함수 $G(\cdot)$를 통해 구할 수 있다.

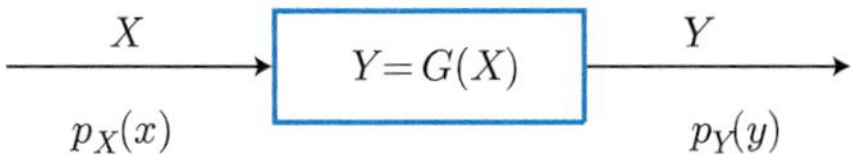

[그림 3-31] 랜덤 변수의 변환 예

두 랜덤 변수 $\boldsymbol{X}$, $\boldsymbol{Y}$가 $Y = g(X)$의 관계이고, 함수가 [그림 3-32]와 같이 1차 단조함수라고 가정해보자.

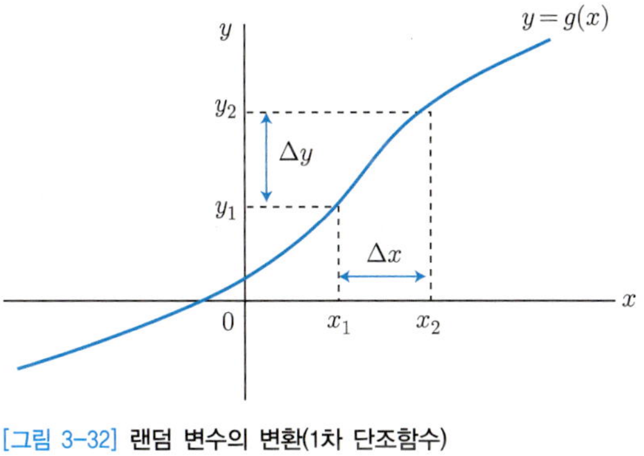

[그림 3-32] 랜덤 변수의 변환(1차 단조함수)

[그림 3-32]를 보면 $P(x_1 < X \leq x_2) = P(y_1 < Y \leq y_2)$가 성립하는데, 이를 확률밀도 함수를 이용해 다시 표현하면 식 (3.81)과 같다.

$$\int_{x_1}^{x_2} p_X(x)dx = \int_{y_1}^{y_2} p_Y(y)dy \tag{3.81}$$

x_1과 x_2 사이의 간격을 Δx라고 하고 y_1과 y_2 사이의 간격을 Δy라고 하면, Δx와 Δy가 미소 간격일 때 식 (3.82)는 다음과 같이 근사화할 수 있다.

$$p_X(x)\Delta x \approx p_Y(y)\Delta y \tag{3.82}$$

$\Delta x \to 0$, $\Delta y \to 0$일 경우

$$p_X(x)dx = p_Y(y)dy \tag{3.83}$$

이므로 다음과 같다.

$$p_Y(y) = \frac{p_X(x)}{dy/dx} \tag{3.84}$$

한편 $Y = g(X)$ 가 단조 감소함수이면 $\frac{dy}{dx}$는 음수가 되고, 확률값은 항상 0 이상의 값을 가지므로, 증가함수이든 감소함수이든 상관없이 식 (3.85)의 일반적인 관계식을 얻을 수 있다.

$$p_Y(y) = \frac{p_X(x)}{|dy/dx|} \tag{3.85}$$

함수가 n차 함수일 경우 단조함수의 경우와 동일한 방법을 이용하여 다음과 같이 일반적인 관계식을 구할 수 있다. 여기서는 [그림 3-33]과 같이 하나의 y값에 대해 여러 개의 x값이 대응되는 점에 유의해야 한다.

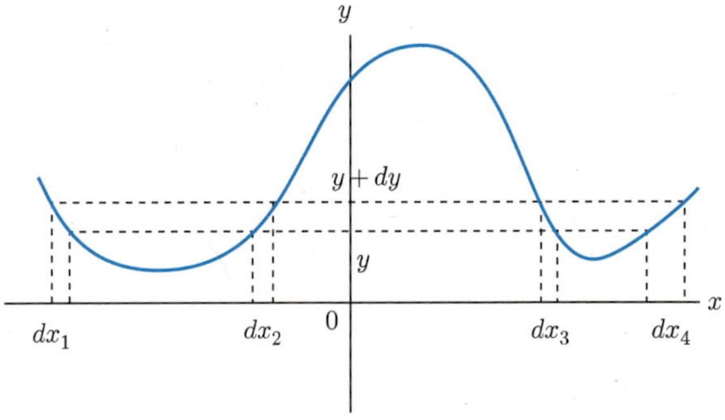

[그림 3-33] 하나의 y값에 여러 개의 x값이 대응되는 경우의 다차 함수

$$p_Y(y)dy = p_X(x_1)dx_1 + p_X(x_2)dx_2 + \dots + p_X(x_n)dx_n \qquad (3.86)$$

$$p_Y(y) = \frac{p_X(x_1)}{|dy/dx_1|} + \frac{p_X(x_2)}{|dy/dx_2|} + \dots + \frac{p_X(x_n)}{|dy/dx_n|}$$

예제 3-22 가우시안 랜덤 변수의 함수에 대한 확률밀도 함수

평균이 0이고 분산이 1인 가우시안 랜덤 변수의 확률밀도 함수는

$$p_X(x) = \frac{1}{\sqrt{2\pi}} e^{-x^2/2}$$

이다. 함수 $Y = aX + b$의 관계를 갖는 랜덤 변수 $\boldsymbol{Y}$ 의 확률밀도 함수를 구하라. 단, a와 b는 상수다.

풀이

$Y = aX + b$는 1차 단조함수이므로, 하나의 y값에 대해 하나의 x값이 대응된다. 따라서 식 (3.77)을 이용하여 구하면, $|dy/dx| = |a|$이므로

$$p_Y(y) = \frac{p_X(x)}{|a|} = \frac{p_X\left(\dfrac{y-b}{a}\right)}{|a|} = \frac{1}{\sqrt{2\pi a^2}} e^{-(y-b)^2/2a^2}$$

랜덤 변수 $\boldsymbol{Y}$ 도 평균이 b이고, $\sigma_Y^2 = a^2$인 가우시안 랜덤 변수임을 알 수 있다. 일반적으로 선형 함수(혹은 선형 시스템)를 통해 출력되는 가우시안 랜덤 변수의 함수는 가우시안 랜덤 변수가 된다.

예제 3-23 두 개의 대응 값이 있는 랜덤 변수 함수의 확률밀도 함수

[그림 3-34]에 의해 $Y = g(X)$가 주어지고, $p_X(x)$는 다음과 같을 때 $p_Y(y)$를 구하라.

$$p_X(x) = \frac{1}{\sqrt{2\pi}\,\sigma} e^{-x^2/2\sigma^2}$$

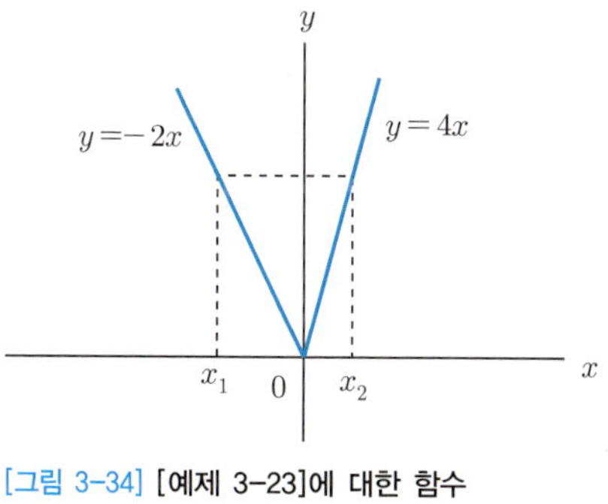

[그림 3-34] [예제 3-23]에 대한 함수

풀이

하나의 y값에 대해 두 개의 x값이 대응된다. 따라서 식 (3.79)를 이용하여 구하면 $\left|\frac{dy}{dx_1}\right| = 2$이고 $\left|\frac{dy}{dx_2}\right| = 4$ 이므로, $p_Y(y)$는 다음과 같다.

$$p_Y(y) = \left.\frac{p_X(x)}{2}\right|_{x=-\frac{y}{2}} + \left.\frac{p_X(x)}{4}\right|_{x=\frac{y}{4}}$$

이때 y값은 항상 0보다 크므로

$$p_Y(y) = \frac{1}{4\sigma\sqrt{2\pi}}\,[2e^{-y^2/8\sigma^2} + e^{-y^2/32\sigma^2}]\,u(y)$$

임을 알 수 있다. 여기에서 $u(y)$는 단위 계단 함수다.

Chapter 03 연습문제

3.1 동전을 n번 연속하여 던지는 실험에서 랜덤 변수 $\boldsymbol{X}$는 동전의 앞면이 나오는 횟수라고 정의한다. 물음에 답하라.

(a) 랜덤 변수 $\boldsymbol{X}$가 가질 수 있는 값을 나열하고 $\boldsymbol{X}$가 이산 랜덤 변수임을 밝혀라.
(b) $P(\boldsymbol{X}=0)$, $P(\boldsymbol{X}=n)$을 구하라.
(c) $P(\boldsymbol{X} \leq n)$을 구하라.
(d) $F_{\boldsymbol{X}}(x) = P(\boldsymbol{X} \leq x)$를 구하라.

3.2 0과 1의 심벌을 발생시키는 이진 랜덤 소스에서 랜덤 변수 $\boldsymbol{X}$는 심벌 0을 +A[V], 심벌 1을 −A[V]의 전압값으로 대응시킨다고 한다. 소스 심벌 0과 1의 발생 확률이 같다고 할 때 물음에 답하라.

(a) 랜덤 변수 $\boldsymbol{X}$의 평균 $\overline{\boldsymbol{X}}$를 구하라.
(b) 랜덤 변수 $\boldsymbol{X}$의 분산 $\sigma_X^2 = E[(X-\overline{X})^2]$을 구하라.

3.3 동전을 연속하여 두 번 던지는 실험이 있다. 앞면이 나오는 횟수를 랜덤 변수 $\boldsymbol{X}$라고 정의할 때 물음에 답하라.

(a) 랜덤 변수 $\boldsymbol{X}$의 확률분포 $P_{\boldsymbol{X}}(x)$를 그려라.
(b) 랜덤 변수 $\boldsymbol{X}$의 누적 확률분포 $F_{\boldsymbol{X}}(x)$를 그려라.

3.4 3[m]에서 퍼트를 성공시킬 확률이 0.3인 골프 선수가 있다. 홀에서부터 3[m] 떨어진 공을 홀에 넣을 때까지 퍼팅한 수를 랜덤 변수 $\boldsymbol{X}$라고 할 때 물음에 답하라. 단, 퍼팅이 성공하지 못할 경우 공을 다시 제자리에 놓고 퍼팅을 다시 시도하며 매번 시도하는 퍼팅은 서로 독립이라고 한다.

(a) $P(\boldsymbol{X}=1)$, $P(\boldsymbol{X}=2)$, $P(\boldsymbol{X}=3)$을 구하라.
(b) $F_{\boldsymbol{X}}(3) = P(\boldsymbol{X} \leq 3)$을 구하라.

3.5 매초 1개씩 저항을 생산하는 기계가 5대 있다. 각 기계로부터 생산되는 저항의 저항값이 허용 오차 범위 내에 있을 확률이 5대 모두 0.9라고 할 때 물음에 답하라.

(a) 매초 4개의 저항이 허용 오차 내에 있어 합격품이 될 확률을 구하라.
(b) 매초 불합격 저항이 2개 이하일 확률을 구하라.

3.6 랜덤 변수 X는 구간 $(-3, 3)$에서 균일한 확률밀도 함수를 가진다.

(a) 평균 $E[X]$를 구하라.

(b) 분산 σ_X^2를 구하라.

3.7 랜덤 변수 X의 확률밀도 함수가 다음과 같다. X의 평균과 분산을 구하라.

$$p_X(x) = \frac{1}{\sqrt{4\pi}} e^{-(x-3)^2/4}$$

3.8 두 랜덤 변수 X, Y는 다음 식과 같이 $Y = g(X)$에 의해 변환된다. 랜덤 변수 X의 확률밀도 함수가 아래와 같은 균일 분포를 가질 때 랜덤 변수 Y의 확률밀도 함수를 구하라.

$$y = g(x) = \begin{cases} x^2 & x \geq 0 \\ 0 & x < 0 \end{cases}$$

$$p_X(x) = \begin{cases} \frac{1}{4} & -2 \leq x < 2 \\ 0 & elsewhere \end{cases}$$

3.9 다음 그림과 같은 회로에 입력 신호 $x(t)$를 인가한다. 입력 신호의 확률밀도 함수가 다음 식과 같이 주어질 때 출력 전압의 확률밀도 함수 $p_Y(y)$를 구하고 그림으로 보여라.

$$p_X(x) = \frac{1}{\sqrt{2\pi}} e^{-x^2/2}$$

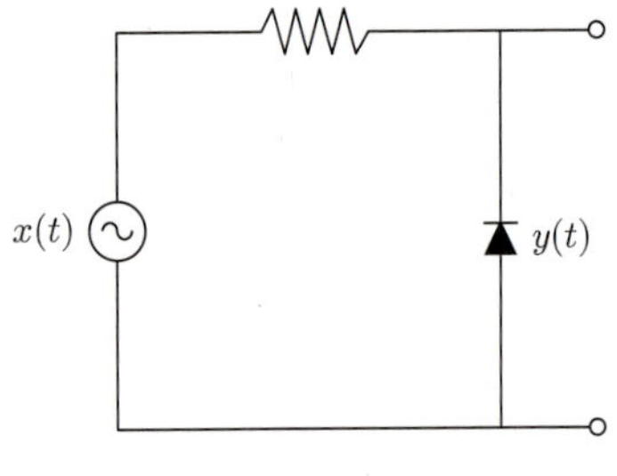

3.10 랜덤 변수 X는 구간 $(-\pi, \pi)$에서 균일하다. 아래의 식과 같은 관계를 갖는 새로운 랜덤 변수 Y의 확률밀도 함수를 구하라.

$$Y = a\tan X \text{ (단, } a > 0)$$

3.11 두 랜덤 변수 X와 Y의 결합 확률밀도 함수가 다음과 같다.

$$p_{X,Y}(x,y) = 0.23\delta(x)\delta(y) + 0.12\delta(x-4)\delta(y) + 0.65\delta(x)\delta(y-1)$$

(a) 부분 밀도 함수 $p_X(x)$, $p_Y(y)$를 각각 구하라.

(b) $p_X(x)$, $p_Y(y)$를 각각 그려라.

(c) 두 랜덤 변수는 독립인가?

(d) 두 랜덤 변수는 직교하는가?

3.12 두 랜덤 변수 X와 Y의 결합 확률밀도 함수가 다음과 같다. X와 Y가 통계적으로 독립임을 보여 상관 관계가 없음을 증명하라.

$$p_{X,Y}(x,y) = \begin{cases} \frac{xy}{9} & 0 < x < 2,\ 0 < y < 3 \\ 0 & elsewhere \end{cases}$$

3.13 두 랜덤 변수 X와 Y가 다음과 같은 결합 확률밀도 함수를 가질 경우 물음에 답하라.

$$p_{X,Y}(x,y) = \begin{cases} \frac{5}{16}x^2y & 0 < y < x < 2 \\ 0 & elsewhere \end{cases}$$

(a) $p_X(x)$, $p_Y(y)$를 구하라.

(b) X와 Y는 통계적으로 독립인가?

3.14 두 랜덤 변수 X와 Y가 다음과 같은 결합 확률밀도 함수를 가진다.

$$p_{X,Y}(x,y) = \begin{cases} Ae^{-(2x+y)} & x, y > 0 \\ 0 & otherwise \end{cases}$$

(a) A값을 구하라.

(b) $p_X(x)$, $p_Y(y)$를 구하라.

(c) X와 Y에 대해 서로 독립인지 여부를 밝혀라.

3.15 두 랜덤 변수 X와 Y의 결합 확률밀도 함수가 다음과 같다.

$$p_{X,Y}(x,y)=\begin{cases} b(x+y)^2 & -2<x<2, -3<y<3 \\ 0 & elsewhere \end{cases}$$

(a) b의 값을 구하라.

(b) $p_X(x)$, $p_Y(y)$를 구하라.

3.16 두 랜덤 변수 X, Y는 $Y=g(X)$에 의해 변환된다. 랜덤 변수 X의 확률밀도 함수가 다음 식과 같은 분포를 가질 때 랜덤 변수 Y의 확률밀도 함수를 구하라.

$$y=g(x)=\begin{cases} x^2 & x\geq 0 \\ 0 & x<0 \end{cases}$$

$$p_X(x)=\begin{cases} \dfrac{1}{4} & -2\leq x<2 \\ 0 & elsewhere \end{cases}$$

3.17 두 랜덤 변수 X, Y는 다음 식과 같은 관계를 가지며, 랜덤 변수 X의 확률밀도 함수는 가우시안 분포를 가진다. 물음에 답하라.

$$y=f(x),\ \ f(x)=2x+1$$

$$p_X(x)=\frac{1}{\sqrt{2\pi}}e^{-x^2/2}$$

(a) 랜덤 변수 Y의 확률밀도 함수를 구하라.

(b) $p_X(x)$, $p_Y(y)$를 정확히 그리고, 두 확률밀도 함수 사이에 어떠한 변화가 일어났는지 설명하라.

3.18 랜덤 변수 X는 자연수의 값만을 가지며 다음과 같은 발생 확률을 가진다.

$$x_n=n,\ \ n=1,2,3\cdots$$

$$p(x_n)=p^n\ \ (\text{단, } 0<p<1)$$

(a) p의 값을 구하라.

(b) 랜덤 변수 X의 평균을 구하라.

Hint

① $\sum_{n=1}^{\infty} p^n = \frac{p}{1-p}$ 단, $0 < p < 1$ ② $\sum_{n=1}^{\infty} nx^n = \frac{x}{(1-x)^2}$ 단, $0 < p < 1$

3.19 평균이 0이고 분산이 1인 가우시안 랜덤 변수 $\boldsymbol{X}$가 다음 그림과 같은 함수에 의해 랜덤 변수 $\boldsymbol{Y}$로 변환된다.

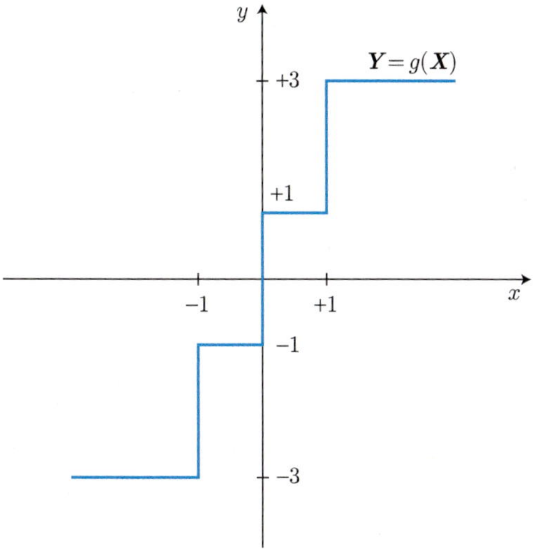

(a) 랜덤 변수 $\boldsymbol{Y}$의 확률밀도 함수를 구하고 그려라(Q 함수를 이용할 것).

(b) 랜덤 변수 $\boldsymbol{Y}$의 평균과 분산을 구하라.

3.20 구간 (θ_1, θ_2) 사이에서 균일한 랜덤 변수 $\boldsymbol{\Theta}$를 다음 식과 같이 랜덤 변수 $\boldsymbol{X}$로 변환한다. 랜덤 변수 $\boldsymbol{X}$의 확률밀도 함수를 그려라.

$$\boldsymbol{X} = \cos(\boldsymbol{\Theta}) \quad (\text{단, } 0 \le \theta_1 < \theta_2 < \pi)$$

3.21 두 독립 랜덤 변수 $\boldsymbol{X}$와 $\boldsymbol{Y}$의 결합 확률밀도 함수가 다음과 같다. $p_X(x)$와 $p_Y(y)$를 구하라.

$$p_{XY}(x, y) = 6e^{-(3x+4y)} \quad (\text{단, } x, y \ge 0)$$

Chapter

04

다중 랜덤 변수

Multiple Random Variable

이 장의 학습 내용

학습목표

- 두 이산 랜덤 변수에 대한 결합 확률분포의 기본 개념을 익힌다.
- 두 연속 랜덤 변수에 대한 결합 확률분포의 기본 개념을 익힌다.
- 결합 확률로부터 부분 확률을 계산하는 원리를 익히고, 독립 조건을 살펴본다.
- 두 랜덤 변수가 가우시안 랜덤 변수일 경우, 결합 확률밀도 함수는 어떠한 형태를 갖는지 살펴본다.
- 중앙 극한 이론을 통해 다중 랜덤 변수의 합은 확률밀도 함수에서 어떠한 변화를 갖는지 살펴본다.
- 두 랜덤 변수의 상관 특성을 정의하고, 독립 특성과 어떠한 관계를 갖는지 살펴본다.
- 여러 랜덤 변수에 대한 함수로 정의되는 새로운 랜덤 변수를 살펴보고, 그 확률밀도 함수를 구하는 방법을 익힌다.

지금까지 하나의 랜덤 변수에 대한 여러 가지 확률 개념을 다뤘다. 랜덤 변수는 불규칙적으로 발생하는 랜덤 현상을 실수로 대응시켜 표현하고, 이를 공학적으로 다룰 수 있게 해주는 강력한 수학적 도구다.

하지만 여러 개의 랜덤 변수를 이용해 랜덤 현상을 표현해야 할 경우도 있다. 예를 들어 어느 학급의 건강 지수를 알아보기 위해 임의로 10명의 학생을 뽑아(표본공간) 키와 몸무게를 측정한다고 하자. 이때 학생들의 키를 랜덤 변수 $\boldsymbol{H}(s_i)$, 몸무게를 $\boldsymbol{W}(s_i)$로 정의하여 각각의 평균을 구해 그 학급의 건강 지수를 알아볼 수 있다.

이와 같이 두 개 이상의 다중 랜덤 변수에 대해 통계적 특성을 다루는 일은 공학적으로 매우 중요하다. 다행히 일반적으로 다루는 랜덤 현상은 두 개의 랜덤 변수를 통해 다룰 수 있는 경우가 대부분(예를 들어 랜덤 과정에 적용되는 자기 상관, 상호 상관 함수 등)이므로, 이 장에서는 두 랜덤 변수의 경우에 중점을 두어 설명할 것이다.

이 장의 학습 내용

1. 두 이산 랜덤 변수의 결합 확률분포

$$P_{X,Y}(x_i, y_j) = P_{X,Y}(X = x_i, Y = y_j)$$
$$i = 1, 2, \cdots, M,\ j = 1, 2, \cdots, N$$

2. 두 연속 랜덤 변수의 결합 확률분포

$$p_{X,Y}(x,y) = \frac{\partial^2}{\partial x\, \partial y} F_{X,Y}(x,y)$$
$$p_{X,Y}(x,y) = \frac{\partial^2}{\partial x\, \partial y} F_{X,Y}(x,y)$$

3. 다중 랜덤 변수의 결합 확률밀도 특성

$$P(x_{11} < X_1 \le x_{12}, \cdots, x_{N1} < X_N \le x_{N2})$$
$$= \int_{x_{11}}^{x_{12}} \cdots \int_{x_{N1}}^{x_{N2}} p_{X_1 X_2 \cdots X_N}(x_1, x_2, \cdots, x_N)\, dx_1 dx_2 \cdots dx_N$$
$$\int_{-\infty}^{\infty} \cdots \int_{-\infty}^{\infty} p_{X_1 \cdots X_N}(x_1, \cdots, x_N)\, dx_1 \cdots dx_N = 1$$

4. 다중 이산 랜덤 변수의 확률밀도 함수

이산 랜덤 변수의 어느 한 점에 대한 확률밀도 함수는 그 점에서의 확률값과 같다.

$$p_{XY}(x,y) = \sum_{n=1}^{N} \sum_{m=1}^{M} P(x_n, y_m)\, \delta(x - x_n)\, \delta(y - y_m)$$

5. 다중 이산 랜덤 변수의 부분 확률밀도 함수

다중 이산 랜덤 변수 $\boldsymbol{X}_1, \cdots, \boldsymbol{X}_k$의 부분 확률밀도 함수는 다음과 같이 정의한다.

$$P_{X_1 \cdots X_k}(x_1, \cdots, x_k) = \sum_{k+1} \cdots \sum_{N} P_{X_1 \cdots X_N}(x_1, \cdots, x_N)$$

6. 다중 연속 랜덤 변수의 부분 확률밀도 함수

$$p_{X_1 \cdots X_k}(x_1, \cdots, x_k) = \int_{-\infty}^{\infty} \cdots \int_{-\infty}^{\infty} p_{X_1 \cdots X_N}(x_1, \cdots, x_N)\, dx_{k+1} \cdots dx_N$$

$$p_X(x) = \int_{-\infty}^{\infty} p_{XY}(x,y)dy$$

$$p_Y(y) = \int_{-\infty}^{\infty} p_{XY}(x,y)dx$$

7. 두 랜덤 변수의 조건 확률밀도 함수와 베이즈 법칙

$$p_{X|Y}(x \mid Y=y) = \frac{p_{XY}(x,y)}{p_Y(y)} = \frac{p_{XY}(x,y)}{\int_{-\infty}^{\infty} p_{XY}(x,y)dx}$$

$$p_{Y|X}(y \mid X=x) = \frac{p_{XY}(x,y)}{p_X(x)} = \frac{p_{XY}(x,y)}{\int_{-\infty}^{\infty} p_{XY}(x,y)dy}$$

$$p_{X|Y}(x \mid Y=y) = \frac{p_Y(y \mid X=x)\, p_X(x)}{p_Y(y)} \quad : \text{베이즈 법칙}$$

8. 두 랜덤 변수의 독립 조건

$$p_{XY}(x,y) = p_X(x)\, p_Y(y)$$

9. 가우시안 랜덤 변수의 결합 확률밀도

$$p_{XY}(x,y) = \frac{1}{2\pi\sigma_X\sigma_Y\sqrt{(1-\rho^2)}} e^{\frac{-1}{2(1-\rho^2)}\left[\frac{(x-m_X)^2}{\sigma_X^2} - \frac{2\rho(x-m_X)(y-m_Y)}{\sigma_X\sigma_Y} + \frac{(y-m_Y)^2}{\sigma_Y^2}\right]}$$

$$m_X = E[X],\ m_Y = E[Y]$$

$$\sigma_X^2 = E[(X-m_X)^2],\ \sigma_Y^2 = E[(Y-m_Y)^2]$$

$$\rho = \frac{E[(X-m_X)(Y-m_Y)]}{\sigma_X\sigma_Y}$$

10. 두 랜덤 변수의 표준 결합 가우시안 밀도 함수

$\sigma_X^2 = \sigma_Y^2 = 1$이고, $m_X = m_Y = 0$일 경우의 결합 확률밀도 함수 $p_{XY}(x,y)$를 표준 결합 가우시안 밀도라고 한다.

$$p_{XY}(x,y) = \frac{1}{2\pi\sqrt{(1-\rho^2)}} e^{-\frac{(x^2-2\rho xy+y^2)}{2(1-\rho^2)}}, \quad -1 < \rho < 1$$

11. 상관성이 없는($\rho = 0$) 두 표준 가우시안 랜덤 변수의 독립 특성

두 표준 가우시안 랜덤 변수의 상관성이 없으면($\rho = 0$), 두 랜덤 변수는 서로 독립이다.

$$p_{XY}(x,y) = \frac{1}{2\pi} e^{-\frac{(x^2+y^2)}{2}} \quad (\leftarrow \rho = 0)$$

$$p_{XY}(x,y) = p_X(x)\, p_Y(y)$$

12. 다중 독립 랜덤 변수의 합

n개의 독립 랜덤 변수 $\boldsymbol{X_1}$, $\boldsymbol{X_2}$, $\boldsymbol{X_3}$, $\cdots$, $\boldsymbol{X_n}$에 대한 각 확률밀도 함수가 $p_{X_1}(x_1)$, $p_{X_2}(x_2)$, $p_{X_3}(x_3)$, $\cdots$, $p_{X_n}(x_n)$이고 $Z = X_1 + X_2 + \cdots + X_n$이라면 다음 식이 성립한다.

$$p_Z(z) = p_{X_1}(x_1) * p_{X_2}(x_2) * \cdots * p_{X_n}(x_n)$$

13. 중앙 극한 이론

여러 독립 랜덤 변수의 합에 대한 확률밀도 함수는 각 랜덤 변수의 확률밀도 함수를 콘벌루션한 것과 같다. 이때 많은 확률밀도 함수를 콘벌루션하면 결과적으로 가우시안 함수에 근접한다.

14. 두 랜덤 변수의 상관성

두 랜덤 변수의 상관성은 상호분산을 통해 측정할 수 있고, 다음 식과 같이 정의된다.

$$\begin{aligned}\sigma_{XY} &= E[(X-m_X)(Y-m_Y)] \\ &= E[XY - Xm_Y - m_X Y + m_X m_Y] \\ &= E[XY] - m_Y E[X] - m_X E[Y] + m_X m_Y \\ &= E[XY] - m_X m_Y\end{aligned}$$

두 랜덤 변수 $\boldsymbol{X}$와 $\boldsymbol{Y}$가 독립이면 $p_{XY}(x,y) = p_X(x)\,p_Y(y)$이므로 $E[XY] = m_X m_Y$이 성립한다. 즉, $\sigma_{XY} = 0$이 되어 서로 상관성이 없다.

15. 두 랜덤 변수의 상관 계수

$$\rho_{XY} = \frac{\sigma_{XY}}{\sigma_X \sigma_Y} = \frac{E[(X-m_X)(Y-m_Y)]}{(\sigma_X \sigma_Y)}, \quad -1 \le \rho_{XY} \le 1$$

16. 두 랜덤 변수의 함수

두 랜덤 변수 $\boldsymbol{U}$와 $\boldsymbol{V}$가 두 랜덤 변수 $\boldsymbol{X}$와 $\boldsymbol{Y}$의 함수일 경우, 랜덤 변수 $\boldsymbol{U}$와 $\boldsymbol{V}$의 결합 확률밀도 함수 $p_{UV}(u,v)$는 $\boldsymbol{X}$와 $\boldsymbol{Y}$에 대한 결합 확률밀도 함수 $p_{XY}(x,y)$로부터 다음과 같이 구할 수 있다.

$$U = u(X, Y), \quad V = v(X, Y)$$

$$p_{UV}(u,v) = \frac{p_{XY}(x_1,y_1)}{\left|J\left(\frac{u,\, v}{x_1,\, y_1}\right)\right|} + \frac{p_{XY}(x_2,y_2)}{\left|J\left(\frac{u,\, v}{x_2,\, y_2}\right)\right|} + \cdots + \frac{p_{XY}(x_n,y_n)}{\left|J\left(\frac{u,\, v}{x_n,\, y_n}\right)\right|}$$

$$J\left(\frac{u,\, v}{x,\, y}\right) = \begin{vmatrix} \frac{\partial u}{\partial x} & \frac{\partial u}{\partial y} \\ \frac{\partial v}{\partial x} & \frac{\partial v}{\partial y} \end{vmatrix}$$

4.1 두 랜덤 변수의 결합 확률분포

4.1.1 이산 랜덤 벡터의 결합 확률분포

임의의 한 표본공간 S에 속한 표본값 s_i에 대해 서로 다른 관점에서 두 개의 이산 랜덤 변수 $X(s_i)$, $Y(s_i)$를 발생시킬 수 있다. 예를 들어 두 개의 동전을 던지는 실험에서 동전의 앞면을 H, 뒷면을 T라고 할 때 발생하는 경우의 수는 $S=\{(H,H),(H,T),(T,H),(T,T)\}$의 네 가지가 있다. 두 동전에 대해 앞면이 나오는 수를 랜덤 변수 X, 뒷면이 나오는 수를 랜덤 변수 Y라고 하면 두 랜덤 변수가 갖는 값은 $S_X=\{0,1,2\}$, $S_Y=\{0,1,2\}$다. 이때 두 랜덤 변수 X와 Y는 동일한 표본공간으로부터 발생된다.

이와 같이 하나의 표본공간으로부터 정의되는 두 이산 랜덤 변수 X와 Y는 식 (4.1)과 같이 표시할 수 있다. 이를 **랜덤 벡터**random vector라고 한다.

- 랜덤 벡터
- **벡터**
  : 단열 행렬(single column matrix) 혹은 단행 행렬(single row matrix)을 의미함

$$(X\ Y)^T=\begin{pmatrix}X(s_i)\\Y(s_i)\end{pmatrix}=\begin{pmatrix}x_i\\y_i\end{pmatrix} \tag{4.1}$$

여기에서 T는 전치transpose 행렬을 의미하며 랜덤 벡터 $(X\ Y)^T$의 두 랜덤 변수 X와 Y는 **결합 분포**jointly distributed되었다고 한다.

- **전치 행렬**
  : 행렬에서 행과 열을 바꾼 행렬

$$\begin{pmatrix}a_{11}&a_{12}&a_{13}\\a_{21}&a_{22}&a_{23}\end{pmatrix}\ \downarrow\ \begin{pmatrix}a_{11}&a_{21}\\a_{12}&a_{22}\\a_{13}&a_{23}\end{pmatrix}$$

[그림 4-1]을 보면 랜덤 변수 X와 Y에 의해 형성되는 랜덤 벡터 $(X\ Y)^T$의 결합 표본공간 $S_{X,Y}$는 식 (4.2)와 같이 세 개의 랜덤 벡터로 구성됨을 쉽게 알 수 있다.

$$S_{X,Y}=\left\{\begin{pmatrix}0\\2\end{pmatrix},\begin{pmatrix}1\\1\end{pmatrix},\begin{pmatrix}2\\0\end{pmatrix}\right\} \tag{4.2}$$

- 결합 분포

식 (4.2)는 결합 원소 (x_i, y_j)를 이용해 식 (4.3)과 같이 표시할 수도 있다.

$$S_{X,Y}=\{(0,2),(1,1),(2,0)\} \tag{4.3}$$

이와 같이 하나의 표본공간으로부터 정의되는 두 이산 랜덤 변수 X와 Y에 대

해 결합 표본공간을 만들 수 있다. [그림 4-1]은 결합 표본공간 $\boldsymbol{S_{X,Y}}$로부터 두 이산 랜덤 변수 $\boldsymbol{X}$, $\boldsymbol{Y}$의 결합 확률 분포를 이끌어 내어 xy-평면상에 나타낸 것이다.

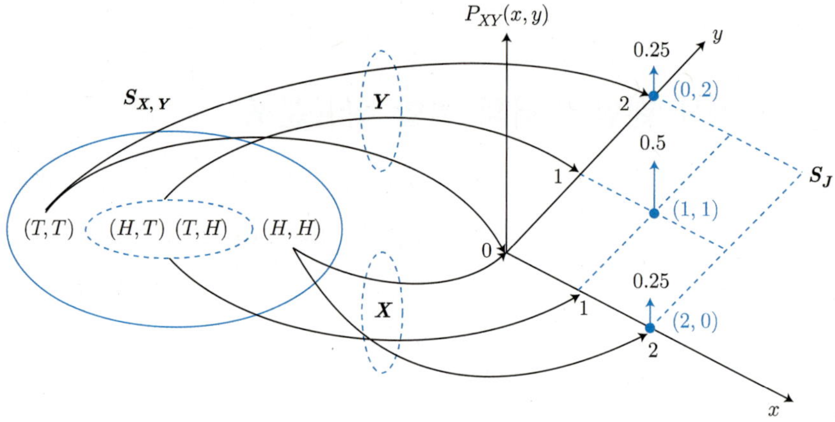

[그림 4-1] 표본공간 S, 결합 표본공간 $S_{X,Y}$, 결합 확률분포 $P_{XY}(x,y)$

▪ 결합 표본공간

xy-평면상에 새롭게 형성된 표본공간 $\boldsymbol{S_{X,Y}}$ 를 **결합 표본공간**joint sample space 혹은 **2차원 벡터 공간**two dimensional vector space이라고 한다. 이때 벡터 공간의 원소는 이산 랜덤 변수 $\boldsymbol{X}$와 $\boldsymbol{Y}$의 값으로 구성된다. [그림 4-1]에서 결합 공간 $\boldsymbol{S_{X,Y}}$ 를 이루는 원소는 $\{(2,0),(1,1),(0,2)\}$의 세 원소로, 이들의 결합 확률은 각각 0.25, 0.5, 0.25가 된다.

다음 세 가지 사건 A, B, C를 생각해보자.

$$A = \{X \le x_i\} \tag{4.4}$$

$$B = \{Y \le y_i\} \tag{4.5}$$

$$C = A \cap B = \{X \le x_i \ and \ \ Y \le y_i\} \tag{4.6}$$

사건 A와 사건 B는 표본공간 $\boldsymbol{S_X}$, $\boldsymbol{S_Y}$에서 정의된 사건이고, 사건 C는 결합 표본공간 $\boldsymbol{S_{X,Y}}$에서 정의된 사건이다. $\boldsymbol{X}$와 $\boldsymbol{Y}$에 대한 누적분포가 $F_X(x_i) = P(A) = P\{X \le x_i\}$, $F_Y(y_i) = P(B) = P\{Y \le y_i\}$로 정의되듯, 두 랜덤 변수 $\boldsymbol{X}$와 $\boldsymbol{Y}$에 대한 **결합 누적분포 함수**는

$$F_{XY}(x_i, y_i) = P(A \cap B) = P\{X \le x_i, Y \le y_i\} \tag{4.7}$$

로 정의된다. [그림 4-2]는 [그림 4-1]의 $P_{XY}(x_i,\ y_i)$에 대한 결합 누적분포 함수를 나타낸 것이다.

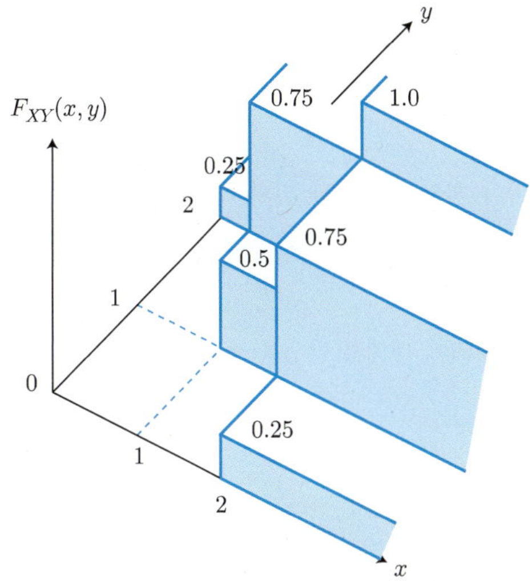

[그림 4-2] [그림 4-1]에 대한 결합 누적분포

일반적으로 두 이산 랜덤 변수 $\boldsymbol{X}$와 $\boldsymbol{Y}$가 식 (4.8)과 같이 각각 M개, N개의 값을 가질 경우, 결합 표본공간 $\boldsymbol{S_{X,Y}}$는 식 (4.9)와 같이 최대 $M \times N$개의 값을 가진다.

$$\boldsymbol{S_X} = \{x_1, x_2, \cdots, x_M\},\ \ \boldsymbol{S_Y} = \{y_1, y_2, \cdots, y_N\} \tag{4.8}$$

$$\boldsymbol{S_{X,Y}} = \{(x_i, y_j) : i = 1, 2, \cdots, M,\ j = 1, 2, \cdots, N\} \tag{4.9}$$

한편 단일 랜덤 변수 $\boldsymbol{X}$에 대해 발생 확률 $P_{\boldsymbol{X}}(x_i) = P_{\boldsymbol{X}}(X = x_i)$가 정의되었듯, 다중 랜덤 변수에 대한 **결합 확률**은 식 (4.10)과 같이 정의될 수 있다.

$$P_{\boldsymbol{X,Y}}(x_i, y_j) = P_{\boldsymbol{X,Y}}(X = x_i,\ Y = y_j), \quad i = 1, 2, \cdots, M,\ j = 1, 2, \cdots, N \tag{4.10}$$

예제 4-1 두 랜덤 변수의 결합 확률

정육면체 주사위를 연속하여 두 번 던지는 실험이 있다. 두 랜덤 변수 $\boldsymbol{X}$와 $\boldsymbol{Y}$를 $\boldsymbol{X}=|m-n|$ 및 $\boldsymbol{Y}=m+n$으로 정의할 때, 다음 물음에 답하라. 단, m은 첫 번째 주사위 점의 개수, n은 두 번째 주사위 점의 개수다.

(a) $\boldsymbol{X}$의 공간 $\boldsymbol{S_X}$를 구하고, 각 원소의 확률을 구하라.

(b) $\boldsymbol{Y}$의 공간 $\boldsymbol{S_Y}$를 구하고, 각 원소의 확률을 구하라.

(c) $\boldsymbol{X}$와 $\boldsymbol{Y}$의 결합 확률을 모두 구하라.

풀이

(a) $\boldsymbol{S_X}=\{0,1,2,3,4,5\}$

랜덤 변수 $\boldsymbol{X}$의 값이 $x=|m-n|=0$인 경우는 $m=n$이어야 하므로 다음과 같이 6가지다.

$$\{(m,n):(1,1),(2,2),(3,3),(4,4),(5,5),(6,6)\}$$

따라서 $P(x=0)=\frac{6}{36}$이고, 같은 방법으로 나머지 $x=1,2,3,4,5$에 대해서 발생 확률을 구하면 다음과 같다.

$$P(X=x)=\left\{\frac{6}{36},\frac{10}{36},\frac{8}{36},\frac{6}{36},\frac{4}{36},\frac{2}{36}\right\}$$

(b) $\boldsymbol{S_Y}=\{2,3,4,5,6,7,8,9,10,11,12\}$

랜덤 변수 $\boldsymbol{Y}$의 값이 $y=m+n=2$인 경우는 $\{(m,n):(1,1)\}$ 한 가지밖에 없으므로 발생 확률 $P(Y=2)=\frac{1}{36}$이고, $y=3$인 경우는 $\{(m,n):(1,2),(2,1)\}$ 두 가지이므로 발생 확률 $P(Y=3)=\frac{2}{36}$임을 알 수 있다. 같은 방법으로 나머지 y값에 대해서도 발생 확률을 구하면 다음과 같다.

$$P(Y=y)=\left\{\frac{1}{36},\frac{2}{36},\frac{3}{36},\frac{4}{36},\frac{5}{36},\frac{6}{36},\frac{5}{36},\frac{4}{36},\frac{3}{36},\frac{2}{36},\frac{1}{36}\right\}$$

(c) $\boldsymbol{S_{XY}}=\{(x_i,y_i):(0,2),(0,4),(0,6),(0,8),(0,10),(0,12),(1,3),(1,5),(1,7),(1,9),(1,11),$
$(2,4),(2,6),(2,8),(2,10),(3,5),(3,7),(3,9),(4,6),(4,8),(5,7)\}$

결합 확률 $P_{XY}(x,y)$는 $x=0$인 경우 $m=n$이어야 하므로 y값은 짝수이고, 각 y값마다 한 가지 경우만 존재한다. 따라서 발생 확률은 $\frac{1}{36}$로 동일하며, 다음과 같은 값을 가진다.

$$P_{XY}(0,2)=P_{XY}(0,4)=P_{XY}(0,6)=P_{XY}(0,8)=P_{XY}(0,10)=P_{XY}(0,12)=1/36$$

같은 방법으로 나머지 경우에 대해 구하면 모두 $\frac{2}{36}$값을 가진다는 것을 알 수 있다. [그림 4-3]은 랜덤 변수 $\boldsymbol{X}$와 $\boldsymbol{Y}$의 결합 확률분포 $P_{XY}(x,y)$를 그린 것이다.

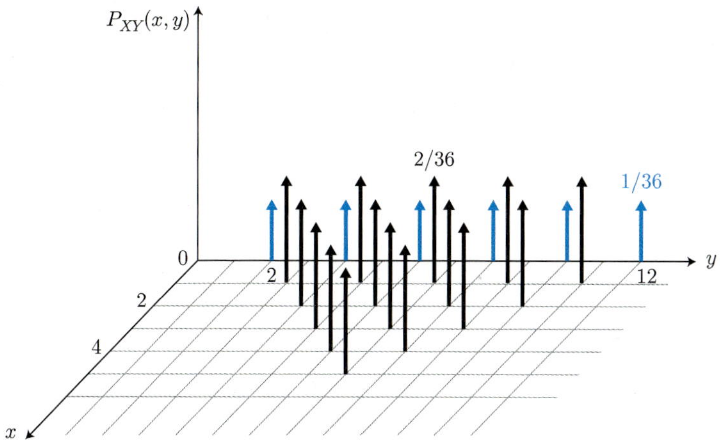

[그림 4-3] [예제 4-1]의 결합 확률분포

4.1.2 연속 랜덤 벡터의 결합 확률분포

다중 연속 랜덤 변수에 대해서도 동일한 확률 개념을 적용할 수 있다. [그림 4-4]와 같은 사격 표지의 총알 자국에 대해 수평축과 수직축으로 대응시킨 값을 각각 랜덤 변수 $\boldsymbol{X}$와 $\boldsymbol{Y}$로 정의해보자. $\boldsymbol{X}$와 $\boldsymbol{Y}$의 값 x와 y는 연속값이며, 랜덤 변수 $\boldsymbol{X}$와 $\boldsymbol{Y}$는 하나의 표본값 s로부터 대응되어 발생된 두 개의 연속 랜덤 변수다.

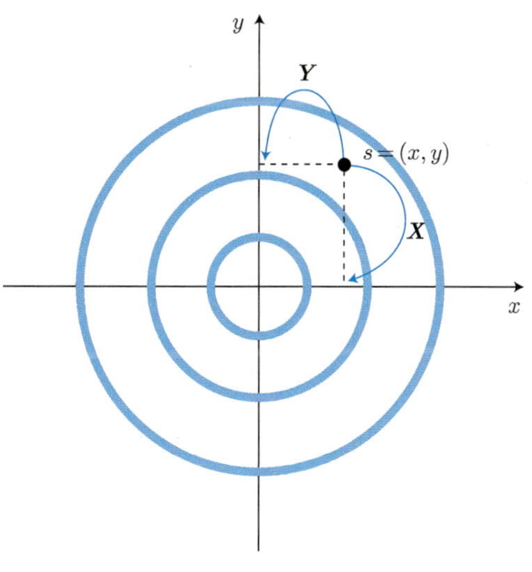

[그림 4-4] 하나의 표본값으로부터 대응되는 다중 연속 랜덤 변수

이산 랜덤 벡터와 마찬가지로 연속 랜덤 벡터 $(\boldsymbol{X}\ \boldsymbol{Y})^T$는 식 (4.11)과 같이 나타낼 수 있고

$$(\boldsymbol{X}\ \boldsymbol{Y})^T = \begin{pmatrix} X \\ Y \end{pmatrix} = \begin{pmatrix} x \\ y \end{pmatrix} \tag{4.11}$$

이때 두 연속 랜덤 변수 $\boldsymbol{X}$와 $\boldsymbol{Y}$는 서로 결합 분포되었다고 한다. 단일 랜덤 변수와 마찬가지로 두 연속 랜덤 변수 $\boldsymbol{X}$와 $\boldsymbol{Y}$의 **결합 누적 확률분포**는 식 (4.12)와 같이 정의한다.

$$F_{\boldsymbol{X},\boldsymbol{Y}}(x,y) = P(X \leq x, Y \leq y) \tag{4.12}$$

식 (3.18)과 같이 $F_{\boldsymbol{X},\boldsymbol{Y}}(x,y)$에 대해 서로 x와 y로 미분을 하면 **결합 확률밀도 함수** $p_{\boldsymbol{X},\boldsymbol{Y}}(x,y)$를 얻을 수 있고, 이를 식 (4.13)과 같이 표현할 수 있다.

$$p_{\boldsymbol{X},\boldsymbol{Y}}(x,y) = \frac{\partial^2}{\partial x\,\partial y} F_{\boldsymbol{X},\boldsymbol{Y}}(x,y) \tag{4.13}$$

두 연속 랜덤 변수 $\boldsymbol{X}$와 $\boldsymbol{Y}$에 대한 결합 확률밀도 함수가 어떤 의미를 가지는지 자세히 살펴보자. 우선 식 (4.13)에서 편미분 정의를 이용하면 식 (4.14)와 같이 표현할 수 있다.

$$p_{\boldsymbol{X},\boldsymbol{Y}}(x,y) = \lim_{\substack{\Delta x \to 0 \\ \Delta y \to 0}} \left[\frac{F_{\boldsymbol{X},\boldsymbol{Y}}(x+\Delta x, y+\Delta y) - F_{\boldsymbol{X},\boldsymbol{Y}}(x, y+\Delta y) - F_{\boldsymbol{X},\boldsymbol{Y}}(x+\Delta x, y) + F_{\boldsymbol{X},\boldsymbol{Y}}(x,y)}{\Delta x\,\Delta y} \right] \tag{4.14}$$

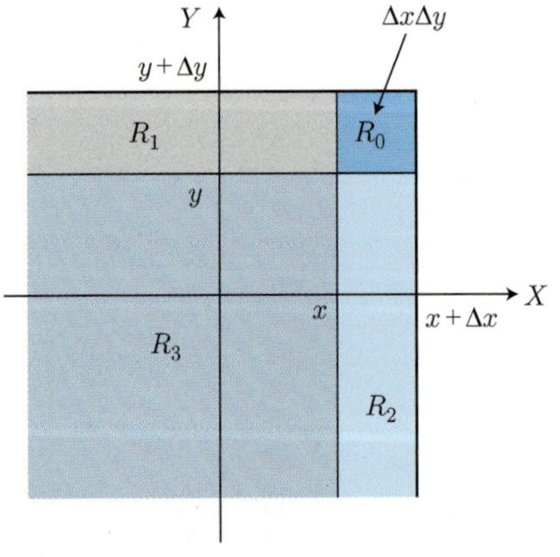

[그림 4-5] 결합 누적 확률분포의 영역

[그림 4-5]를 통해, 식 (4.14)의 분자식이 갖는 의미를 살펴볼 수 있다. 우선 $F_{\boldsymbol{XY}}(x+\Delta x, y+\Delta y)$는 검은 선으로 둘러싸인 전체 영역에서 랜덤 변수 $\boldsymbol{X}$와 $\boldsymbol{Y}$가 발생할 확률이고, $F_{\boldsymbol{XY}}(x, y+\Delta y)$와 $F_{\boldsymbol{XY}}(x+\Delta x, y)$는 각각 R_1과 R_2 영역에서 랜덤 변수 $\boldsymbol{X}$와 $\boldsymbol{Y}$가 발생할 확률이다. $F_{\boldsymbol{XY}}(x,y)$는 영역 R_3에서 랜덤 변수 $\boldsymbol{X}$와 $\boldsymbol{Y}$가 발생할 확률이므로, 분자식은 영역 R_0에서 두 연속 랜덤 변수 $\boldsymbol{X}$와 $\boldsymbol{Y}$가 발생할 확률이다. 따라서 식 (4.14)는 식 (4.15)와 같이 나타낼 수 있고,

$$p_{\boldsymbol{X},\boldsymbol{Y}}(x,y) = \lim_{\substack{\Delta x \to 0 \\ \Delta y \to 0}} \left[\frac{P(x < X \le x + \Delta x, y < Y \le y + \Delta y)}{\Delta x \, \Delta y} \right] \tag{4.15}$$

식 (4.15)의 우측 항은 점 $(x,y) = \{R_0 : \Delta x \to 0, \Delta y \to 0\}$에서의 결합 확률밀도 함수 $p_{\boldsymbol{XY}}(x,y)$가 된다. 단일 랜덤 변수와 마찬가지로(식 (3.20) 참조) 구간 (x_1, x_2), (y_1, y_2)에서 두 연속 랜덤 변수 $\boldsymbol{X}$와 $\boldsymbol{Y}$가 발생할 확률은 식 (4.16)과 같다. 이 식은 결합 확률밀도 함수 $p_{\boldsymbol{XY}}(x,y)$를 이용하여 표현한 것이다.

$$P(x_1 < X \le x_2, y_1 < Y \le y_2) = \int_{y_1}^{y_2} \int_{x_1}^{x_2} p_{\boldsymbol{XY}}(x,y) dx \, dy \tag{4.16}$$

[그림 4-6]은 미소면적 $dx \, dy$에서 $\boldsymbol{X}$와 $\boldsymbol{Y}$가 발생할 확률 $p_{\boldsymbol{XY}}(x,y) dx \, dy$를 나타낸 것으로, 미소체적이 된다. 확장된 영역$(x_1 < X \le x_2, y_1 < Y \le y_2)$에서 $\boldsymbol{X}$와 $\boldsymbol{Y}$가 발생할 확률은 식 (4.16)과 같이 확장된 영역을 이중 적분하여 얻을 수 있다. 전체 확률은 1이므로 식 (4.17)이 성립한다.

$$\int_{-\infty}^{\infty} \int_{-\infty}^{\infty} p_{\boldsymbol{XY}}(x,y) dx dy = 1 \tag{4.17}$$

이와 같은 결과는 N개의 다중 랜덤 변수 $\boldsymbol{X}_1, \boldsymbol{X}_2, \cdots, \boldsymbol{X}_N$에 대해서도 동일하게 확장하여 적용할 수 있으므로, 식 (4.18)과 식 (4.19)가 성립함을 알 수 있다.

$$\begin{aligned} &P(x_{11} < X_1 \le x_{12}, \cdots, x_{N1} < X_N \le x_{N2}) \\ &= \int_{x_{11}}^{x_{12}} \cdots \int_{x_{N1}}^{x_{N2}} p_{X_1 X_2 \cdots X_N}(x_1, x_2, \cdots, x_N) \, dx_1 dx_2 \cdots dx_N \end{aligned} \tag{4.18}$$

$$\int_{-\infty}^{\infty} \cdots \int_{-\infty}^{\infty} p_{X_1 \cdots X_N}(x_1, \cdots, x_N) \, dx_1 \cdots dx_N = 1 \tag{4.19}$$

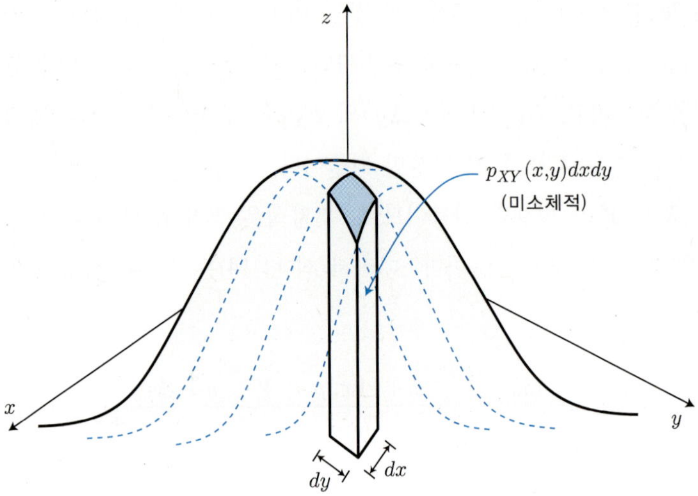

[그림 4-6] 확률밀도 함수의 개념도

예제 4-2 연속 다중 랜덤 변수의 결합 확률분포

[그림 4-7]과 같이 반경이 1인 원 안의 임의의 점 s에 대해, 두 랜덤 변수 $\boldsymbol{R}$과 $\boldsymbol{\Theta}$가 다음과 같이 정의된다고 할 때, 물음에 답하라.

$$r = \sqrt{x^2+y^2}, \quad \theta = \tan^{-1}\left(\frac{y}{x}\right)$$

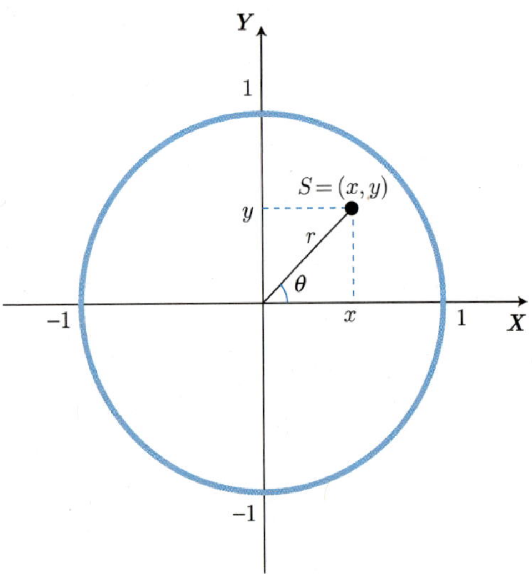

[그림 4-7] 원 내의 두 랜덤 변수 r, θ

(a) 결합 표본공간 $\boldsymbol{S_{R\Theta}}$를 구하라.

(b) 결합 확률밀도 함수가 균일할 경우, $p_{R\Theta}(r,\theta)$를 구하라.

(c) $P\left\{\frac{3}{4} < r \leq 1, 0 \leq \theta \leq 2\pi\right\}$를 구하라.

풀이

(a) $\boldsymbol{S_{R\Theta}} = \{(r,\theta) : 0 \leq r \leq 1, 0 \leq \theta \leq 2\pi\}$

(b) 전체 확률은 1이고 r, θ에 대한 미소면적은 $rdrd\theta$([그림 4-20] 참조)이므로

$$\int_0^{2\pi}\int_0^1 p_{R\Theta}(r,\theta)\, r\,dr\,d\theta = \pi\, p_{R\Theta}(r,\theta) = 1$$

$\therefore\ p_{R\Theta}(r,\theta) = 1/\pi$

(c) $P\left\{\frac{3}{4} < r \leq 1, 0 \leq \theta \leq 2\pi\right\} = \int_0^{2\pi}\int_{3/4}^1 p_{R\Theta}(r,\theta)\, r\,dr\,d\theta = \frac{1}{\pi}\int_0^{2\pi}\int_{3/4}^1 r\,dr\,d\theta = \frac{7}{16}$

랜덤 변수 X, Y가 이산 랜덤 변수일 경우에는 결합 누적 확률분포가 [그림 4-2]와 같이 계단 형태를 보인다. 그러므로 결합 확률밀도 함수는 [그림 4-1]과 같이 불연속점에 임펄스 함수를 이용해 표현될 수 있다. 이산 랜덤 변수 $\boldsymbol{X}$가 갖는 값이 N개이고 이산 랜덤 변수 $\boldsymbol{Y}$가 갖는 값이 M개일 경우 결합 확률밀도 함수 $p_{XY}(x,y)$를 임펄스 함수를 이용해 나타내면 식 (4.20)과 같다. 즉, 이산 랜덤 변수의 어느 한 점에 대한 확률밀도 함수는 그 점에서의 확률값과 같다는 것을 알 수 있다.

$$p_{XY}(x,y) = \sum_{n=1}^{N}\sum_{m=1}^{M} P(x_n, y_m)\,\delta(x - x_n)\,\delta(y - y_m) \tag{4.20}$$

한편 랜덤 변수 $\boldsymbol{X}$가 $x_1 < X \leq x_2$ 사이에서, 랜덤 변수 $\boldsymbol{Y}$가 $y_1 < Y \leq y_2$ 사이에서 발생할 확률은 식 (4.21)과 같으므로 식 (4.22)도 성립한다.

$$P(x_1 < X \leq x_2, y_1 < Y \leq y_2) = \int_{x_1}^{x_2}\int_{y_1}^{y_2} p_{XY}(x,y)\,dx\,dy \tag{4.21}$$

$$\begin{aligned} &P(-\infty < X < \infty, -\infty < Y < \infty) \\ &= \int_{-\infty}^{\infty}\int_{-\infty}^{\infty} p_{XY}(x,y)\,dx\,dy \\ &= \int_{-\infty}^{\infty}\int_{-\infty}^{\infty}\sum_{n=1}^{N}\sum_{m=1}^{M} P(x_n, y_m)\,\delta(x - x_n)\,\delta(y - y_m)\,dx\,dy \\ &= \sum_{n=1}^{N}\sum_{m=1}^{M} P(x_n, y_m) = 1 \end{aligned} \tag{4.22}$$

4.2 부분 확률밀도와 조건 확률밀도

4.2.1 부분 확률밀도

[표 4-1]과 같은 결합 확률밀도 함수를 갖는 두 이산 랜덤 변수 $\boldsymbol{X}$와 $\boldsymbol{Y}$를 가정해보자. 랜덤 변수 $\boldsymbol{Y}$값에 관계없이 랜덤 변수 $\boldsymbol{X}$값이 3일 확률은, 식 (4.23)과 같이 결합 확률밀도 함수 $P_{XY}(x,y)$로부터 쉽게 구할 수 있다.

$$\begin{aligned} & P_X(x=3) \\ &\quad = P_{XY}(x=3, y=1) + P_{XY}(x=3, y=2) + P_{XY}(x=3, y=3) \\ &\qquad + P_{XY}(x=3, y=4) \\ &\quad = \sum_{j=1}^{4} P_{XY}(x=3,\ y=j) \\ &\quad = \frac{1}{32} + \frac{1}{32} + \frac{1}{16} + 0 = \frac{1}{8} \end{aligned} \tag{4.23}$$

마찬가지로 랜덤 변수 $\boldsymbol{X}$값에 관계없이 랜덤 변수 $\boldsymbol{Y}$값이 2일 확률은 식 (4.24)와 같다.

$$\begin{aligned} & P_X(y=2) \\ &\quad = P_{XY}(x=1, y=2) + P_{XY}(x=2, y=2) + P_{XY}(x=3, y=2) \\ &\qquad + P_{XY}(x=4, y=2) \\ &\quad = \sum_{i=1}^{4} P_{XY}(x=i,\ y=2) \\ &\quad = \frac{1}{16} + \frac{1}{8} + \frac{1}{32} + \frac{1}{32} = \frac{1}{4} \end{aligned} \tag{4.24}$$

나머지 값에 대해 $\boldsymbol{X}$ 혹은 $\boldsymbol{Y}$만의 확률을 계산해보면 [표 4-2]와 같다. 이때 두 이산 랜덤 변수 $\boldsymbol{X}$와 $\boldsymbol{Y}$의 결합 확률 $P_{XY}(x,y)$로부터 얻은 $P_X(x)$를 랜덤 변수 $\boldsymbol{X}$의 **부분 확률**marginal probability이라고 하고, $P_Y(y)$를 랜덤 변수 $\boldsymbol{Y}$의 부분 확률이라고 한다. 부분margin이라는 용어는 [표 4-2]에서 볼 수 있듯이, 표의 가

▪ 부분 확률

장자리(회색 부분)에 표시된다는 의미에서 붙여진 것이다. 한편 식 (4.23)과 식 (4.24)로부터 랜덤 변수 $\boldsymbol{X}$와 $\boldsymbol{Y}$에 대한 부분 확률의 일반식은 식 (4.25) 및 식 (4.26)과 같이 표현된다.

[표 4-1] **두 랜덤 변수의 결합 확률**

$P_{XY}(x,y)$		x			
		1	2	3	4
y	1	1/8	1/16	1/32	1/32
	2	1/16	1/8	1/32	1/32
	3	1/16	1/16	1/16	1/16
	4	1/4	0	0	0

[표 4-2] **두 랜덤 변수의 부분 확률**

$P_{XY}(x,y)$		x				$P_Y(y)$
		1	2	3	4	
y	1	1/8	1/16	1/32	1/32	1/4
	2	1/16	1/8	1/32	1/32	1/4
	3	1/16	1/16	1/16	1/16	1/4
	4	1/4	0	0	0	1/4
$P_X(x)$		1/2	1/4	1/8	1/8	1

$$P_X(x_i) = \sum_j P_{XY}(x_i\,,\,y_j) \tag{4.25}$$

$$P_Y(y_j) = \sum_i P_{XY}(x_i\,,\,y_j) \tag{4.26}$$

N개의 이산 랜덤 변수 $\boldsymbol{X}_1, \cdots, \boldsymbol{X}_N$에 대해서도 식 (4.23)과 식 (4.24)의 부분 확률 개념을 확대하여 적용할 수 있다. $k < N$개의 랜덤 변수에 대한 결합 확률은 $(N-k)$개의 나머지 랜덤 변수에 대해 결합 확률 $P_{X_1 \cdots X_N}(x_1, \cdots, x_N)$의 합을 취함으로써, 식 (4.27)과 같이 얻을 수 있다. 이 식은 다중 랜덤 변수 $\boldsymbol{X}_1, \cdots, \boldsymbol{X}_k$의 부분 확률이라고 할 수 있다.

$$P_{X_1 \cdots X_k}(x_1, \cdots, x_k) = \sum_{k+1} \cdots \sum_{N} P_{X_1 \cdots X_N}(x_1, \cdots, x_N) \tag{4.27}$$

이제 두 연속 랜덤 변수 $\boldsymbol{X}$와 $\boldsymbol{Y}$의 부분 확률 개념에 대해 살펴보자. 연속 랜덤 변수의 경우, 한 점에 대한 확률을 정의할 수 없으므로 구간 $(x, x+\Delta x)$에서 랜덤 변수 $\boldsymbol{X}$가 발생할 확률을 $\boldsymbol{X}$와 $\boldsymbol{Y}$의 결합 확률밀도 함수 $p_{XY}(x,y)$를 이용해 나타낼 것이다. 단, Δx는 미소간격이다. 랜덤 변수 $\boldsymbol{Y}$의 구간과는 무관해야 하므로

$$\begin{aligned}\lim_{\Delta x \to 0} p_X(x)\,\Delta x &= P(x < X \le x+\Delta x,\ -\infty < Y < \infty)\\ &= \lim_{\Delta x \to 0} \int_x^{x+\Delta x} \int_{-\infty}^{\infty} p_{XY}(x,y)\,dy\,dx \qquad (4.28)\\ &= \lim_{\Delta x \to 0} \int_x^{x+\Delta x} \left[\int_{-\infty}^{\infty} p_{XY}(x,y)\,dy\right] dx\end{aligned}$$

■ [·] 표시는 앞의 [ ] 부분의 수식 전체를 가리킨다.

로 쓸 수 있는데 식 (4.28)의 [·]은 x의 함수이므로, $\Delta x \to 0$일 때 $x < X < x + \Delta x$ 구간에서 상수로 생각할 수 있다. 따라서

$$\begin{aligned}\lim_{\Delta x \to 0} p_X(x)\,\Delta x &= \left[\int_{-\infty}^{\infty} p_{XY}(x,y)\,dy\right] \lim_{\Delta x \to 0} \int_x^{x+\Delta x} dx \qquad (4.29)\\ &= \lim_{\Delta x \to 0} \Delta x \left[\int_{-\infty}^{\infty} p_{XY}(x,y)dy\right]\end{aligned}$$

이므로 식 (4.30)이 성립한다.

$$p_X(x) = \int_{-\infty}^{\infty} p_{XY}(x,y)dy \qquad (4.30)$$

랜덤 변수 $\boldsymbol{Y}$에 대한 확률밀도 함수 $p_Y(y)$도 결합 확률밀도 함수로부터 식 (4.31)과 같이 얻을 수 있다.

$$p_Y(y) = \int_{-\infty}^{\infty} p_{XY}(x,y)\,dx \qquad (4.31)$$

■ 부분 확률밀도 함수

결합 확률밀도 함수 $p_{XY}(x,y)$로부터 식 (4.30), 식 (4.31)과 같이 얻은 연속 랜덤 변수 $\boldsymbol{X}$ 혹은 $\boldsymbol{Y}$만의 확률밀도 함수를 **부분 확률밀도 함수**marginal probability density function라고 한다. 이와 같은 연속 랜덤 변수의 부분 확률밀도 함수식은 식 (4.23), 식 (4.24)와 같은 이산 랜덤 변수의 부분 확률식에서도 쉽게 유추할 수 있다. 전체 확률은 항상 1이므로 식 (4.30)과 식 (4.31)로부터 식 (4.32)와 식 (4.33)이 성립함을 알 수 있다.

$$\int_{-\infty}^{\infty}[p_X(x)]dx = \int_{-\infty}^{\infty}\left[\int_{-\infty}^{\infty} p_{XY}(x,y)\,dy\right]dx = 1 \tag{4.32}$$

$$\int_{-\infty}^{\infty}[p_Y(y)]\,dy = \int_{-\infty}^{\infty}\left[\int_{-\infty}^{\infty} p_{XY}(x,y)\,dx\right]dy = 1 \tag{4.33}$$

한편 N개의 연속 랜덤 변수 $\boldsymbol{X}_1, \cdots, \boldsymbol{X}_N$에 대해서도 식 (4.30)과 식 (4.31)의 부분 확률밀도를 확대하여 적용할 수 있다. $k < N$개의 연속 랜덤 변수에 대한 결합 확률밀도 함수는 $(N-k)$개의 나머지 랜덤 변수에 대한 결합 확률밀도 함수 $p_{X_1 \cdots X_N}(x_1, \cdots, x_N)$의 적분을 취함으로써 식 (4.34)와 같이 얻을 수 있다. 이 식은 k개의 연속 랜덤 변수에 대한 부분 확률밀도 함수다.

$$p_{X_1 \cdots X_k}(x_1, \cdots, x_k) = \int_{-\infty}^{\infty} \cdots \int_{-\infty}^{\infty} p_{X_1 \cdots X_N}(x_1, \cdots, x_N)\, dx_{k+1} \cdots\, dx_N \tag{4.34}$$

예제 4-3 두 연속 랜덤 변수의 결합 확률밀도와 부분 밀도

두 랜덤 변수 X, Y의 결합 확률밀도 함수가 다음과 같다.

$$p_{XY}(x,y) = \begin{cases} bx(1-y) & 0 < x < 0.5,\ 0 < y < 1 \\ 0 & elsewhere \end{cases}$$

(a) 상수 b값을 구하라.
(b) 부분 확률밀도 $p_X(x)$와 $p_Y(y)$를 구하라.

풀이

(a)

$$\begin{aligned}\int_{-\infty}^{\infty}\int_{-\infty}^{\infty} p_{XY}(x,y)dxdy &= 1 \\ &= \int_0^1\int_0^{0.5} bx(1-y)dxdy \\ &= b\int_0^1 (1-y)\left[\frac{1}{2}x^2\right]_0^{0.5} dy \\ &= \frac{b}{16}\end{aligned}$$

$\therefore\ b = 16,\ p_{XY}(x,y) = 16x(1-y)$

(b)

$$\begin{aligned}p_X(x) &= \int_{-\infty}^{\infty} p_{XY}(x,y)dy \\ &= \int_0^1 16x(1-y)dy = \frac{1}{8}x\end{aligned}$$

$$p_Y(y) = \int_0^{0.5} 16x(1-y)dx$$
$$= 2(1-y)$$

예제 4-4 두 연속 랜덤 변수의 결합 확률밀도와 독립 조건

두 랜덤 변수 $\boldsymbol{X}$와 $\boldsymbol{Y}$의 결합 확률밀도 함수가 다음과 같을 때, 물음에 답하라.

$$p_{XY}(x,y) = \begin{cases} \dfrac{1}{ab} & 0 < x \le a,\ 0 < y \le b \\ 0 & elsewhere \end{cases}$$

(a) 랜덤 변수 $\boldsymbol{X}$와 $\boldsymbol{Y}$의 부분 확률밀도 함수를 각각 구하라.
(b) $p_{XY}(x,y) = p_X(x)\,p_Y(y)$ 임을 보여라.

풀이

(a)

$$p_X(x) = \int_{-\infty}^{\infty} p_{XY}(x,y)dy = \int_0^b \left(\frac{1}{ab}\right)dy = \frac{1}{a}$$
$$p_Y(y) = \int_{-\infty}^{\infty} p_{XY}(x,y)dx = \int_0^a \left(\frac{1}{ab}\right)dy = \frac{1}{b}$$

(b) (a)의 풀이로부터 $p_{XY}(x,y) = p_X(x)\,p_Y(y)$ 임을 알 수 있다. 이러한 경우 두 랜덤 변수 $\boldsymbol{X}$와 $\boldsymbol{Y}$는 서로 독립이다.

4.2.2 조건 확률밀도

2장의 2.4절에서 두 사건 A, B에 대한 **조건 확률**conditional probability을 설명한 바 있다. 예를 들어 [그림 4-8]과 같은 사건 A, B의 결합 관계를 가정할 경우, 사건 A가 발생했다는 조건하에 사건 B가 발생할 확률은 식 (4.35)와 같다.

$$P(B|A) = \frac{P(A \cap B)}{P(A)}, \quad P(A) \neq 0 \tag{4.35}$$

식 (4.35)에서 이미 사건 A가 발생했다는 조건이 있으므로, 사건 B의 발생은 결합 사건 $(A \cap B)$가 될 수밖에 없다. 따라서 전체 표본공간은 사건 A가 되고, 사건 B에 대한 표본공간은 $(A \cap B)$가 되어 식 (4.35)가 성립한다.

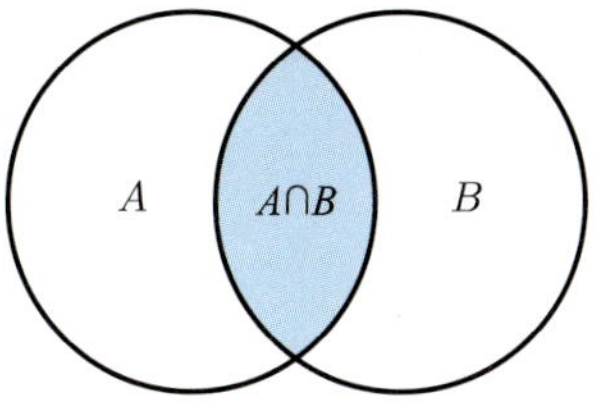

[그림 4-8] 두 사건 A, B의 결합 관계

이와 같은 조건 확률 개념은 두 이산 랜덤 변수 $\boldsymbol{X}$와 $\boldsymbol{Y}$에 대해서도 식 (4.36)과 같이 동일하게 적용할 수 있다.

$$P_{Y|X}(Y=y_j\,|X=x_i)=\frac{P_{XY}(y_j,x_i)}{P_X(x_i)},\quad j=1,2,\cdots \text{이고 } P_X(x_i)\neq 0 \tag{4.36}$$

식 (4.36)에서 확률은 이산 랜덤 변수 $\boldsymbol{Y}$의 발생 확률을 말하는 것이다. 하지만 랜덤 변수 $\boldsymbol{X}$값이 특정값 x_i라는 조건이 전제되어 있으므로, 랜덤 변수 $\boldsymbol{Y}$는 결합 사건 $\{(y_j, x_i): j=1,2,\cdots\}$에 해당하는 y_j값만 유효하다.

[예제 4-1]을 다시 살펴보자. [그림 4-9]는 주사위 두 개를 던졌을 때 $\boldsymbol{X}=|m-n|$ 및 $\boldsymbol{Y}=m+n$로 정의되는 두 이산 랜덤 변수 $\boldsymbol{X}$와 $\boldsymbol{Y}$의 결합 확률분포를 다시 나타낸 것이다. 여기에서 m은 첫 번째 주사위 점의 개수, n은 두 번째 주사위 점의 개수다.

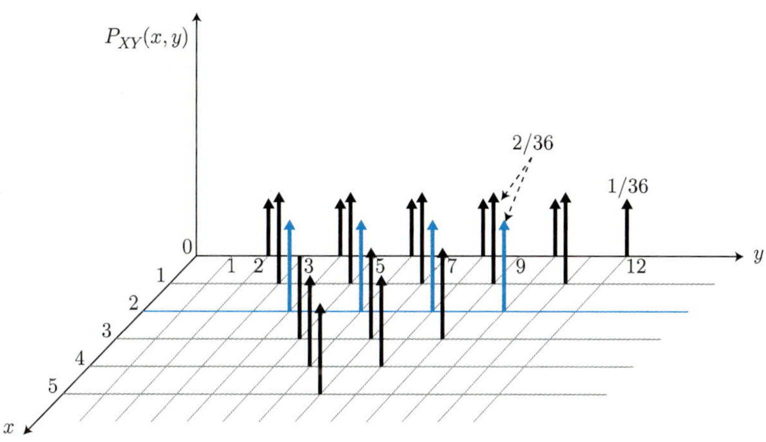

[그림 4-9] 조건 확률 개념을 위한 결합 확률분포

$\boldsymbol{X}$의 값이 $x_i=2$일 때 랜덤 변수 $\boldsymbol{Y}$의 조건 확률은 식 (4.37)과 같으며 $x_i=2$로 미리 정해져 있으므로, [그림 4-9]의 컬러로 표현된 선상에 위치한 결합 확

률만이 유효하다.

$$P_{Y|X}(y_j\,|\,x_i=2)=\frac{P(y_j,x_i=2)}{P(x_i=2)},\quad j=1,2,\cdots \tag{4.37}$$

예를 들어 조건 확률 $P_{Y|X}(y_j=4\,|\,x_i=2)$를 구해보자. $x_i=2$일 때 랜덤 변수 $\boldsymbol{Y}$가 가질 수 있는 값은 4, 6, 8, 10이므로 결합 사건은 네 가지 경우 $\{(x_i=2,y_j):(2,4),(2,6),(2,8),(2,10)\}$가 된다. 그리고 결합 확률은 [그림 4-9]의 컬러로 표시한 확률값 $\frac{2}{36}$가 된다. 부분 확률 $P_X(x_i=2)$는 식 (4.25)로부터 식 (4.38)과 같이 구할 수 있다.

$$\begin{aligned}P_X(x_i=2)&=\sum_j P_{XY}(x_i=2,y_j)\\&=P_{XY}(x_i=2,\,y_j=4)+P_{XY}(x_i=2,\,y_j=6)\\&\quad+P_{XY}(x_i=2,\,y_j=8)+P_{XY}(x_i=2,\,y_j=10)\\&=\frac{8}{36}\end{aligned}\tag{4.38}$$

이제 $P_{Y|X}(y_j=4,\,x_i=2)=\frac{2}{36}$이므로 $P_{Y|X}(y_j=4\,|\,x_i=2)$는 식 (4.39)처럼 계산됨을 알 수 있다. 마찬가지 방법으로 나머지 3개의 조건 확률에 대해서 계산하면 모두 $\frac{1}{4}$이 된다. 네 가지 조건 확률분포를 [그림 4-10]에 나타냈다.

$$P_{Y|X}(y_j=4|x_i=2)=\frac{P_{XY}(y_j=4,\,x_i=2)}{P(x_i=2)}=\frac{2/36}{8/36}=\frac{1}{4}\tag{4.39}$$

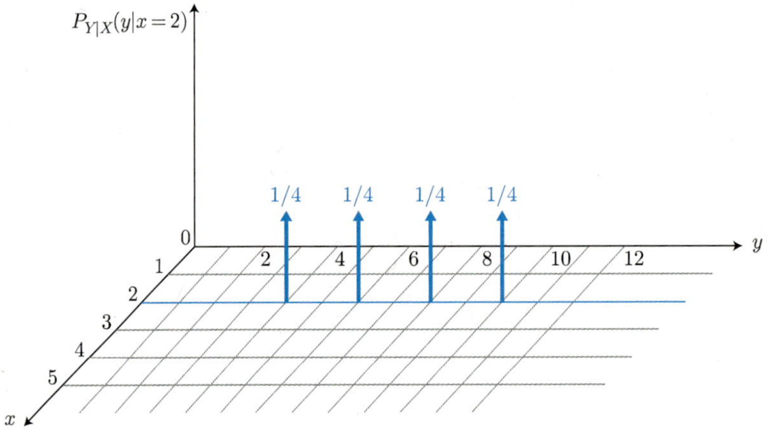

[그림 4-10] 조건 확률에 대한 확률분포

예제 4-5 두 이산 랜덤 변수의 결합 확률분포

두 랜덤 변수 X와 Y가 [그림 4-11]과 같은 결합 확률분포를 가질 때, 조건 확률분포 $P_{X|Y}(x_i | y_j = 1)$을 그림으로 보여라.

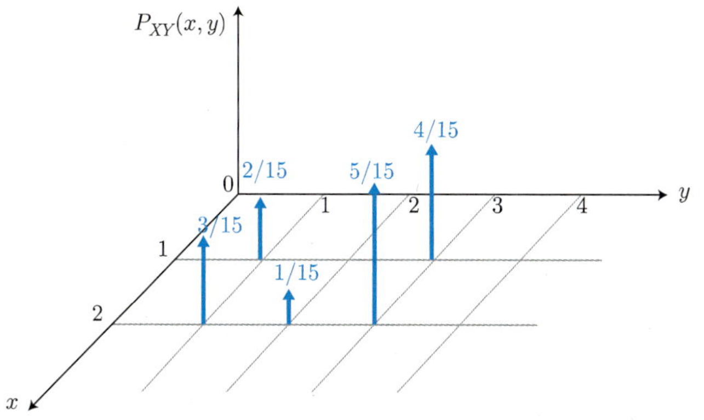

[그림 4-11] 두 이산 랜덤 변수의 결합 확률분포

풀이

우선 부분 확률 $P_Y(y_j = 1)$을 구해보자. 식 (4.23)으로부터

$$P_Y(y_j = 1) = P_{XY}(x_i = 1, y_j = 1) + P_{XY}(x_i = 2, y_j = 1) = \frac{2}{15} + \frac{3}{15} = \frac{5}{15}$$

이므로 $P_{X|Y}(x_i | y_j = 1)$는 다음 식과 같이 구할 수 있다.

$$P_{X|Y}(x_i = 1 | y_j = 1) = \frac{P_{XY}(x_i = 1, y_j = 1)}{P_Y(y_j = 1)} = \frac{2/15}{5/15} = \frac{2}{5}$$

$$P_{X|Y}(x_i = 2 | y_j = 1) = \frac{P_{XY}(x_i = 2, y_j = 1)}{P_Y(y_j = 1)} = \frac{3/15}{5/15} = \frac{3}{5}$$

따라서 조건 확률분포 $P_{X|Y}(x_i | y_j = 1)$는 [그림 4-12]와 같이 나타낼 수 있다.

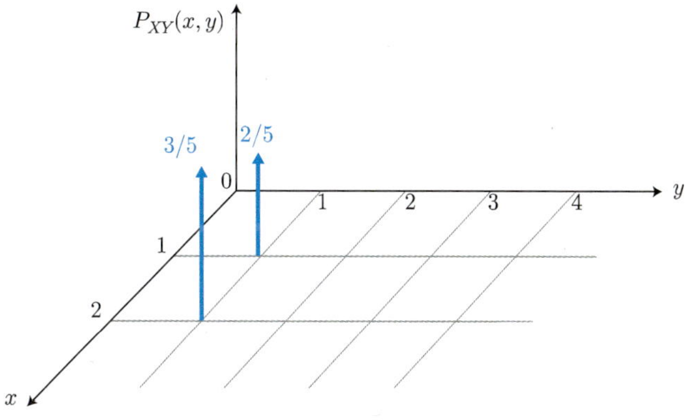

[그림 4-12] 두 이산 랜덤 변수의 조건 확률분포

이제 연속 랜덤 변수에 대한 조건 확률 개념을 살펴보자. 연속 랜덤 변수의 경우 어느 한 점에 대한 확률값은 정할 수 없고, 영역 혹은 구간에 대한 확률을 적용하는 것이 타당하다고 설명하였다. 랜덤 변수 $\boldsymbol{X}$와 $\boldsymbol{Y}$에 대한 사건 A, B가 각각 $A=\{X \le x\}$, $B=\{y < Y \le y+\Delta y\}$로 정의된다면 조건 확률 $P(A|B)$는 식 (4.40)과 같다.

$$\begin{aligned} P(X \le x | y < Y \le y+\Delta y) &= \frac{P(X \le x, y < Y \le y+\Delta y)}{P(y < Y \le y+\Delta y)} \\ &= \frac{\displaystyle\int_{-\infty}^{x}\int_{y}^{y+\Delta y} p_{XY}(x,y)\,dy\,dx}{\displaystyle\int_{y}^{y+\Delta y} p_Y(y)\,dy} \\ &= \frac{\displaystyle\int_{y}^{y+\Delta y}\left[\int_{-\infty}^{x} p_{XY}(x,y)\,dx\right]dy}{\displaystyle\int_{y}^{y+\Delta y} p_Y(y)\,dy} \end{aligned} \tag{4.40}$$

식 (4.40)에서 $\Delta y \to 0$이면, y의 함수인 분자의 $[\,\cdot\,]$은 미소구간$(y, y+\Delta y)$에 대해 상수로 볼 수 있으므로

$$\begin{aligned} &\lim_{\Delta y \to 0} P(X \le x |\, y < Y \le y+\Delta y) \\ &= \lim_{\Delta y \to 0} \frac{\left[\displaystyle\int_{-\infty}^{x} p_{XY}(x,y)\,dx\right]\left(\displaystyle\int_{y}^{y+\Delta y} dy\right)}{p_Y(y)\,\Delta y} \\ &= \lim_{\Delta y \to 0} \frac{\Delta y \displaystyle\int_{-\infty}^{x} p_{XY}(x,y)\,dx}{\Delta y\, p_Y(y)} \end{aligned} \tag{4.41}$$

이다. 또한 $F_{X|Y}(x\,|\,Y=y) = P(X \le x \mid Y=y)$로 표시할 수 있으므로

$$F_{X|Y}(x|\,Y=y) = \frac{\displaystyle\int_{-\infty}^{x} p_{XY}(x,y)\,dx}{p_Y(y)} \tag{4.42}$$

이다. 양변을 미분하면

$$p_{X|Y}(x|\,Y=y) = \frac{dF_X(x|\,Y=y)}{dx} = \frac{p_{XY}(x,y)}{p_Y(y)} \tag{4.43}$$

임을 알 수 있다. 식 (4.43)을 랜덤 변수 ***Y***가 $Y=y$의 값을 갖는 조건에서 랜덤 변수 ***X***의 **조건 확률밀도 함수**라고 한다. 같은 방법을 적용하면 ***Y***의 조건 확률밀도 함수는 식 (4.44)와 식 (4.45)와 같이 정리할 수 있다.

$$p_{X|Y}(x|\,Y=y)=\frac{p_{XY}(x,y)}{p_Y(y)}=\frac{p_{XY}(x,y)}{\int_{-\infty}^{\infty}p_{XY}(x,y)dx} \tag{4.44}$$

$$p_{Y|X}(y|\,X=x)=\frac{p_{XY}(x,y)}{p_X(x)}=\frac{p_{XY}(x,y)}{\int_{-\infty}^{\infty}p_{XY}(x,y)dy} \tag{4.45}$$

식 (4.44) 및 식 (4.45)를 이용하면 식 (4.46)을 얻을 수 있는데

$$p_{X|Y}(x|\,Y=y)=\frac{p_Y(y|\,X=x)\,p_X(x)}{p_Y(y)} \tag{4.46}$$

이를 랜덤 변수 ***X***와 ***Y***에 대한 **베이즈 법칙**Bayes' rule이라고 한다.

- **베이즈 법칙**
  : 두 확률 변수의 사전 확률과 사후 확률의 관계를 나타냄

한편 랜덤 변수 ***X***와 ***Y***가 서로 독립이면, ***X***와 ***Y***는 서로 영향을 주지 않으므로 조건 확률밀도 함수 $p_{X|Y}(x|\,Y=y_j)$ 혹은 $p_{Y|X}(y|\,X=x_i)$에 대해

$$p_{X|Y}(x\,|\,Y=y_j)=p_X(x) \tag{4.47}$$

$$p_{Y|X}(y\,|\,X=x_i)=p_Y(y) \tag{4.48}$$

가 성립함을 알 수 있다. 따라서 **두 랜덤 변수 X와 Y가 독립**이면 식 (4.43)과 식 (4.47)로부터 결합 확률밀도 함수에 대해 식 (4.49)가 성립한다.

$$p_{XY}(x,y)=p_X(x)\,p_Y(y) \tag{4.49}$$

예제 4-6 두 랜덤 변수의 부분 밀도와 독립 조건

두 랜덤 변수 X와 Y의 결합 확률밀도 함수가 다음과 같다. X와 Y의 부분 밀도를 구하고, 두 랜덤 변수가 통계적으로 독립임을 보여라.

$$p_{X,Y}(x,y)=\begin{cases}\dfrac{xy}{9} & 0<x<2,\ 0<y<3\\ 0 & elsewhere\end{cases}$$

풀이

$$p_X(x) = \int_{-\infty}^{\infty} p_{XY}(x,y)dy$$
$$= \int_0^3 \frac{xy}{9}dy = \frac{1}{2}x$$

$$p_Y(y) = \int_{-\infty}^{\infty} p_{XY}(x,y)dx$$
$$= \int_0^2 \frac{xy}{9}dx = \frac{2}{9}y$$

$\therefore\ p_{XY}(x,y) = p_X(x)\,p_Y(y)$ 이므로 두 랜덤 변수는 독립이다.

예제 4-7 두 랜덤 변수의 독립 조건

두 랜덤 변수 X와 Y의 결합 확률밀도 함수가 다음과 같을 때 물음에 답하라. 단, $u(x)$, $u(y)$는 단위 계단함수다.

$$p_{XY}(x,y) = u(x)u(y)\,a^2\,e^{-a(x+y)}, \qquad a>0$$

(a) 부분 확률밀도 함수 $p_X(x)$, $p_Y(y)$를 구하라.

(b) 조건 확률밀도 함수 $p_{X|Y}(x\,|Y=y)$, $p_{Y|X}(y\,|X=x)$를 구하라.

(c) 랜덤 변수 X와 Y는 독립인가?

풀이

(a)

$$p_X(x) = \int_{-\infty}^{\infty} p_{XY}(x,y)dy$$
$$= \int_0^{\infty} u(x)a^2\,e^{-a(x+y)}dy$$
$$= u(x)a^2e^{-ax}\int_0^{\infty} e^{-ay}dy$$
$$= u(x)a\,e^{-ax}$$

$$p_Y(y) = \int_{-\infty}^{\infty} p_{XY}(x,y)dx$$
$$= \int_0^{\infty} u(y)a^2\,e^{-a(x+y)}dx$$
$$= u(y)\,a^2e^{-ay}\int_0^{\infty} e^{-ax}dx$$
$$= u(y)a\,e^{-ay}$$

(b)

$$p_X(x \mid Y=y) = \frac{p_{XY}(x,y)}{p_Y(y)} = \frac{u(x)\,u(y)\,a^2 e^{-a(x+y)}}{u(y)\,a e^{-ay}} = u(x)\,a e^{-ax} = p_X(x)$$

$$p_Y(y \mid X=x) = \frac{p_{XY}(x,y)}{p_X(x)} = \frac{u(x)\,u(y)\,a^2 e^{-a(x+y)}}{u(x)\,a e^{-ax}} = u(y)\,a e^{-ay} = p_Y(y)$$

(c) $p_{XY}(x,y) = p_X(x)\,p_Y(y)$가 성립하므로 두 랜덤 변수는 독립이다.

Section

4.3 가우시안 랜덤 변수의 결합 확률밀도

가우시안 랜덤 변수는 통신공학 뿐만 아니라, 다른 공학 분야 전반에 걸쳐 널리 이용되는 중요한 랜덤 변수다. 이 절에서는 두 가우시안 랜덤 변수가 결합될 때 어떠한 확률분포를 갖는지, 또 그 특성은 무엇인지 자세히 살펴본다.

▪ 결합 가우시안 랜덤 변수

▪ 이중 분산 가우시안 확률밀도

두 랜덤 변수 X와 Y가 식 (4.50)과 같은 결합 확률밀도 함수를 가지면 **결합 가우시안**jointly Gaussian **랜덤 변수**라고 한다. 그리고 이에 대한 결합 확률밀도 함수를 **이중 분산 가우시안 확률밀도**bivariate Gaussian probability density라고 한다.

$$p_{XY}(x,y) = \frac{1}{2\pi\sigma_X\sigma_Y\sqrt{(1-\rho^2)}} e^{\frac{-1}{2(1-\rho^2)}\left[\frac{(x-m_X)^2}{\sigma_X^2} - \frac{2\rho(x-m_X)(y-m_Y)}{\sigma_X\sigma_Y} + \frac{(y-m_Y)^2}{\sigma_Y^2}\right]} \tag{4.50}$$

식 (4.50)이 의미하는 바는 다음과 같다.

$$m_X = E[X]$$
$$m_Y = E[Y]$$
$$\sigma_X^2 = E[(X-m_X)^2]$$
$$\sigma_Y^2 = E[(Y-m_Y)^2]$$
$$\rho = \frac{E[(X-m_X)(Y-m_Y)]}{\sigma_X\sigma_Y}$$

[그림 4-13]은 결합 가우시안 확률밀도 함수를 나타낸 것인데, $x=m_X$, $y=m_Y$에서 최댓값 $p_{XY}(x,y) = 1/(2\pi\rho\sigma_X\sigma_Y\sqrt{1-\rho^2})$을 가진다.

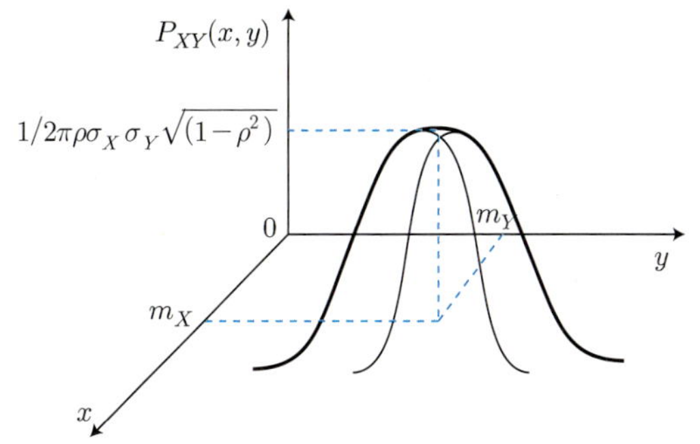

[그림 4-13] 두 가우시안 랜덤 변수의 결합 확률밀도 함수

특별히 $\sigma_X^2 = \sigma_Y^2 = 1$이고 $m_X = m_Y = 0$일 경우의 결합 확률밀도 함수 $p_{XY}(x,y)$는 식 (4.51)과 같이 표현한다. 이러한 경우의 결합 확률밀도 함수를 **표준 결합 가우시안**jointly Gaussian and normalized **밀도**라고 한다.

▪ 표준 결합 가우시안 밀도

$$p_{XY}(x,y) = \frac{1}{2\pi\sqrt{(1-\rho^2)}}e^{-\frac{(x^2-2\rho xy+y^2)}{2(1-\rho^2)}}, \quad -1<\rho<1 \tag{4.51}$$

식 (4.51)의 결합 확률밀도 함수로부터 표준 결합 가우시안 랜덤 변수 $\boldsymbol{X}$와 $\boldsymbol{Y}$의 부분 확률밀도 함수 $p_X(x)$, $p_Y(y)$를 구해보자. 식 (4.30)과 식 (4.31)을 이용하면 식 (4.52)와 같이 나타낼 수 있다.

$$\begin{aligned} p_X(x) &= \int_{-\infty}^{\infty} p_{XY}(x,y)dy \\ &= \int_{-\infty}^{\infty} \frac{1}{2\pi\sqrt{1-\rho^2}}\, e^{-(x^2-2\rho xy+y^2)/2(1-\rho^2)}dy \\ &= \frac{1}{2\pi\sqrt{1-\rho^2}}\, e^{-x^2/2(1-\rho^2)} \int_{-\infty}^{\infty} e^{-(y^2-2\rho xy+\rho^2x^2-\rho^2x^2)/2(1-\rho^2)}dy \\ &= \frac{1}{2\pi\sqrt{1-\rho^2}}\, e^{-x^2/2(1-\rho^2)}\, e^{\rho^2x^2/2(1-\rho^2)} \int_{-\infty}^{\infty} e^{-(y-\rho x)^2/2(1-\rho^2)}dy \\ &= \frac{1}{\sqrt{2\pi}}\, e^{-x^2/2} \int_{-\infty}^{\infty} \frac{1}{\sqrt{2\pi(1-\rho^2)}}\, e^{-(y-\rho x)^2/2(1-\rho^2)}dy \end{aligned} \tag{4.52}$$

식 (4.52)의 마지막 적분식은, 평균이 ρx이고 분산이 $(1-\rho^2)$인 가우시안 확률밀도 함수를 구간 $(-\infty < y < \infty)$에 대해 적분한 것이므로 그 값은 1이다. 따라서 $p_X(x)$는 식 (4.53)과 같이 구할 수 있다.

$$p_X(x) = \frac{1}{\sqrt{2\pi}} e^{-x^2/2} \tag{4.53}$$

같은 방법으로 랜덤 변수 $\boldsymbol{Y}$에 대한 부분 밀도 $p_Y(y)$를 구해보면

$$p_Y(y) = \frac{1}{\sqrt{2\pi}} e^{-y^2/2} \tag{4.54}$$

■ 베이즈 법칙
→ 식 (4.46)

임을 알 수 있다. 베이즈 법칙을 이용하면 조건 확률밀도 함수도 식 (4.55)와 같이 구할 수 있다.

$$\begin{aligned} p_X(x \mid Y=y) &= \frac{\dfrac{1}{2\pi\sqrt{1-\rho^2}} e^{-(x^2-2\rho xy+y^2)/2(1-\rho^2)}}{\dfrac{1}{\sqrt{2\pi}} e^{-y^2/2}} \\ &= \frac{1}{\sqrt{2\pi(1-\rho^2)}} e^{-(x-\rho y)^2/2(1-\rho^2)} \end{aligned} \tag{4.55}$$

식 (4.55)로부터 조건 확률밀도 $p_X(x \mid Y=y)$도 평균이 ρy이고 분산이 $(1-\rho^2)$인 가우시안 확률밀도 함수임을 쉽게 알 수 있다. 여기서 부분 확률밀도 함수 $p_Y(y)$와 조건 확률밀도 $p_X(x \mid Y=y)$를 이용하면, 결합 가우시안 확률밀도 함수 $p_{XY}(x,y)$를 갖는 두 랜덤 변수 $\boldsymbol{X}$와 $\boldsymbol{Y}$를 발생시킬 수 있다([예제 4-8] 참조). 단, ρ는 두 랜덤 변수의 상관성correlation을 나타내는 계숫값이다. 예를 들어 $\rho=0$일 경우 랜덤 변수 $\boldsymbol{X}$와 $\boldsymbol{Y}$는 서로 상관이 없으며, 결합 확률밀도 함수는 식 (4.51)로부터 식 (4.56)과 같은 형태를 갖는다.

$$p_{XY}(x,y) = \frac{1}{2\pi} e^{-\frac{(x^2+y^2)}{2}} \quad (\leftarrow \rho = 0) \tag{4.56}$$

이 경우 식 (4.53), 식 (4.54), 식 (4.56)으로부터

$$p_{XY}(x,y) = p_X(x)\, p_Y(y) \tag{4.57}$$

이 성립하므로 두 가우시안 랜덤 변수 $\boldsymbol{X}$와 $\boldsymbol{Y}$의 상관성이 0일 경우 두 랜덤 변수는 서로 독립이다.

예제 4-8 두 가우시안 결합 랜덤 변수의 발생

두 가우시안 결합 랜덤 변수 $\boldsymbol{X}$와 $\boldsymbol{Y}$의 결합 확률밀도 함수가 다음과 같을 때, 이 결합 확률밀도 함수를 갖는 두 변숫값 x, y를 발생시켜라.

$$p_{XY}(x,y) = \frac{1}{2\pi\sqrt{(1-\rho^2)}}e^{-\frac{(x^2-2\rho xy+y^2)}{2(1-\rho^2)}}, \quad -1<\rho<1$$

풀이

두 랜덤 변수 $\boldsymbol{X}$와 $\boldsymbol{Y}$의 부분 확률밀도 함수는 식 (4.53)과 식 (4.54)에서 볼 수 있는 것처럼 평균이 0이고 분산이 1인 가우시안 랜덤 변수다. 또한 문제에서 제시된 결합 확률밀도 함수를 가질 경우, 조건 확률밀도 함수는 식 (4.55)와 같아야 하므로 두 랜덤 변수는 다음과 같이 발생시킬 수 있다.

❶ 평균이 0이고 분산이 1인 랜덤 변수 $\boldsymbol{Y}$값을 발생시킨다.

❷ 발생된 y값을 이용해 식 (4.55)의 관계로부터 평균이 ρy이고 분산이 $(1-\rho^2)$인 가우시안 랜덤 변수 $\boldsymbol{X}$를 발생시킨다.

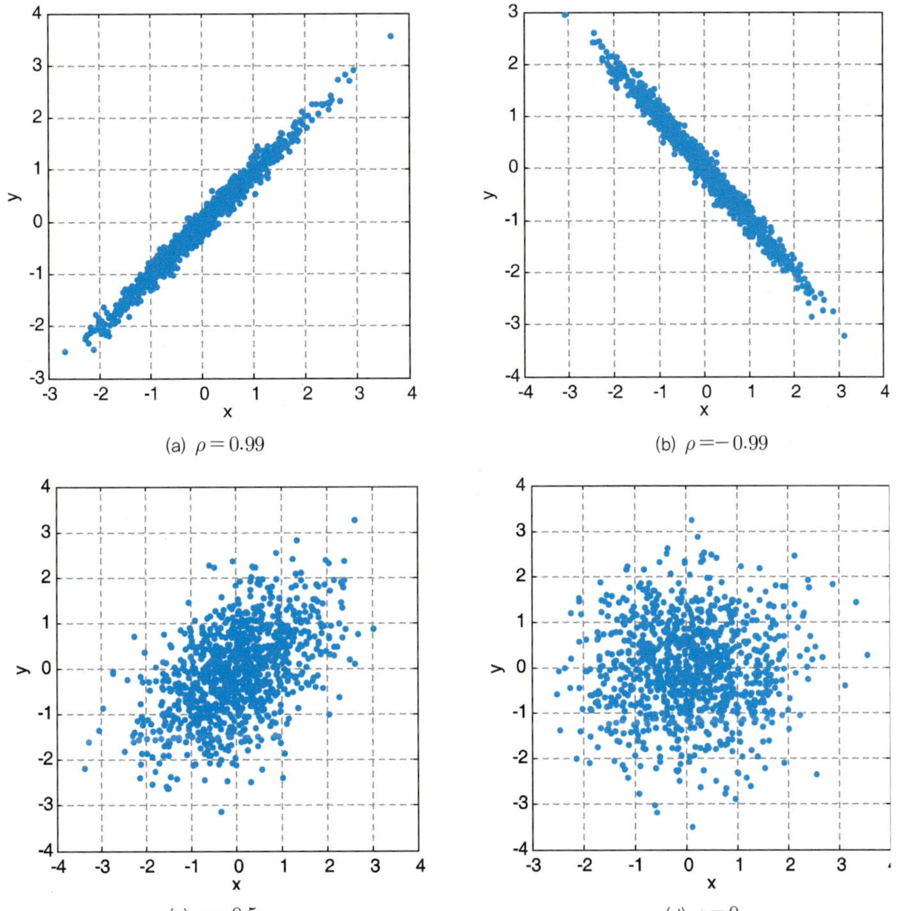

(a) $\rho=0.99$ (b) $\rho=-0.99$ (c) $\rho=0.5$ (d) $\rho=0$

[그림 4-14] 표준 결합 가우시안 랜덤 변수의 발생

[그림 4-14]는 ρ값에 따라 발생된 두 랜덤 변수의 표본값을 나타낸 것이다. $|\rho|$값이 1에 가까울수록 랜덤 변수 $\boldsymbol{X}$와 $\boldsymbol{Y}$는 더 밀접한 상관성을 가지며, 반대로 $|\rho|$값이 0에 가까울수록 랜덤 변수 $\boldsymbol{X}$와 $\boldsymbol{Y}$의 상관성은 찾기 어렵다는 것을 알 수 있다. 예를 들어 [그림 4-14(a), (b)]의 경우 랜덤 변수 $\boldsymbol{X}$값이 증가하면, 랜덤 변수 $\boldsymbol{Y}$값은 함께 증가하거나 혹은 반대로 감소하는 경향을 볼 수 있다. 그러나 $\rho=0$인 [그림 4-14(d)]의 경우에는 [그림 4-14(a), (b)]와 같은 상관성을 거의 찾아볼 수 없다. 두 랜덤 변수 간의 상관성은 이후에 자세히 설명할 것이다.

〈MATLAB〉

```
M=1000;                                 % 표본의 개수
rho=0.9;
                                        %
for i=1:M,

    y(i)=gngauss(0,1);                  % 정규 분포 : N(0,1)
    mx=rho*y(i);
    sigma_x = sqrt(1-rho^2);
    x(i)=gngauss(mx,sigma_x);
end
                                        %
plot(x,y,'.');
grid;
xlabel('x');
ylabel('y');
```

4.4 다중 랜덤 변수의 합

통신 시스템에서는 두 랜덤 변수가 더해져 새로운 랜덤 변수를 발생시키는 경우가 빈번하게 발생한다. 예를 들어 수신기의 상관기에서 출력되는 신호값은 신호 성분의 랜덤 변수와 잡음 성분 랜덤 변수의 합으로 구성된다. 따라서 상관기의 출력값은 두 랜덤 변수의 합으로 표시된다.

▪ **상관기**
: 수신 신호 중에서 잡음 성분을 최대한 감소시키는 데 사용되는 전자장치

두 독립 랜덤 변수 $\boldsymbol{X}$와 $\boldsymbol{Y}$의 합에 의한 새로운 랜덤 변수를 Z라고 하자.

$$Z = X + Y \tag{4.58}$$

이제 $\boldsymbol{X}$, $\boldsymbol{Y}$, $\boldsymbol{Z}$의 확률밀도 함수를 $p_X(x)$, $p_Y(y)$, $p_Z(z)$라고 가정하고, 랜덤 변수 $\boldsymbol{Z}$의 확률밀도 함수를 구해보자. $\boldsymbol{Z}$의 확률밀도 함수는 $\boldsymbol{Z}$의 누적분포를 미분하여 얻을 수 있으므로, $\boldsymbol{Z}$의 누적분포 $F_X(z)$를 먼저 구해야 한다.

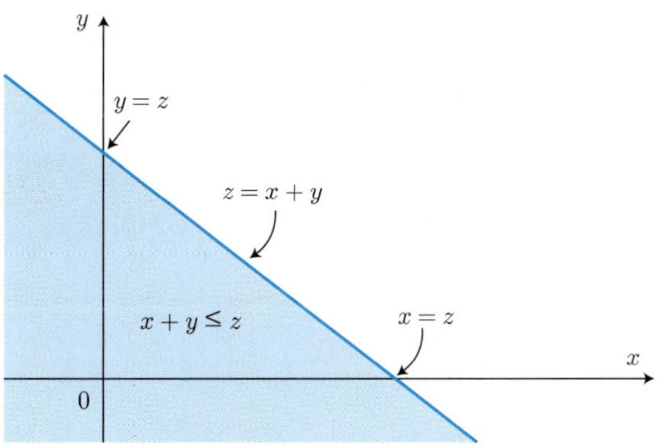

[그림 4-15] **두 랜덤 변수의 합**

$z = x + y$이므로 x값에 관계없이 $y = z - x$가 성립해야 한다. 사건 $\{Z \leq z\}$는 사건 $\{Y \leq z - x\ ,\ -\infty < x < \infty\}$와 동일하므로, [그림 4-15]의 관계를 고려하면

$$\begin{aligned} F_Z(z) &= P\{Z \leq z\} = P\{X + Y \leq z\} \\ &= P\{Y \leq z - x\ ,\ -\infty < X < \infty\} \end{aligned} \tag{4.59}$$

$$= \int_{-\infty}^{\infty} \left[\int_{-\infty}^{z-x} p_{XY}(x,y)\,dy \right] dx$$

이다. $\boldsymbol{X}$와 $\boldsymbol{Y}$는 서로 독립이므로

$$F_Z(z) = \int_{-\infty}^{\infty} \left[\int_{-\infty}^{z-x} p_X(x)\,p_Y(y)dy \right] dx \tag{4.60}$$
$$= \int_{-\infty}^{\infty} p_X(x) \left[\int_{-\infty}^{z-x} p_Y(y)dy \right] dx$$

이다. 양변을 z에 대해 미분하면 식 (4.61)이 성립한다.

$$\frac{d}{dz}F_Z(z) = p_Z(z) \tag{4.61}$$
$$= \int_{-\infty}^{\infty} p_X(x) \left[\frac{d}{dz} \left(\int_{-\infty}^{z-x} p_Y(y)dy \right) \right] dx$$
$$= \int_{-\infty}^{\infty} p_X(x) \left[\frac{d}{dz} \left(\int_{-\infty}^{z} p_Y(z-x)dz \right) \right] dx$$
$$(\leftarrow z = x + y,\ dz = dy)$$
$$= \int_{-\infty}^{\infty} p_X(x)\,p_Y(z-x)dx$$
$$= p_X(x) * p_Y(y)$$

식 (4.61)은 $p_X(x)$와 $p_Y(y)$의 콘벌루션 적분이므로 '두 독립 랜덤 변수의 합에 대한 확률밀도 함수는 각 랜덤 변수의 확률밀도 함수를 콘벌루션한 것과 같다'고 할 수 있다.

일반적으로 n개의 독립 랜덤 변수 $\boldsymbol{X}_1$, $\boldsymbol{X}_2$, $\boldsymbol{X}_3$, $\cdots$, $\boldsymbol{X}_n$에 대한 각 확률밀도 함수를 $p_{X_1}(x_1)$, $p_{X_2}(x_2)$, $p_{X_3}(x_3)$, $\cdots$, $p_{X_n}(x_n)$이고 $Z = X_1 + X_2 + \cdots + X_n$이라고 하면 식 (4.62)가 성립한다.

$$p_Z(z) = p_{X_1}(x_1) * p_{X_2}(x_2) * \cdots * p_{X_n}(x_n) \tag{4.62}$$

예제 4-9 다중 랜덤 변수의 콘벌루션 효과

균일 분포를 갖는 두 개의 독립 랜덤 변수 X와 Y의 확률밀도 함수가 다음과 같을 때, 랜덤 변수 $Z = X + Y$의 확률밀도 함수 $p_Z(z)$를 구하라.

$$p_X(x) = \begin{cases} \frac{1}{2} & 0 < x \leq 2 \\ 0 & elsewhere \end{cases}$$

$$p_Y(y) = \begin{cases} \frac{1}{3} & 0 < y \leq 3 \\ 0 & elsewhere \end{cases}$$

풀이

X와 Y가 독립이므로

$$\begin{aligned} p_Z(z) &= p_X(x) * p_Y(y) \\ &= \int_{-\infty}^{\infty} p_Y(y)\, p_X(z-y)dy \\ &= \begin{cases} \frac{1}{6}z & 0 < z \leq 2 \\ \frac{1}{3} & 2 < z \leq 3 \\ -\frac{1}{6}z + \frac{5}{6} & 3 < z \leq 5 \end{cases} \end{aligned}$$

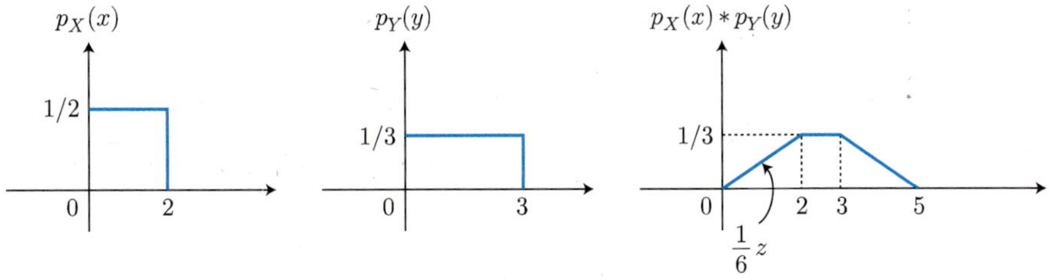

[그림 4-16] [예제 4-9]의 그림

예제 4-10 두 랜덤 변수의 합에 의한 랜덤 변수의 확률밀도 함수

두 독립 가우시안 랜덤 변수 $\boldsymbol{X}$와 $\boldsymbol{Y}$의 확률밀도 함수가 다음과 같을 때, 랜덤 변수 $\boldsymbol{Z}=\boldsymbol{X}+\boldsymbol{Y}$의 확률밀도 함수 $p_Z(z)$를 구하라.

$$p_X(x) = \frac{1}{\sqrt{2\pi}}\, e^{-x^2/2},\quad p_Y(y) = \frac{1}{\sqrt{2\pi}}\, e^{-y^2/2}$$

풀이

식 (4.61)로부터

$$p_Z(z) = \int_{-\infty}^{\infty} \frac{1}{\sqrt{2\pi}} e^{-x^2/2}\, \frac{1}{\sqrt{2\pi}}\, e^{-(z-x)^2/2} dx$$

$$= \frac{1}{2\pi} \int_{-\infty}^{\infty} e^{-\frac{1}{2}(z^2 - 2zx + 2x^2)} dx$$

$$= \frac{1}{2\pi} \int_{-\infty}^{\infty} e^{-\frac{1}{2}\left[\frac{z^2}{2} + (\sqrt{2}x - \frac{z}{\sqrt{2}})^2\right]} dx$$

$$= \frac{1}{\sqrt{2\pi}} e^{-z^2/4} \frac{1}{\sqrt{2\pi}} \int_{-\infty}^{\infty} e^{-\frac{1}{2}\left(\sqrt{2}x - \frac{z}{\sqrt{2}}\right)^2} dx$$

$y = \sqrt{2}x - \frac{z}{\sqrt{2}}$ 로 치환하면

$$p_Z(z) = \frac{1}{\sqrt{2\pi}} e^{-z^2/4} \frac{1}{\sqrt{2}} \left(\int_{-\infty}^{\infty} \frac{1}{\sqrt{2\pi}} e^{-y^2/2} dy \right)$$

이다. 위 식의 (·)은 평균이 0이고 분산이 1인 가우시안 밀도 전체를 적분한 것이므로, 그 값은 1이 된다. 따라서 Z의 확률밀도 함수는 다음과 같다.

$$p_Z(z) = \frac{1}{\sqrt{2\pi}\sqrt{2}} e^{-z^2/4}$$

Z의 확률밀도 함수도 평균이 0이고 분산이 2인 가우시안 확률밀도 함수이고, 분산값은 더 커졌음을 알 수 있다. 결국 두 독립 가우시안 랜덤 변수의 합에 의한 확률밀도 함수는 더 완만한 모양(분산값이 더 커진)의 가우시안 확률밀도 함수가 됨을 알 수 있다. [그림 4-17]은 원래의 가우시안 확률밀도 함수 모양과 합에 의한 가우시안 확률밀도 함수를 나타낸 것이다.

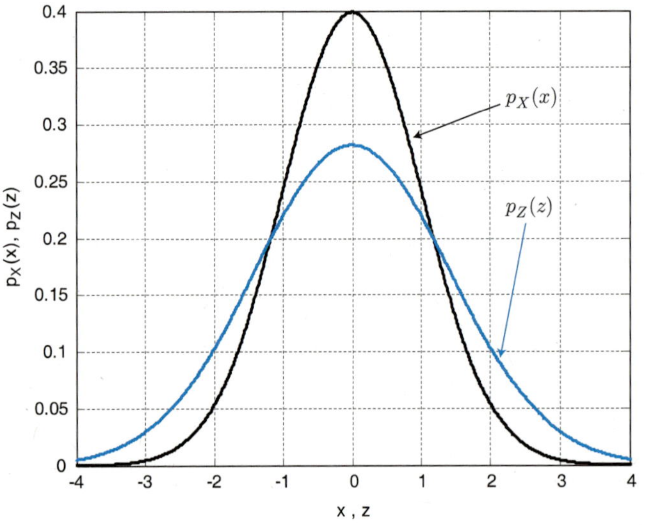

[그림 4-17] 합에 의한 가우시안 랜덤 변수의 확률밀도 함수

4.5 중앙 극한 이론

[예제 4-10]에서 볼 수 있듯이 두 함수에 대해 콘벌루션을 취하면 함수의 곡선이 부드럽게 변한다. 식 (4.62)와 같이 여러 독립 랜덤 변수의 합에 대한 확률밀도 함수는, 각 랜덤 변수의 확률밀도 함수를 콘벌루션한 것과 같다. 이때 많은 확률밀도 함수를 콘벌루션하면 결과적으로 가우시안 함수에 근접한다. 식 (4.62)에서 $p_Z(z)$는 n값이 증가함에 따라 점차 가우시안 함수가 되는데, 이를 **중앙 극한 이론**central limit theorem이라고 한다.

[그림 4-18]은 랜덤 변수 $\boldsymbol{X}$가 구간 (0,1) 사이에서 균일 분포를 가질 경우, 합의 랜덤 변수 $(X+X)$와 $(X+X+X+X)$의 확률밀도 함수 $p_X(x)$, $p_X(x)*p_X(x)$, $p_X(x)*p_X(x)*p_X(x)*p_X(x)$를 나타낸 것이다. 랜덤 변수의 개수가 많아질수록, 합의 확률밀도 함수는 가우시안 함수에 근접해짐을 알 수 있다.

이러한 사실은 유사한 통계적 특성을 갖는 독립 랜덤 변수에 대한 합(평균) $Y=\dfrac{1}{n}\sum_{i=1}^{n}X_i$의 랜덤한 정도가, 각각의 랜덤 변수 X_i의 랜덤한 정도보다 크게 줄어든다는 것을 의미한다.

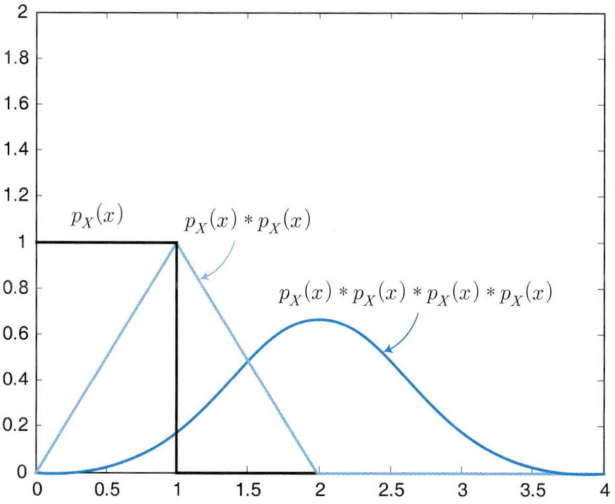

[그림 4-18] 중앙 극한 이론

특히 랜덤 변수 $(X_1, X_2, \cdots, X_n)$이 서로 독립이고 평균과 분산이 각각 $(m_1, m_2, \cdots, m_n)$, $(\sigma_1^2, \sigma_2^2, \cdots, \sigma_n^2)$이라면, 합에 의한 랜덤 변수 $\frac{1}{\sqrt{n}}\sum_{i=1}^{n}\frac{X_i - m_i}{\sigma_i}$는 n값이 증가할수록 평균이 0이고 분산이 1인 가우시안 함수에 근접한 확률밀도 함수 모양을 가진다.

4.6 두 랜덤 변수의 상관 특성

일상에서도 두 가지 일의 상관성을 살펴보는 일이 빈번하게 발생한다. 예를 들어 짠 음식과 위암, 담배와 폐암, 비오는 날과 우산의 매출 등과 같이 두 가지 일에 대한 관련성에 관심을 갖는 경우를 말한다. 이와 같이 두 랜덤 변수 간의 상관성을 측정하는 일은 공학적으로도 매우 중요하다.

두 랜덤 변수 간의 **상관**correlation 정도를 나타내는 것으로, **상호분산**covariance을 자주 사용한다. 4.3절에서 표준 결합 가우시안 확률밀도 개념을 설명하면서 두 랜덤 변수 간의 상관성을 나타내는 계수로 $\rho = E[(X-m_X)(Y-m_Y)]/(\sigma_X \sigma_Y)$를 소개한 바 있다. 이는 상호분산을 정규화한 값으로, 식 (4.63)과 같이 두 랜덤 변수 $\boldsymbol{X}$와 $\boldsymbol{Y}$의 상호분산을 정의해준다.

- 상관
- 상호분산

$$\sigma_{XY} = E[(X-m_X)(Y-m_Y)] \tag{4.63}$$

여기에서 m_X와 m_Y는 각각 랜덤 변수 $\boldsymbol{X}$와 $\boldsymbol{Y}$의 평균을 의미한다. 상호분산이 왜 상관 정도를 나타내는지 [그림 4-19]의 산포도scatter diagram를 통해 살펴보자.

- **산포도**
  : 변량이 분포의 중심값에서 흩어진 정도를 나타내는 수치

[그림 4-19(a), (b)]는 [그림 4-19(c), (d)]에 비해 두 랜덤 변수가 서로 관련성을 갖고 변화한다고 볼 수 있다. 예를 들어 [그림 4-19(a), (b)]는 랜덤 변수 $\boldsymbol{X}$의 값 x가 증가하면 랜덤 변수 $\boldsymbol{Y}$의 값 y도 대체로 증가한다. 그러나 [그림 4-19(c), (d)]는 뚜렷한 상관성을 찾기 어렵다. 따라서 [그림 4-19(a), (b)]는 두 랜덤 변수가 같은 방향으로 변화하는 상관성을 가진다고 보고, [그림 4-19(c), (d)]는 두 랜덤 변수가 서로 아무런 관련성 없이 변화한다고 볼 수 있다.

이러한 상관 정도를 측정하기 위해 $E[XY]$를 사용한다고 하자. 하지만 [그림 4-19(a)]와 [그림 4-19(c)]를 비교해보면 $E[XY]$값에 거의 차이가 없으므로 이 방법은 문제가 있다.

한편 두 랜덤 변수에서 평균을 뺀 $(X-m_X)$와 $(Y-m_Y)$에 대한 산포도 [그림 4-19(b)]와 [그림 4-19(d)]를 보면, 산포도의 중심이 0으로 이동되었다. 이때

상호분산은 두 랜덤 변수의 상관 정보를 나타낸다는 것을 알 수 있다. [그림 4-19(b)]는 $(X-m_X)$, $(Y-m_Y)$값이 주로 1사분면과 3사분면에 분포되어 있다. 이들의 부호는 동일하므로 상호분산 $\sigma_{XY}= E[(X-m_X)(Y-m_Y)]$의 값은 대체로 (+)값을 가진다. 반면에 [그림 4-19(d)]는 $(X-m_X)$, $(Y-m_Y)$ 값이 1사분면~4사분면에 걸쳐 고르게 분포되어 있다. 1사분면과 3사분면에서 $(X-m_X)$, $(Y-m_Y)$의 부호는 같지만, 2사분면과 4사분면에서는 부호가 서로 다르므로 전체 상호분산 $\sigma_{XY}= E[(X-m_X)(Y-m_Y)]$는 대체로 거의 0 값을 가지게 된다.

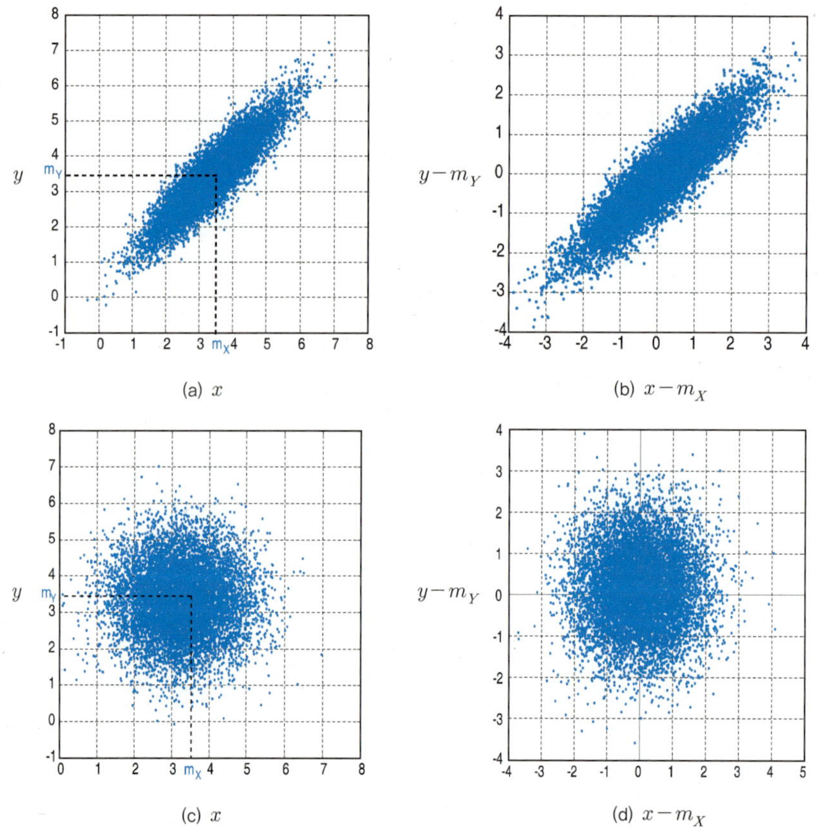

[그림 4-19] **두 랜덤 변수의 상관성**

이는 앞에서 개념적으로 살펴본 상관 정도와 일치하므로, 상호분산은 두 랜덤 변수의 상관관계 정도를 측정하는 데 적합하다고 볼 수 있다. 일반적으로 상호분산이 (+)값을 가지면 두 랜덤 변수는 서로 양의 상관관계를, (−)값을 가지면 음의 상관관계를 가진다고 한다. 또한 상호분산이 $\sigma_{XY}=0$이면 두 랜덤 변수

X와 Y는 상관관계가 없다uncorrelated고 한다.

■ 상관관계가 없다

상호분산 σ_{XY}에 대해

$$\begin{aligned}\sigma_{XY} &= E[(X-m_X)(Y-m_Y)] \\ &= E[XY - Xm_Y - m_X Y + m_X m_Y] \\ &= E[XY] - m_Y E[X] - m_X E[Y] + m_X m_Y \\ &= E[XY] - m_X m_Y\end{aligned} \tag{4.64}$$

가 성립하는데, 상관관계가 없는 경우 $\sigma_{XY}=0$이므로 $E[XY]=m_X m_Y$이 됨을 알 수 있다. 특히 두 랜덤 변수 X와 Y가 독립이면 $p_{XY}(x,y)=p_X(x)p_Y(y)$이므로 식 (4.65)와 같이 $E[XY]=m_X m_Y$의 관계가 성립한다. 즉, $\sigma_{XY}=0$이 되어 서로 상관관계가 없다.

$$\begin{aligned}E[XY] &= \int_{-\infty}^{\infty}\int_{-\infty}^{\infty} x\,y\,p_{XY}(x,y)dxdy \\ &= \int_{-\infty}^{\infty}\int_{-\infty}^{\infty} x\,y\,p_X(x)\,p_Y(y)dxdy \\ &= \int_{-\infty}^{\infty} y\,p_Y(y)\left[\int_{-\infty}^{\infty} x\,p_X(x)\,dx\right]dy \\ &= m_X m_Y\end{aligned} \tag{4.65}$$

그러나 반대로 서로 상관관계가 없다고 해서 두 랜덤 변수가 반드시 독립이 되는 것은 아니다. 즉, 독립의 개념이 상관관계의 개념보다 더 엄격하고 좁은 의미다.

■ 독립 $\rightarrow$ 상관성 X
상관성 X $\nrightarrow$ 독립

두 랜덤 변수 X와 Y는 당연히 $X=Y$일 때 상관관계가 제일 크므로, 상호분산값 σ_{XY}도 최대가 됨을 알 수 있다. 이때 상호분산값은 $\sigma_{XY}=\sigma_X^2=\sigma_Y^2$이고, 상호분산 σ_{XY}를 $\sigma_X\sigma_Y$로 나누면 정규화된 상호분산값을 가지게 된다. 이를 **상관계수**correlation coefficient ρ_{XY}라고 하고, 식 (4.66)과 같이 정의한다.

■ 상관계수

$$\rho_{XY} = \frac{\sigma_{XY}}{\sigma_X\sigma_Y} = \frac{E[(X-m_X)(Y-m_Y)]}{(\sigma_X\sigma_Y)}, \quad -1 \le \rho_{XY} \le 1 \tag{4.66}$$

예제 4-11 다중 랜덤 변수의 합에 의해 발생되는 랜덤 변수의 분산

두 랜덤 변수 X_1와 X_2에 의해 다음과 같이 발생되는 랜덤 변수 Z가 있을 때, 물음에 답하라. 단, a_1, a_2는 상수다.

$$Z = a_1X_1 + a_2X_2$$

(a) 랜덤 변수 Z의 분산을 구하라.

(b) 두 랜덤 변수 X_1과 X_2가 독립일 경우 Z의 분산을 구하라.

(c) N개의 독립 랜덤 변수 $X_1, \cdots, X_N$에 의해 발생되는 랜덤 변수 Z의 분산을 구하라.

풀이

(a) $E[Z] = E[a_1X_1 + a_2X_2] = a_1E[X_1] + a_2E[X_2] = a_1m_{X_1} + a_2m_{X_2} = m_Z$

$(Z - m_Z) = a_1(X_1 - m_{X_1}) + a_2(X_2 - m_{X_2})$이므로

$$\begin{aligned}\sigma_Z^2 &= E[(Z - m_Z)^2] \\ &= E\left\{[a_1(X_1 - m_{X_1}) + a_2(X_2 - m_{X_2})]^2\right\} \\ &= E[a_1^2(X_1 - m_{X_1})^2 + 2a_1a_2(X_1 - m_{X_1})(X_2 - m_{X_2}) + a_2^2(X_2 - m_{X_2})^2] \\ &= a_1^2\sigma_{X_1}^2 + 2a_1a_2\sigma_{X_1X_2} + a_2^2\sigma_{X_2}^2\end{aligned}$$

(b) $\sigma_{X_1X_2} = 0$이므로 풀이 (a)로부터

$$\sigma_Z^2 = a_1^2\sigma_{X_1}^2 + a_2^2\sigma_{X_2}^2$$

(c) $\sigma_{X_iX_j} = 0,\ i \neq j$이므로 풀이 (b)로부터

$$\sigma_Z^2 = \sum_{i=1}^{N} a_i^2\sigma_{X_i}^2, \quad i = 1, 2, \cdots, N$$

예제 4-12 두 가우시안 랜덤 변수의 상관성과 독립 특성

두 결합 가우시안 랜덤 변수 X와 Y가 서로 상관관계가 없으면 독립임을 보여라.

풀이

가우시안 랜덤 변수 X와 Y에 대해

$$p_X(x) = \frac{1}{\sqrt{2\pi}\,\sigma_X}\ e^{-(x-m_X)^2/2\sigma_X^2}$$

$$p_Y(y) = \frac{1}{\sqrt{2\pi}\,\sigma_Y}\ e^{-(y-m_Y)^2/2\sigma_Y^2}$$

이고, 식 (4.51)로부터

$$p_{XY}(x,y) = \frac{1}{2\pi\sigma_X\sigma_Y\sqrt{(1-\rho^2)}} e^{\frac{-1}{2(1-\rho^2)}\left[\frac{(x-m_X)^2}{\sigma_X^2} - \frac{2\rho(x-m_X)(y-m_Y)}{\sigma_X\sigma_Y} + \frac{(y-m_Y)^2}{\sigma_Y^2}\right]}$$

이다. 상관관계가 없으므로 $\rho = E[(X-m_X)(Y-m_Y)]/\sigma_X\sigma_Y = 0$이다. 따라서 결합 확률밀도 함수는

$$p_{XY}(x,y) = \frac{1}{2\pi\sigma_X\sigma_Y} e^{-\frac{1}{2}\left[\frac{(x-m_X)^2}{\sigma_X^2} + \frac{(y-m_Y)^2}{\sigma_Y^2}\right]} = p_X(x)\, p_Y(y)$$

이므로, 두 가우시안 랜덤 변수 $\boldsymbol{X}$와 $\boldsymbol{Y}$는 통계적으로 독립이다.

4.7 다중 랜덤 변수의 함수

두 랜덤 변수 U와 V가 식 (4.67)과 같이 랜덤 변수 X와 Y의 함수일 경우, 랜덤 변수 U와 V의 결합 확률밀도 함수 $p_{UV}(u,v)$는 X와 Y에 대한 결합 확률밀도 함수 $p_{XY}(x,y)$로부터 다음과 같이 구할 수 있다.

$$U = u(X, Y), \quad V = v(X, Y) \tag{4.67}$$

미소면적 $|dx\, dy|$에서 랜덤 변수 X와 Y가 발생할 확률이 미소면적 $|du\, dv|$에서 랜덤 변수 U와 V가 발생할 확률과 같다면

$$p_{UV}(u,v)\,|dudv| = p_{XY}(x,y)\,|dxdy| \tag{4.68}$$

이므로

$$p_{UV}(u,v) = \frac{p_{XY}(x,y)}{\left|\dfrac{dudv}{dxdy}\right|} \tag{4.69}$$

■ **야코비안**
: 함수행렬식

로 표시할 수 있다. 두 좌표계의 면적 요소 사이의 관계는 **야코비안**Jacobian으로 표현될 수 있으며

$$du\,dv = J\left(\frac{u,v}{x,y}\right)dxdy \tag{4.70}$$

■ 참고 문헌 [12]

의 관계를 갖는다. 여기에서 J는 다음과 같이 행렬식으로 표현되는 야코비안 변환이다.

$$J\left(\frac{u,\ v}{x,\ y}\right) = \begin{vmatrix} \dfrac{\partial u}{\partial x} & \dfrac{\partial u}{\partial y} \\ \dfrac{\partial v}{\partial x} & \dfrac{\partial v}{\partial y} \end{vmatrix} \tag{4.71}$$

또한 변수 X와 Y가 여러 개의 값을 갖는 함수라면, n차원으로 확장하여 다음과 같이 표현할 수 있다.

$$p_{UV}(u,v) = \frac{p_{XY}(x_1,y_1)}{\left|J\left(\frac{u,\ v}{x_1,\ y_1}\right)\right|} + \frac{p_{XY}(x_2,y_2)}{\left|J\left(\frac{u,\ v}{x_2,\ y_2}\right)\right|} + \cdots + \frac{p_{XY}(x_n,y_n)}{\left|J\left(\frac{u,\ v}{x_n,\ y_n}\right)\right|} \quad (4.72)$$

n개의 랜덤 변수 $X_1, X_2, \cdots, X_n$에 대한 결합 확률밀도 함수 $p_{X_1X_2\cdots X_n}(x_1,x_2,\cdots,x_n)$으로부터, n개의 랜덤 변수 $Y_1, Y_2, \cdots, Y_n$에 대한 결합 확률밀도 함수 $p_{Y_1Y_2\cdots Y_n}(y_1,y_2,\cdots,y_n)$를 구할 수 있다.

이때 변수 관계는 $Y_i = y_i(X_1, X_2, \cdots, X_n)$, $i = 1, 2, \cdots, n$과 $X_j = x_j(Y_1, Y_2, \cdots, Y_n)$, $j = 1, 2, \cdots, n$이므로

$$\begin{aligned} & p_{Y_1Y_2\cdots Y_n}(y_1,y_2,\cdots,y_n)\,|dy_1dy_2\cdots dy_n| \\ &= p_{X_1X_2\cdots X_n}(x_1,x_2,\cdots,x_n)\,|dx_1dx_2\cdots dx_n| \end{aligned} \quad (4.73)$$

이라고 할 수 있다. 따라서

$$p_{Y_1Y_2\cdots Y_n}(y_1,y_2,\cdots,y_n) = \frac{p_{X_1X_2\cdots X_n}(x_1,x_2,\cdots,x_n)}{\left|\frac{dy_1dy_2\cdots dy_n}{dx_1dx_2\cdots dx_n}\right|} \quad (4.74)$$

이며, 야코비안 변환에 의해

$$dy_1dy_2\cdots dy_n = J\left(\frac{y_1,y_2,\cdots,y_n}{x_1,x_2,\cdots,x_n}\right)dx_1dx_2\cdots dx_n \quad (4.75)$$

으로 표시할 수 있다. 여기에서 야코비안은

$$J\left(\frac{y_1,y_2,\cdots,y_n}{x_1,x_2,\cdots,x_n}\right) = \begin{vmatrix} \frac{\partial y_1}{\partial x_1} & \frac{\partial y_1}{\partial x_2} & \cdots & \frac{\partial y_1}{\partial x_n} \\ \frac{\partial y_2}{\partial x_1} & \frac{\partial y_2}{\partial x_2} & \cdots & \frac{\partial y_2}{\partial x_n} \\ \cdots & \cdots & \cdots & \cdots \\ \frac{\partial y_n}{\partial x_1} & \frac{\partial y_n}{\partial x_2} & \cdots & \frac{\partial y_n}{\partial x_n} \end{vmatrix} \quad (4.76)$$

이며, 식 (4.74)를 식 (4.77)과 같이 나타낼 수 있다.

$$p_{Y_1Y_2\cdots Y_n}(y_1,y_2,\cdots,y_n) = \frac{p_{X_1X_2\cdots X_n}(x_1,x_2,\cdots,x_n)}{\left| J\left(\frac{y_1,y_2,\cdots,y_n}{x_1,x_2,\cdots,x_n}\right) \right|} \tag{4.77}$$

예제 4-13 두 독립 가우시안 랜덤 변수에 의한 레일레이 랜덤 변수의 발생

두 독립 가우시안 랜덤 변수 $\boldsymbol{X}$와 $\boldsymbol{Y}$가 다음과 같이 동일한 확률밀도 함수를 갖는다고 한다. $\boldsymbol{X}$와 $\boldsymbol{Y}$에 대한 함수로 발생되는 새로운 랜덤 변수 $\boldsymbol{R}$과 $\boldsymbol{\Theta}$는 어떤 확률밀도 함수를 가지는가?

$$p_X(x) = \frac{1}{\sigma\sqrt{2\pi}}\, e^{-x^2/2\sigma^2}$$

$$p_Y(y) = \frac{1}{\sigma\sqrt{2\pi}}\, e^{-y^2/2\sigma^2}$$

$$R = \sqrt{X^2+Y^2},\quad \Theta = tan^{-1}\left(\frac{Y}{X}\right)$$

풀이

$\boldsymbol{X}$와 $\boldsymbol{Y}$는 서로 독립이므로 결합 확률밀도는

$$p_{XY}(x,y) = p_X(x)\, p_Y(y) = \frac{1}{2\pi\sigma^2}\, e^{-(x^2+y^2)/2\sigma^2}$$

이며, $\boldsymbol{X}$, $\boldsymbol{Y}$, $\boldsymbol{R}$, $\boldsymbol{\Theta}$는 [그림 4-20]과 같은 관계를 갖는다.

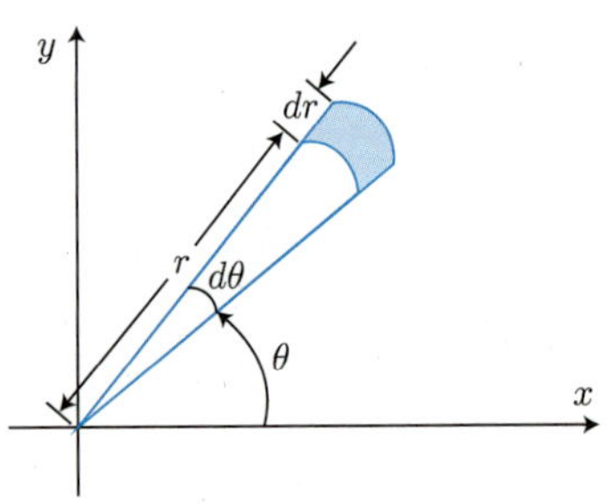

[그림 4-20] 두 랜덤 변수의 변환

회색 영역은 $r < R \le r+dr$이고 $\theta < \Theta \le \theta+d\theta$인 영역이다. 이 영역에서 랜덤 변수 $\boldsymbol{R}$과 $\boldsymbol{\Theta}$가 발생할 확률은 dr, $d\theta$가 미소간격일 때 다음과 같다.

$$P(r < R \le r+dr, \theta < \Theta \le \theta+d\theta) = p_{R\Theta}(r,\theta)\,dr\,d\theta$$

한편 xy-평면상에서 $r < R \le r+dr$, $\theta < \Theta \le \theta+d\theta$에 해당하는 영역은 [그림 4-20]의 회색 영역이다. 이 영역의 면적 $rdrd\theta$에서 두 랜덤 변수 $\boldsymbol{X}$와 $\boldsymbol{Y}$가 발생할 확률은 $p_{XY}(x,y)\,rdrd\theta$이므로 다음 식이 성립한다.

$$\frac{1}{2\pi\sigma^2}\, e^{-(x^2+y^2)/2\sigma^2} rdrd\theta = p_{R\Theta}(r,\theta)drd\theta$$

따라서

$$p_{R\Theta}(r,\theta) = \frac{r}{2\pi\sigma^2}\, e^{-(x^2+y^2)/2\sigma^2} = \frac{r}{2\pi\sigma^2}\, e^{-r^2/2\sigma^2}$$

이며 Θ는 $(0,2\pi)$ 사이에만 존재하므로

$$p_R(r) = \int_0^{2\pi} p_{R\Theta}(r,\theta)\, d\theta = \frac{r}{\sigma^2}\, e^{-r^2/2\sigma^2}, \quad r \geq 0$$

이 된다. 위 식을 **레일레이**Rayleigh **확률밀도 함수**라고 한다. 같은 방법으로

$$\begin{aligned} p_\Theta(\theta) &= \int_{-\infty}^{\infty} p_{R\Theta}(r,\theta)drd\theta \\ &= \frac{1}{2\pi}\int_0^{\infty} \frac{r}{\sigma^2}\, e^{-r^2/2\sigma^2} dr \\ &= \frac{1}{2\pi}\int_0^{\infty} r'\, e^{-r'^2/2} dr' \\ &= \frac{1}{2\pi}, \quad 0 \leq \theta \leq 2\pi \qquad \left(\leftarrow \int_0^{\infty} x\, e^{-ax^2} dx = \frac{1}{2a}\right) \end{aligned}$$

이므로 $p_\Theta(\theta)$는 $0 \leq \theta \leq 2\pi$에서 **균일 분포**를 가진다.

Chapter 04 연습문제

4.1 하나는 빨간색, 다른 하나는 노란색인 정육면체 주사위 2개를 동시에 던지는 실험에서, 윗면에 점의 개수가 많은 주사위를 선택한다고 하자. 단, 점의 개수가 같으면 빨간색 주사위를 선택한다. 두 랜덤 변수 $\boldsymbol{X}, \boldsymbol{Y}$가 다음과 같이 정의될 때 물음에 답하라.

$\boldsymbol{X}$: 빨간색 주사위가 선택되면 1, 노란색 주사위가 선택되면 2값을 가짐
$\boldsymbol{Y}$: 선택된 주사위의 점의 개수

(a) 두 랜덤 변수 $\boldsymbol{X}, \boldsymbol{Y}$의 결합 표본공간 $S_{\boldsymbol{X},\boldsymbol{Y}}$를 구하라.
(b) 결합 확률분포 $P_{XY}(x_i, y_j)$를 그림으로 나타내라.
(c) 부분 확률 $P_X(x)$, $P_Y(y)$를 구하라.
(d) 두 랜덤 변수 $\boldsymbol{X}, \boldsymbol{Y}$는 서로 독립임을 보여라.

4.2 랜덤하게 발생하는 a, b, c, d의 네 가지 심벌에 대해 $a \rightarrow (00)$, $b \rightarrow (01)$, $c \rightarrow (11)$, $d \rightarrow (10)$로 2비트 부호를 할당하여 이진 부호 형태로 전송하고자 한다. 심벌의 발생 확률과 랜덤 변수 $\boldsymbol{X}, \boldsymbol{Y}$의 정의가 다음과 같을 때 물음에 답하라.

$\boldsymbol{X}$: 이진 부호의 첫 번째 비트값
$\boldsymbol{Y}$: 이진 부호의 두 번째 비트값

$$P_a = \frac{1}{8},\ P_b = \frac{1}{8},\ P_c = \frac{1}{4},\ P_d = \frac{1}{2}$$

(a) 결합 표본공간 $S_{\boldsymbol{X},\boldsymbol{Y}}$를 구하라
(b) 결합 확률분포를 그림으로 나타내라.
(c) 부분 확률밀도 함수 $P_X(x)$, $P_Y(y)$를 구하라.
(d) $\boldsymbol{X}$와 $\boldsymbol{Y}$는 독립인가?

4.3 두 랜덤 변수 X와 Y의 결합 확률이 다음 표와 같을 때, 물음에 답하라.

X \ Y	$Y=0$	$Y=1$	$Y=3$	$P_X(x)$
$X=0$	$\frac{1}{8}$	0	$\frac{1}{4}$	
$X=1$	0	$\frac{1}{8}$	$\frac{1}{4}$	
$X=2$	$\frac{1}{8}$	0	$\frac{1}{8}$	
$P_Y(y)$				

(a) 랜덤 변수의 부분 확률을 구하고, 빈 칸을 채워라.

(b) 두 랜덤 변수는 서로 독립인가?

4.4 두 랜덤 변수 X와 Y의 결합 표본공간과 결합 확률이 다음과 같을 때, 물음에 답하라.

$$S_{X,Y} = \{(1,1),(2,2),(3,3),(4,4)\}$$
$$P_{XY}(1,1) = 0.1,\ P_{XY}(2,2) = 0.35,\ P_{XY}(3,3) = 0.05,\ P_{XY}(4,4) = 0.5$$

(a) 결합 누적 확률분포 $F_{XY}(x,y)$를 그림으로 나타내라.

(b) $P_{XY}\{X \le 2.5, Y \le 6\}$을 구하라.

(c) $P_X\{X \le 3\}$을 구하라.

4.5 두 연속 랜덤 변수 X, Y의 결합 누적분포 함수 $F_{XY}(x,y)$가 다음과 같을 때, 물음에 답하라. 단, $a = \frac{1}{2}$이고 $u(x)$, $u(y)$는 단위 계단 함수이며, $a > 0$다.

$$F_{XY}(x,y) = u(x)u(y)[1 - e^{-ax} - e^{-ay} + e^{-a(x+y)}]$$

(a) $F_{XY}(x,y)$를 그림으로 나타내라.

(b) $P\{X \le 1, Y \le 2\}$를 구하라.

(c) $P\left\{\frac{1}{2} \le X \le \frac{3}{2}\right\}$을 구하라.

4.6 두 랜덤 변수 $\boldsymbol{X}, \boldsymbol{Y}$의 결합 확률밀도 함수가 다음과 같을 때, 물음에 답하라.

$$P_{XY}(x,y) = \begin{cases} (x^2+y^2)/8\pi & x^2+y^2 \le b \\ 0 & elsewhere \end{cases}$$

(a) b값을 구하라

(b) $P\{0.5b < X^2 + Y^2 \le 0.8b\}$를 구하라.

4.7 두 랜덤 변수 $\boldsymbol{X}, \boldsymbol{Y}$가 결합 가우시안 확률밀도 함수를 가질 때, 물음에 답하라. 단, $-1 \le \rho \le 1$이다.

$$P_{XY}(x,y) = \frac{1}{2\pi\sqrt{1-\rho^2}} exp\left[-\frac{x^2-2\rho xy+y^2}{2(1-\rho^2)}\right]$$

(a) 랜덤 변수 $\boldsymbol{X}$와 $\boldsymbol{Y}$의 부분 확률밀도 함수를 구하라.

(b) 두 랜덤 변수가 서로 독립임을 보여라.

4.8 두 랜덤 변수 $\boldsymbol{X}, \boldsymbol{Y}$의 결합 확률밀도 함수가 다음과 같을 때, $\boldsymbol{X}$와 $\boldsymbol{Y}$의 부분 확률밀도 함수를 구하고 그림으로 나타내라.

$$\begin{aligned} P_{X,Y}(x,y) = \ & 0.1\delta(x)\delta(y) + 0.12\delta(x-4)\delta(y) + 0.05\delta(x)\delta(y-1) \\ & + 0.25\delta(x-2)\delta(y-1) + 0.3\delta(x-2)\delta(y-2) \\ & + 0.18\delta(x-4)\delta(y-3) \end{aligned}$$

4.9 랜덤 변수 $\boldsymbol{X}$와 $\boldsymbol{Y}$가 $\boldsymbol{Y} = a\boldsymbol{X}$의 관계를 가질 때, 상관계수 ρ_{XY}를 구하고 $\boldsymbol{X}$와 $\boldsymbol{Y}$의 상관관계를 설명하라.

4.10 랜덤 변수 $\boldsymbol{\Theta}$와 $\boldsymbol{Y}$가 다음과 같은 관계를 가질 때, 랜덤 변수 $\boldsymbol{Y}$의 확률밀도 함수 $p_Y(y)$를 구하라. 단, $\boldsymbol{\Theta}$는 구간 $(-\pi/2, \pi/2)$에서 균일한 랜덤 변수다.

$$\boldsymbol{Y} = 3\sin\boldsymbol{\Theta}$$

4.11 [연습문제 4.1]의 랜덤 변수 $\boldsymbol{Y}$에 대한 평균 m_Y와 분산 σ_Y^2을 구하라.

4.12 랜덤 변수 $\boldsymbol{X}$는 구간 $[-1,1]$ 사이에서 균일하다. $Y = X^2$의 관계를 가질 때 물음에 답하라.

(a) $\boldsymbol{Y}$의 확률밀도 함수 $p_Y(y)$를 구하라.

(b) $\boldsymbol{X}$와 $\boldsymbol{Y}$의 평균과 분산을 구하라.

(c) $\boldsymbol{X}$와 $\boldsymbol{Y}$의 상관계수 ρ_{XY}를 구하라.

(d) $\boldsymbol{X}$와 $\boldsymbol{Y}$의 상관관계를 설명하라.

4.13 평균이 0이고 분산이 σ_X^2인 가우시안 랜덤 변수 $\boldsymbol{X}$는 랜덤 변수 $\boldsymbol{Y}$와 $Y = X^3$의 관계를 가지고 있다. $\boldsymbol{Y}$의 확률밀도 함수 $p_Y(y)$를 구하라.

4.14 세 개의 통신 경로를 통하여 메시지를 수신하는 컴퓨터 시스템이 있다. j번째 경로를 통해 수신되는 메시지의 수를 랜덤 변수 X_j라고 할 경우, X_1, X_2, X_3의 결합 확률밀도 함수가 다음과 같이 주어진다. $0 < a_i < 1$일 때 $p(x_1, x_2)$ 및 $p(x_1)$을 구하라.

$$p_{X_1, X_2, X_3}(x_1, x_2, x_3) = (1-a_1)(1-a_2)(1-a_3)a_1^{x_1} a_2^{x_2} a_3^{x_3}$$
$$x_1 \geq 0,\ x_2 \geq 0,\ x_3 \geq 0$$

Chapter

05

랜덤 과정

Random Process

이 장의 학습 내용

학습목표

- 랜덤 과정의 기본 개념을 익히고 표본 함수와 앙상블이 무엇인지 살펴본다.
- 이산 랜덤 과정과 연속 랜덤 과정의 형태를 살펴보고 예제를 통해 그 개념을 익힌다.
- 랜덤 과정의 M차 통계를 계산하는 방법을 익히면서, 특히 $M=2$인 2차 통계에 대해 집중적으로 살펴본다.
- 랜덤 과정의 평균과 자기 상관 함수의 개념을 익히고 자기 상관 함수가 가지고 있는 스펙트럼 정보를 살펴본다.
- WSS 랜덤 과정이란 무엇인지 공부하고 평균과 자기 상관 함수를 구해본다.
- 주기적인 WSS 랜덤 과정의 기본 개념과 에르고딕 랜덤 과정에 대해 살펴본다.
- 선형 시스템을 통과하는 랜덤 과정의 특성을 살펴본다.
- 포아송 랜덤 과정과 가우시안 랜덤 과정의 통계적 특성을 살펴본다.
- 랜덤 과정의 자기 상관 함수와 전력밀도 스펙트럼의 관계를 알아본다.

랜덤한 형태로 발생하는 실험 결과를 실수로 대응시켜 얻은 랜덤 변수는 확률밀도함수 혹은 확률분포를 통해 평균이나 분산과 같은 통계값을 얻을 수 있으며, 이를 통해 여러 가지 랜덤 현상을 수학적으로 표현하고 분석하게 된다.

랜덤 변숫값이 하나의 실수값이긴 하지만 실제로는 시간의 함수인 경우가 매우 많다. 예를 들어 어떤 지점에서 정오 시간의 교통량을 측정한다고 하자. 교통량은 매일매일 다른 값을 가지므로 랜덤 변수로 취급할 수 있으며 이를 일정 기간 동안 측정하여 모으면 랜덤 변수의 값들이 모인 랜덤 변수의 표본공간이 될 수 있다. 이렇게 측정된 교통량을 실수로 대응시켜 얻은 랜덤 변수를 $\boldsymbol{X}$라고 하면, 측정된 랜덤 변수 $\boldsymbol{X}$의 값들을 토대로 확률 밀도 $p_X(x)$도 결정하고 $\boldsymbol{X}$의 평균값, 즉 평균 교통량 등을 구할 수 있다.

하지만 정오에서 시작하여 출퇴근 시간대를 포함한 오후 전체의 교통량 값을 측정한다면 시간대에 따라 큰 차이를 보일 것이다. 이와 같이 실제 현실에서 랜덤 변수 $\boldsymbol{X}$는 대부분 시간의 함수다. 따라서 단순히 랜덤 변수 $\boldsymbol{X}$로 표시하기보다는 이를 시간의 함수 $\boldsymbol{X}(t)$로 표현하여 다루는 것이 현실적이라고 할 수 있다. 이와 같이 시간의 함수 형태를 갖는 랜덤 변수를 랜덤 과정^random process, or stochastic process^이라고 부른다. 특히 통신 공학의 경우 랜덤 변수보다는 랜덤 과정을 통해 신호나 시스템을 분석하고 해석한다. 이 장에서는 랜덤 과정을 자세히 정의하고 이들이 어떤 형태를 갖는지 설명한다. 또한 랜덤 과정을 해석하고 이를 실제로 어떻게 응용할 수 있는지 여러 가지 예를 들어 살펴보기로 한다.

Section

이 장의 학습 내용

1. 랜덤 과정의 정의

랜덤 과정은 실험 결과에 대해 랜덤 실신호로 대응시키는 과정이다. 대응된 실신호를 표본 함수라고 부르며, 표본 신호들의 전체 집합을 앙상블이라고 한다.

2. 이산 랜덤 과정, 연속 랜덤 과정 및 랜덤 시퀀스

시간 t가 실수값을 가지면 $\boldsymbol{X}(t)$를 연속 랜덤 과정이라고 하고, t가 이산값을 가지면 $\boldsymbol{X}(t)$를 이산 랜덤 과정이라고 한다. 흔히 이산 시간 랜덤 과정으로부터 얻은 랜덤 변수들 $\{X_1, X_2, \cdots, X_n\}$을 순서대로 나열한 것을 랜덤 시퀀스라고 부른다.

3. 랜덤 과정의 평균

랜덤 과정의 평균은 랜덤 과정에 있는 랜덤 변수로 계산된다. 임의의 고정 시간 t_0에 대한 랜덤 변수 $\boldsymbol{X}_0$의 확률밀도 함수는 $p_{X_0}(x)$이므로 각 시간에 존재하는 랜덤 변수 $\boldsymbol{X}_0$의 평균은 다음 식과 같다.

$$m_X(t_0) = E[X_0] = \int_{-\infty}^{\infty} x\, p_{X_0}(x) dx$$

4. 랜덤 과정의 자기 상관 함수

랜덤 과정 $\boldsymbol{X}(t)$의 자기 상관 함수 $R_{XX}(t_1, t_2)$는 다음 식과 같이 정의된다.

$$\begin{aligned} R_{XX}(t_1, t_2) &= E[X(t_1)X(t_2)] \\ &= \int_{-\infty}^{\infty}\int_{-\infty}^{\infty} x_1 x_2\, p_{X(t_1)X(t_2)}(x_1, x_2) dx_1 dx_2 \end{aligned}$$

랜덤 과정의 전력밀도 스펙트럼은 자기 상관 함수를 푸리에 변환하여 얻을 수 있다.

5. WSS 랜덤 과정의 조건

- $m_X(t) = E[X(t)] = c$ $\quad$ c는 상수
- $R_{XX}(t_1, t_2) = R_{XX}(\tau)$ $\quad$ $\tau = |t_2 - t_1|$

6. WSS 랜덤 과정의 자기 상관 함수 특성

- $R_{XX}(\tau)$는 짝함수
- $|R_{XX}(\tau)| \le R_{XX}(0)$
- $R_{XX}(0) = E[X^2(t)]$

7. 주기적인 정적 랜덤 과정의 조건

- $m_X(t + kT_0) = m_X(t)$, T_0는 임의의 주기
- $R_{XX}(t + \tau + kT_0,\ t + kT_0) = R_{XX}(t + \tau,\ t)$

8. 에르고딕 랜덤 과정의 평균

에르고딕 랜덤 과정에서는 시간 평균과 앙상블 평균이 같다.

$$m_X = E[X(t_0)] = < x(t\,;\,s_i) >$$

9. 다중 랜덤 과정의 상호 상관 함수

두 랜덤 과정 $\boldsymbol{X}(t)$, $\boldsymbol{Y}(t)$의 상호 상관 함수 $R_{XY}(t_1, t_2)$는 다음 식과 같이 정의된다.

$$R_{XY}(t_1,\, t_2) = E[X(t_1)\, Y(t_2)]$$

$$R_{XY}(t_1,\, t_2) = R_{YX}(t_2, t_1)$$

10. 포아송 랜덤 과정

임의의 시간 구간 동안 발생하는 어떤 사건의 발생 횟수에 대한 확률분포(확률밀도 함수)를 계산하는 경우 적절한 확률 모델은 **포아송 랜덤 과정**으로, 이산 랜덤 과정 중 하나다.

11. 가우시안 랜덤 과정의 결합 확률밀도 함수

가우시안 랜덤 과정으로부터 발생된 N개의 랜덤 변수들에 대한 결합 확률밀도 함수는 다음과 같이 표현할 수 있다.

$$p_{\boldsymbol{X}}(x_1, \cdots, x_N ; t_1, \cdots, t_N) = \frac{1}{(2\pi)^{N/2}\,|\boldsymbol{C_X}|^{1/2}} \exp\left[-\frac{1}{2}(\boldsymbol{x}-\overline{\boldsymbol{X}})^T \boldsymbol{C_X}^{-1}(\boldsymbol{x}-\overline{\boldsymbol{X}})\right]$$

$$\overline{X_i} = E[X_i] = E[X(t_i)]$$

$$C_{ik} = C_{X_iX_k} = E[(X_i - \overline{X_i})(X_k - \overline{X_k})] = C_{XX}(t_i, t_k) = R_{XX}(t_i, t_k) - \overline{X_i}\,\overline{X_k}$$

12. WSS 가우시안 랜덤 과정의 특성

$$\overline{X_i} = E[X_i] = \overline{X} = \text{상수}$$

$$C_{XX}(t_i, t_k) = C_{XX}(t_k - t_i)$$

$$R_{XX}(t_i, t_k) = R_{XX}(t_k - t_i)$$

13. 두 랜덤 과정의 상호 상관

두 랜덤 과정 $\boldsymbol{X}(t)$와 $\boldsymbol{Y}(t)$의 상호 상관 $R_{XY}(t_1, t_2)$는 다음과 같이 정의된다.

$$\begin{aligned} R_{XY}(t_1, t_2) &= E[X(t_1)\,Y(t_2)] \\ &= E[X(t_2)\,Y(t_1)] \end{aligned}$$

14. 결합 정적 랜덤 과정의 상호 상관 함수

두 랜덤 과정 $\boldsymbol{X}(t)$, $\boldsymbol{Y}(t)$의 상호 상관 함수 $R_{XY}(t_1, t_2)$는 다음 식과 같이 정의된다.

$$R_{XY}(t_1,\ t_2) = R_{YX}(t_2,\ t_1) = R_{XY}(\tau) = R_{YX}(\tau)$$

15. 복소 랜덤 과정의 자기 상관 함수

복소 랜덤 과정 $\boldsymbol{Z}(t) = \boldsymbol{X}(t) + j\,\boldsymbol{Y}(t)$의 자기 상관 함수는 다음과 같이 정의된다.

$$\begin{aligned} \phi_{ZZ}(t_1, t_2) &= E\left[Z_{t_1}^* \cdot Z_{t_2}\right] \\ &= E\left[(X_{t_1} - j\,Y_{t_1})(X_{t_2} + j\,Y_{t_2})\right] \end{aligned}$$

여기에서 두 랜덤 과정 $\boldsymbol{X}(t)$와 $\boldsymbol{Y}(t)$가 각각 정적 랜덤 과정이고, 또한 결합 정적 랜덤 과정일 경우 $\boldsymbol{Z}(t)$는 정적 복소 랜덤 과정이 된다.

5.1 랜덤 과정의 기본 개념

랜덤 과정 $\boldsymbol{X}(t)$는 랜덤 변수 $\boldsymbol{X}$를 시간적으로 확장한 개념이라고 볼 수 있다. 랜덤 과정은 랜덤 신호나 시스템을 다루는 데 아주 유용한 수학적 도구로 사용된다.

▪ 표본 함수

랜덤 변수가 임의의 실험으로부터 얻은 결과 s_i에 대해 실수값으로 일대일 대응시켰듯이 랜덤 과정은 실험 결과 s_i에 대해 랜덤 실신호real random signal로 대응시키는 과정이다. 대응된 실신호를 **표본 함수**sample function라고 부르며, 표본 신호의 전체 집합을 **앙상블**ensemble이라고 한다.

▪ **앙상블**
: 랜덤 과정 $X(t)$에 대한 표본 함수 집합

앞에서 예로 든 어떤 지점의 교통량 측정을 다시 살펴보자. 정오의 교통량만을 측정할 것이 아니라 하루의 교통량을 모두 측정하여 데이터를 모으면 시간대에 따라 랜덤하게 변하는 함수 $x(\xi_i;t)$를 얻을 수 있다(ξ_i는 교통량을 측정한 날day을 의미한다). 매일 이 과정을 반복하여 각 날에 해당하는 교통량 함수 $x(\xi_i;t)$를 모두 모아 얻은 집합을 **앙상블**이라고 한다. 이때 $x(\xi_i;t)$를 t에 대해 그리면 하나의 파형 형태가 되는데, 이를 **표본 함수**라고 한다. 랜덤 과정에서 말하는 표본 함수는 랜덤 변수에서 언급한 실수값 혹은 표본값sample value에 해당되는 말이다. 표본 함수의 집합이 앙상블이라고 할 수 있다.

교통량을 측정한 날 ξ_i에 대해 교통량 표본 함수 $x(\xi_i;t)$로 대응시키는 과정(혹은 규칙)을 통칭하여 랜덤 과정 $\boldsymbol{X}(t)$라고 한다. $\boldsymbol{X}(t)$가 가질 수 있는 실제 함수는 표본 함수 $x(\xi_i;t)$가 되고, 표본 함수의 집합은 랜덤 과정 $\boldsymbol{X}(t)$의 앙상블이 되는 것이다. 결론적으로 앙상블이란 랜덤 과정 $\boldsymbol{X}(t)$의 표본공간이라고 말할 수 있다. 랜덤 과정 $\boldsymbol{X}(t)$의 앙상블에 속한 표본 함수는 유한개가 될 수도, 무한개가 될 수도 있다.

한 가지 유의할 점은 앙상블에 있는 파형 자체는 랜덤하지 않을 수 있다는 점이다. 랜덤 과정이 갖는 랜덤 특성은 표본 함수 파형 자체의 랜덤 특성이 아니라, 앙상블 내에 존재하는 파형 중 어떤 파형이 발생할지 모르는 것이다. 이는 랜덤 변수에서도 유사하다. 동전을 던지는 실험에서 동전의 앞면과 뒷면 자체는 이미 정해져 있는[deterministic] 결과지만, 두 개 중 어느 면이 나올지 모른다는 점에서 랜덤하다고 할 수 있다.

예를 들어 [그림 5-1]과 같이 이진 데이터를 두 신호 함수 $(\sin\omega t)$와 $(-\sin\omega t)$를 이용해 전송하는 경우를 생각해보자. 이진 데이터 0을 전송해야 하는 경우 0 대신 신호 $x(s=0,t)=\sin\omega t$를 전송하고, 1을 전송해야 하는 경우 신호 $x(s=1,t)=-\sin\omega t$를 전송한다고 한다.

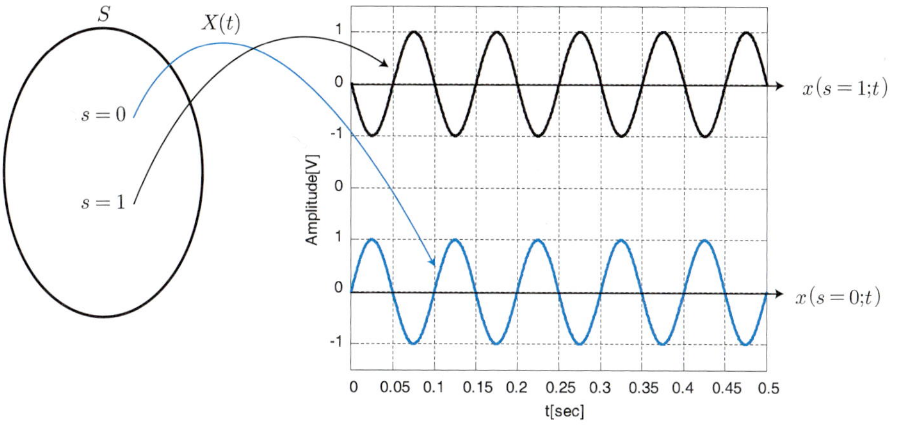

[그림 5-1] 사인파 표본 함수로 구성된 랜덤 과정

그러면 표본 함수의 앙상블은 $\boldsymbol{X}(t,s)=\{\sin\omega t,\ -\sin\omega t\}$이고, 실험 결과에 대한 표본공간은 $\{0,1\}$이 될 것이다. 이를 두 표본 함수에 대응시키는 과정(혹은 규칙)을 랜덤 과정 $\boldsymbol{X}(t,s)$(혹은 $\boldsymbol{X}(t)$)라고 한다. 또한 랜덤 과정 $\boldsymbol{X}(t)$가 갖는 실제 함수는 $x(s,t)=\sin\omega t$ 혹은 $x(s,t)=-\sin\omega t$가 된다. [표 5-1]은 이와 같은 랜덤 과정의 구성 요소를 나타낸 것이다.

[표 5-1] 랜덤 과정의 구성 요소

앙상블	$\boldsymbol{X}(t,s)=\{\sin\omega t,\ -\sin\omega t\}$
표본공간	{0,1}
랜덤 과정	$\boldsymbol{X}(t,s)$ or $\boldsymbol{X}(t)$
표본 함수	$x(s,t)=\sin\omega t$ or $x(s,t)=-\sin\omega t$

위에서 설명한 랜덤 과정을 다시 정의하면 다음과 같다.

$$\boldsymbol{X}(t,s) = A(s)\sin\omega t \tag{5.1}$$

$s=0$이면 $A(s)=1$, $s=1$이면 $A(s)=-1$이다. [그림 5-1]의 랜덤 과정에서 표본 함수 $x(s,t)=\sin\omega t$ 혹은 $x(s,t)=-\sin\omega t$ 자체는 결정 함수지만, 어떤 표본 함수가 발생할지 알 수 없다는 점에서 랜덤 특성을 갖는다.

[그림 5-2]는 잡음 신호를 측정한 날을 s_i로 표시하여, 통신 시스템에서 측정한 잡음 신호를 나타낸 것이다. 대응하는 잡음 신호를 $x(s_i;t)$로 표시한 랜덤 과정 $\boldsymbol{X}(t)$의 개념을 잘 보여주고 있다.

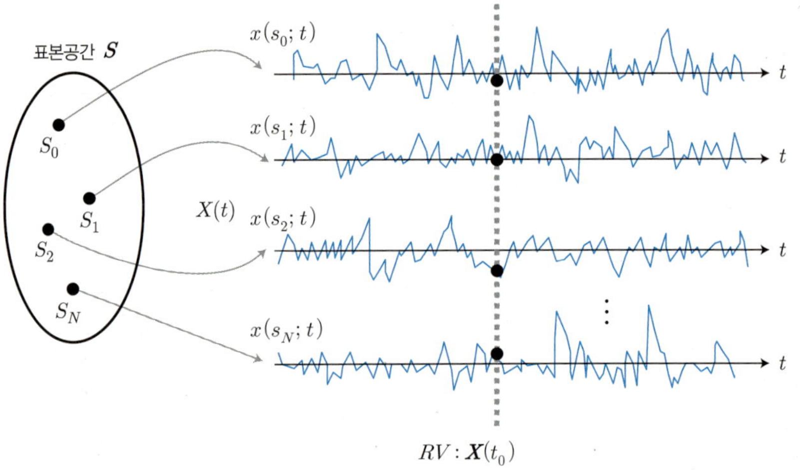

[그림 5-2] **잡음 측정에 의한 랜덤 과정의 형성**

[그림 5-2]에서 시간을 $t=t_0$로 고정하면 t_0에 대한 표본 함숫값 $x(s_i;t_0)$를 얻을 수 있다. 각각의 s_i에 대한 표본 함숫값 $x(s_i;t_0)$이 모여 하나의 랜덤 변수가 형성되며, 이렇게 얻은 랜덤 변수는 $\boldsymbol{X}(t_0)$로 표시한다. 앞으로 랜덤 변수 $\boldsymbol{X}(t_0)$는 $\boldsymbol{X}_0$로 표시하도록 한다.

다시 말해 랜덤 과정에서 각각 다른 시각을 고정시킬 때마다 각각의 랜덤 변수를 발생시킬 수 있고, 랜덤 변수의 집합 $\{X_0, X_1, \cdots, X_n\}$의 통계적 특성을 통해 랜덤 과정 $\boldsymbol{X}(t)$의 통계적 특성을 표현할 수 있다.

■ 연속 랜덤 과정

■ 이산 랜덤 과정

시간 t가 실수값을 가지면 $\boldsymbol{X}(t)$를 **연속 랜덤 과정**continuous random process, t가 이산값을 가지면 $\boldsymbol{X}(t)$를 **이산 랜덤 과정**discrete random process이라고 한다. 일반적으

로 이산 시간 랜덤 과정으로부터 얻은 랜덤 변수 $\{X_1, X_2, \cdots, X_n\}$을 순서대로 나열한 것을 **랜덤 시퀀스**random sequence라고 한다. 랜덤 시퀀스의 이산 시간값은 주로 정수값을 가지며, 랜덤 시퀀스값 간의 시간 구간은 일반적으로 균일하다.

▪ 랜덤 시퀀스

랜덤 시퀀스는 연속 랜덤 시퀀스continuous random sequence와 이산 랜덤 시퀀스discrete random sequence로 다시 분류할 수 있다. 연속 랜덤 시퀀스는 이산 시간을 갖지만 랜덤 시퀀스가 갖는 값 자체는 연속값이고, 이산 랜덤 시퀀스는 시간과 시퀀스값 모두 이산값을 가진다.

[그림 5-3]은 랜덤 과정 $\boldsymbol{X}(t) = A(s)\sin\omega t$에 대해 매 0.02[sec]마다 표본화하여 얻은 연속 랜덤 시퀀스를 나타낸 것이다. 여기에서 $A(s)$는 (0,1)에서 균일한 랜덤 변수이며, 주파수가 $f = 5[\mathrm{Hz}]$인 표본 함수 5개만을 (0,0.5)[sec] 동안 발생시켜 [그림 5-3]에 나타낸 것이다. 랜덤 시퀀스값 간의 시간 간격은 0.02[sec]로 균일하며, 이들 시퀀스값은 연속값을 가진다.

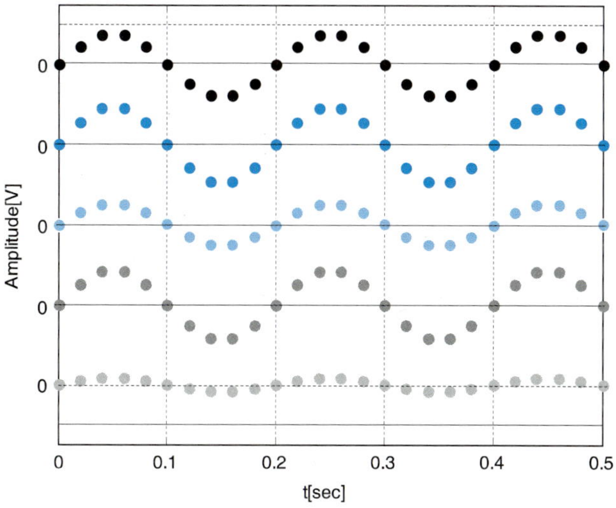

[그림 5-3] 연속 랜덤 시퀀스의 예

[그림 5-2]의 표본 함수들은 실험적인 측정값에 의해 발생된 것으로, 표본 함숫값 자체가 랜덤하기 때문에 수식으로 표현할 수 없는 경우다. 반대로 [그림 5-1]의 표본 함수는 그 자체를 하나의 수식으로 표현할 수 있지만, 표본값 s에 따라 어떤 표본 함수가 발생될지 예측할 수 없는 경우다.

유사한 예로, $\boldsymbol{X}(t) = A\cos(\omega_c t + \boldsymbol{\Theta})$로 표시되는 랜덤 과정을 생각해보자. 여기에서 $\boldsymbol{\Theta}$는 $(0, 2\pi)$에서 균일 분포를 갖는 랜덤 변수다. 랜덤 과정 $\boldsymbol{X}(t)$의 앙상블에 속한 표본 함수는 진폭이 A, 각속도가 ω_c인 코사인 함수지만, $\boldsymbol{\Theta}$가 $(0, 2\pi)$에서 균일한 랜덤 변수이므로 이 함수의 위상 $\boldsymbol{\Theta}$는 $(0, 2\pi)$ 구간의 값 중 어느 값이라도 나올 수 있다. 따라서 랜덤 과정 $\boldsymbol{X}(t)$의 앙상블에 속한 표본 함수는 하나의 수식으로 표현되지만, 어떠한 위상값을 갖는 표본 함수가 발생될지 예측할 수 없는 것이다([예제 5-2] 참조).

랜덤 과정을 정의하여 얻는 이점은 랜덤 변수의 경우와 마찬가지로 평균 개념을 사용할 수 있다는 것이다. 랜덤 과정에 대한 평균은 두 가지가 있다.

- 앙상블 평균
- 시간 평균

먼저 랜덤 과정에서 시간을 $t = t_0$로 고정시켜 얻은 랜덤 변수 $\boldsymbol{X}(t_0)$ 혹은 $\boldsymbol{X}_0$ 값의 평균이 있다. 이 값은 앙상블에 속한 각 표본 함수로부터 얻은 것이므로 **앙상블 평균**ensemble average이라고 한다. 반대로 전체 시간에 대한 특정 표본 함수 $x(s_i; t)$의 평균을 **시간 평균**time average이라고 한다.

예제 5-1 랜덤 과정으로부터 발생된 랜덤 변수의 평균

랜덤 이진 데이터를 전송하는 경우 0이 나오면 표본 함수 $x(0;t) = \sin(2\pi t)$에 대응시키고, 1이 나오면 표본 함수 $x(1;t) = \sin(2\pi t + \pi/2)$에 대응시키는 랜덤 과정 $\boldsymbol{X}(t)$가 있다. $t = 0$에서 랜덤 과정 $\boldsymbol{X}(t=0)$는 랜덤 변수 $\boldsymbol{X}_0$로 표시할 수 있다고 한다. 랜덤 변수 $\boldsymbol{X}_0$의 확률밀도 함수를 구하라.

풀이

$t = 0$에서 진폭은 1보다 클 수 없고

$$x(s=0; t=0) = 0, \ x(s=1; t=0) = 1$$

두 값만을 가진다. 따라서 확률밀도 함수는 다음과 같이 표현할 수 있다.

$$p_{X_0}(x) = \left\{\frac{1}{2}\delta(x) + \frac{1}{2}\delta(x-1)\right\}$$

여기에서 $\boldsymbol{X}_0$는 진폭 랜덤 변수이고, x는 0과 1의 값을 갖는 랜덤 변수 $\boldsymbol{X}_0$값이다.

랜덤 과정의 M차 통계

임의로 선택된 시간 $(t_0, t_1, \cdots, t_n) \in \mathbb{R}^n$에 대해 $\{X_0, X_1, \cdots, X_n\}$의 결합 확률밀도가 주어질 경우, 랜덤 과정 $\boldsymbol{X}(t)$는 n개의 랜덤 변수에 의한 통계 특성으로 표현될 수 있다. 특히 $n \le M$인 모든 n에 대해 $\{X_0, X_1, \cdots, X_n\}$의 결합 확률밀도 $p_{X_0 X_1 \cdots X_n}(x_0, x_1, \cdots, x_n)$이 주어지면, 랜덤 과정 $\boldsymbol{X}(t)$는 **M차 통계** M^{th}order statistics로 표현된다. 특히 $M=2$인 2차 통계에 의한 랜덤 과정의 표현은 통신 시스템에서 매우 중요한 역할을 한다.

▪ M차 통계

2차 통계에 의해 랜덤 과정 $\boldsymbol{X}(t)$가 표현된다는 것은, 모든 시간 t에 대한 랜덤 변수 $X(t)$의 확률밀도 함수 $p_X(t)$가 주어진다는 것(1차 통계)일 뿐만 아니라, 임의로 선택한 시간 (t_1, t_2)에 대한 랜덤 변수 $\{X_1, X_2\}$의 결합 확률밀도 $p_{X_1 X_2}(x_1, x_2)$도 주어진다는 것을 말한다(2차 통계). 2차 통계를 통해 랜덤 과정 $\boldsymbol{X}(t)$의 자기 상관 함수 등과 같은 중요한 통계적 특성을 알 수 있다. 다음 절에서 자기 상관 함수에 대해 자세히 설명할 것이다.

일반적으로 하나의 랜덤 과정 $\boldsymbol{X}(t)$로부터 발생된 랜덤 변수 $X_1, X_2, \cdots, X_N$은 서로 관련성이 있는 경우가 많고, 결합 확률밀도 함수 $p_{X1 \cdots X_N}(x_1, \cdots, x_N)$에 의해 표현될 수 있으므로 랜덤 변수 간의 관련성을 측정하여 공학적으로 이용한다. 이상적으로는 결합 확률밀도 함수의 차수가 무한대($N \to \infty$)가 될 수도 있는데, N값이 클 경우 N차의 결합 확률밀도 함수를 결정하는 일은 매우 어렵다. 하지만 랜덤 과정을 적용하는 시스템이 선형 시스템일 경우, 1차 혹은 2차의 결합 확률밀도 함수만 알아도 선형 시스템에 이를 충분히 활용할 수 있다.

1차 통계이든 M차 통계이든, 랜덤 과정을 표현하려면 앙상블 통계가 필요하지만, 완벽한 앙상블 통계를 얻는 것은 불가능하다. 왜냐하면 무한개의 표본 함수가 필요하기 때문이다. 따라서 실험적인 측정에 의해 얻어지는 랜덤 과정의 경우, 유한개의 표본 함수에 대해 M차 통계를 얻은 후 이를 앙상블 통계로 근사화할 수밖에 없다. 또한 어떤 랜덤 과정의 경우(예를 들면, 에르고딕 랜덤 과정)는 하나의 표본 함수에 대한 통계가 전체 앙상블 통계와 일치하여, 표본 함수에 대한 통계로 앙상블 통계를 대치하는 경우도 있다.

5.2 랜덤 과정의 평균과 자기 상관 함수

5.2.1 랜덤 과정의 평균

랜덤 과정 $\boldsymbol{X}(t)$에서 임의로 고정된 시간 $t=t_0$에 대한 랜덤 변수 $\boldsymbol{X}(t_0)$의 평균 $E[X(t_0)]$는 [그림 5-4]와 같이 모든 t값에 대해 존재한다. 이때 형성되는 함수 $m_X(t)$를 랜덤 과정 $\boldsymbol{X}(t)$의 **통계적 평균**statistical average이라고 하고, 식 (5.2)와 같이 표시한다.

■ 통계적 평균

$$m_X(t)=E[X(t)] \tag{5.2}$$

즉, 랜덤 과정의 평균은 랜덤 과정에 있는 랜덤 변수를 통해 계산한다. 임의의 고정 시간 t_0에 대한 랜덤 변수 $\boldsymbol{X_0}$의 확률밀도 함수는 $p_{X_0}(x)$이므로, 각 시간에 존재하는 랜덤 변수 $\boldsymbol{X_0}$의 평균은

$$m_X(t_0)=E[X_0]=\int_{-\infty}^{\infty} x\, p_{X_0}(x)dx \tag{5.3}$$

이다. 이때 $m_X(t)$는 $m_X(t_0)$가 연속하여 만들어내는 함수다. [그림 5-4]는 이러한 개념을 잘 보여준다.

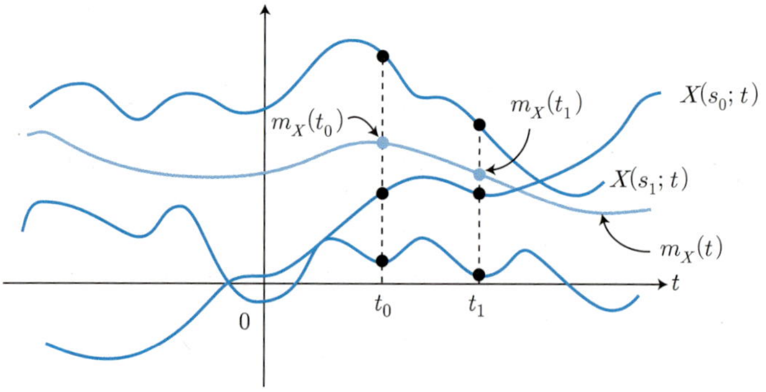

[그림 5-4] 랜덤 과정의 평균 개념

예제 5-2 랜덤 과정의 평균 계산

다음 랜덤 과정 $\boldsymbol{X}(t)$에 대해 물음에 답하라. 단, $\boldsymbol{\theta}$는 $[0, 2\pi]$ 구간에서 균일한 분포를 갖는 랜덤 변수다.

$$\boldsymbol{X}(t) = A\cos(2\pi f_0 t + \boldsymbol{\theta})$$

(a) $(0, 0.5)$[sec] 구간에 대해 $A = 0.7$, $f_0 = 20$[Hz]인 표본 함수 5개를 발생시켜라. 단, 각 표본 함수의 표본 개수는 $N = 1000$개다.

(b) 랜덤 과정 $\boldsymbol{X}(t)$의 평균을 구하라.

풀이

(a) 우선 1000개째의 표본은 0.5[sec]에 해당하므로, 표본과 표본 사이의 간격은 1/2000 [sec]로 산정하여 파형을 나타내야 한다. 또한 각 표본 함수의 위상은 $[0, 2\pi]$ 구간에서 균일한 분포를 갖는 랜덤 변수이므로, [0,1] 구간에서 균일한 분포값을 발생하는 rand 함수를 이용하여 값을 발생시킨다. 그리고 2π를 곱하면 랜덤 변수 $\boldsymbol{\theta}$값을 얻을 수 있다. [그림 5-5]는 MATLAB을 이용하여 발생시킨 랜덤 과정 $\boldsymbol{X}(t)$의 표본 함수이고, 아래는 MATLAB 소스 리스트를 나타낸 것이다.

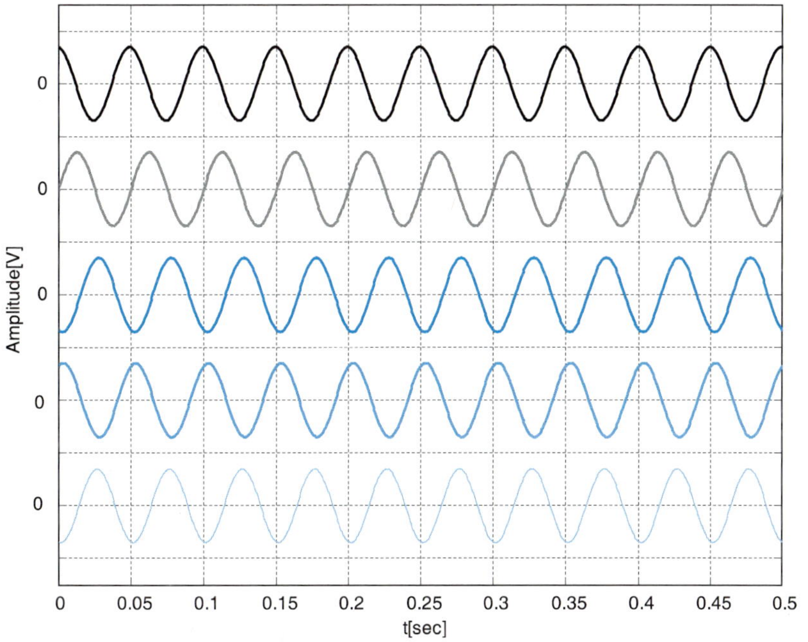

[그림 5-5] 랜덤 과정 $\boldsymbol{X}(t)$의 표본 함수

〈MATLAB〉
```
PI=3.141592;
A = 0.7;                        % 사인파의 진폭
                                %
f=20;                           % 주파수
```

```
N=0:1000;                               % 표본의 개수
Omega=2*PI*f;                           % 각속도
                                        %
t=N ./ 2000;                            % 시간 벡터
                                        %
for i=1:5,
    Theta(i) = 2*pi*rand;
    sine_value(i,:) = A*cos(t .* Omega + Theta(i));
end;
```

(b) θ는 $[0,2\pi]$ 구간에서 균일한 분포를 갖는 랜덤 변수이므로, 확률밀도 함수는 다음과 같은 형태를 갖는다.

$$p_\theta(\theta) = \begin{cases} \dfrac{1}{2\pi} & 0 \le \theta < 2\pi \\ 0 & otherwise \end{cases}$$

임의의 시간 t'에 대한 랜덤 변수 $X(t')$는 $X(t') = A\cos(2\pi f_0 t' + \theta)$이며 랜덤 변수 θ의 함수다.

$$\begin{aligned} E[X(t')] &= \int_{-\infty}^{\infty} X(t')p_\theta(\theta)d\theta \\ &= \int_0^{2\pi} A\cos(2\pi f_0 t' + \theta)\frac{1}{2\pi}d\theta \\ &= 0 \end{aligned}$$

따라서 $m_X(t) = E[X(t)] = 0$이므로, 랜덤 과정 $\boldsymbol{X}(t)$의 평균은 시간 t에 대해 독립이다.

예제 5-3 균일 랜덤 변수를 갖는 랜덤 과정의 평균

다음 랜덤 과정 $\boldsymbol{X}(t)$의 평균을 구하라. 단, ω는 상수이고 A는 $(0,\alpha)$ 사이에서 균일한 랜덤 변수다.

$$\boldsymbol{X}(t) = A\sin\omega t$$

풀이

$$\begin{aligned} E[X(t)] &= \int_0^{\alpha} A\sin(\omega t)\,p_A(a)da \\ &= \sin\omega t\int_0^{\alpha} a\,\frac{1}{\alpha}da \\ &= \left(\frac{1}{\alpha}\right)\sin\omega t \cdot \frac{1}{2}\left[a^2\right]_0^{\alpha} \\ &= \frac{1}{2}\,\alpha\sin\omega t \end{aligned}$$

따라서 랜덤 과정 $\boldsymbol{X}(t)$의 평균은 시간 t의 함수이며, 주기 함수다.

5.2.2 랜덤 과정의 자기 상관 함수

랜덤 과정 $\boldsymbol{X}(t)$에 대한 통계적 평균 개념 중 가장 중요한 특징 중 하나가 랜덤 과정 $\boldsymbol{X}(t)$의 **자기 상관 함수**autocorrelation function다. 자기 상관 함수는 랜덤 특성을 갖는 랜덤 신호의 주파수 스펙트럼 정보를 갖고 있기 때문에, 랜덤 신호의 전력밀도 스펙트럼을 구할 때 반드시 필요한 개념이다.

■ 자기 상관 함수

랜덤 과정 $\boldsymbol{X}(t)$의 자기 상관 함수 $R_{XX}(t_1, t_2)$는 식 (5.4)와 같이 정의한다.

$$\begin{aligned} R_{XX}(t_1,t_2) &= E[X(t_1)X(t_2)] \\ &= \int_{-\infty}^{\infty}\int_{-\infty}^{\infty} x_1 x_2\, p_{X(t_1)X(t_2)}(x_1,x_2)\,dx_1 dx_2 \end{aligned} \tag{5.4}$$

앞으로 랜덤 과정 $\boldsymbol{X}(t)$에 대한 자기 상관 함수 $R_{XX}(t_1, t_2)$는 편의상 $R_X(t_1, t_2)$로 표시하기로 하자.

랜덤 과정의 주파수는 시간에 따라 진폭 변화가 얼마나 빠른가에 따라 달라진다. 이러한 주파수 정보는 시간 t_1과 $(t_1+\tau)$에서의 진폭 간의 상관 정도를 통해 가늠할 수 있다.

[그림 5-6(a)]의 랜덤 과정은 [그림 5-6(b)]의 랜덤 과정에 비해 천천히 변화하는 것을 볼 수 있다. τ가 작을 경우 랜덤 과정 $\boldsymbol{X}(t)$에 대한 $X(t_1)$과 $X(t_1+\tau)$의 진폭은 큰 차이가 나지 않는 반면, $Y(t_1)$과 $Y(t_1+\tau)$의 진폭은 유사점이 거의 없다. 다시 말해 $Y(t_1)$과 $Y(t_1+\tau)$ 사이에는 상관 정도가 별로 없다. 상관correlation 특성이란 두 랜덤 변수 간의 유사성similarity을 말하는 것으로, 시간 t_1과 $(t_1+\tau)$에서의 진폭 간의 유사성은 상관 특성을 이용해 측정할 수 있다.

랜덤 과정 $\boldsymbol{X}(t)$에서의 상관 정도는 식 (5.4)와 같은 자기 상관 함수를 통해 측정할 수 있다. 상관 정도를 계산하려면 표본 함수에 대해 t_1에서의 진폭값과 t_2에서의 진폭값을 곱한 후 이들에 대해 평균을 취하면 된다(4.6절 참조).

랜덤 과정 $\boldsymbol{X}(t)$는 대체적으로 느리게 변하기 때문에 [그림 5-6(a)]에서 $\tau = t_2 - t_1$이 작은 값일 경우, $(X_1 X_2)$는 대부분의 표본 함수에서 양의 값을 갖는다. 하지만 $Y(t)$의 경우 $(Y_1 Y_2)$값은 양의 값과 음의 값이 비교적 고르게 분포되기 때문에, $\boldsymbol{X}(t)$의 자기 상관 함수 $R_X(t_1, t_2)$값은 $\boldsymbol{Y}(t)$의 자기 상관 함수 $R_Y(t_1, t_2)$값보다 훨씬 큰 값을 가진다.

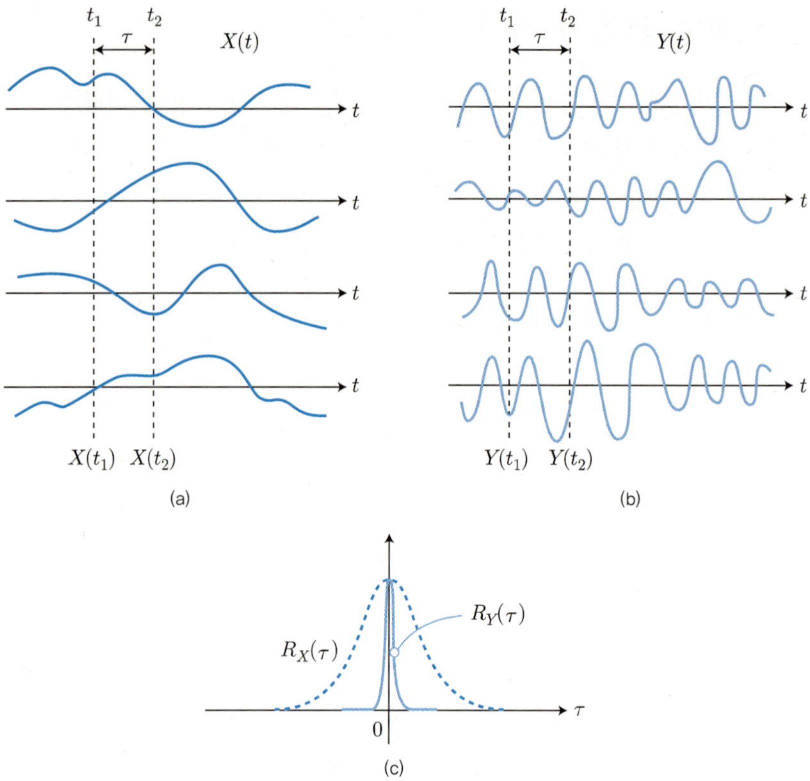

[그림 5-6] 랜덤 과정의 형태에 따른 자기 상관 함수 모양

[그림 5-6(c)]는 이러한 자기 상관 특성을 τ에 따라 그린 것이다. 랜덤 과정 $\boldsymbol{X}(t)$는 $\boldsymbol{Y}(t)$에 비해 진폭이 시간에 따라 대체로 천천히 변하므로 낮은 주파수 스펙트럼 성분이 주도하는 반면, $\boldsymbol{Y}(t)$는 높은 주파수 스펙트럼이 주된 성분이다.

결론적으로 [그림 5-6(c)]처럼 자기 상관 함수의 폭이 좁고 급격히 감소하는 형태이면 랜덤 과정은 고주파의 스펙트럼 성분이 주류를 이루고, 폭이 완만할수록 저주파의 스펙트럼 성분이 주류를 이룬다. 이와 같이 랜덤 과정의 자기 상관 함수는 랜덤 과정의 주파수 특성과 밀접한 관계를 갖는다. 이후에 자기 상관 함수를 푸리에 변환하여 랜덤 과정의 전력밀도 스펙트럼을 구하는 방법에 대해 설명할 것이다.

예제 5-4 랜덤 과정의 자기 상관 함수 계산

[예제 5-2]의 랜덤 과정 $\boldsymbol{X}(t)$에 대한 자기 상관 함수를 구하라.

풀이

$$\begin{aligned} R_X(t_1, t_2) &= E[(A\cos 2\pi f_0 t_1 + \theta)(A\cos 2\pi f_0 t_2 + \theta)] \\ &= A^2 E\left[\frac{1}{2}\cos 2\pi f_0 (t_1 - t_2) + \frac{1}{2}\cos(2\pi f_0 (t_1 + t_2) + 2\theta)\right] \\ &= \frac{A^2}{2}\cos 2\pi f_0 (t_1 - t_2) \end{aligned}$$

$$\left(\leftarrow E[\cos(2\pi f_0 (t_1 + t_2) + 2\theta)] = \int_0^{2\pi} \cos(2\pi f_0 (t_1 + t_2) + 2\theta)\frac{1}{2\pi} d\theta = 0\right)$$

랜덤 과정 $\boldsymbol{X}(t)$의 자기 상관 함수는 시간에 따라 변하기보다는, 두 값의 시간차 $|t_1 - t_2|$에 의해 좌우된다.

5.3 랜덤 과정의 종류

5.3.1 정적 랜덤 과정과 비정적 랜덤 과정

앞서 랜덤 과정 $\boldsymbol{X}(t)$를 표현할 때, n개의 시간 $(t_1, t_2, \cdots, t_n)$에 해당하는 랜덤 변수 집합 $\{X_1, X_2, \cdots, X_n\}$을 만든 후 이들의 결합 확률밀도를 이용하여 랜덤 과정 $\boldsymbol{X}(t)$의 통계적 특성을 알아냈다.

일반적으로 결합 확률밀도 $p_{X_1X_2\cdots X_n}(x_1, x_2, \cdots, x_n)$은 적용되는 기준 시간에 따라 달라지지만, 어떤 랜덤 과정은 $(t_1, t_2, \cdots, t_n)$의 기준 시간이 어디인가에 관계없이 각 시간의 상대적 위치에 의해서만 통계적 특성이나 확률밀도가 변화한다. 이러한 랜덤 과정을 **정적 랜덤 과정**stationary random process이라고 한다. 여기서 특별히 $(t_1, t_2, \cdots, t_n)$의 기준 시간에 관계없이 결합 확률밀도 $p_{X_1X_2\cdots X_n}(x_1, x_2, \cdots, x_n)$가 변화하지 않는 랜덤 과정을 **좁은 의미의 정적 랜덤 과정**Strictly Sense Stationary random process 혹은 **SSS 랜덤 과정**이라고 한다. 식 (5.5)는 이러한 SSS 랜덤 과정의 확률밀도 함수 특성을 나타낸 것이다.

- 정적 랜덤 과정
- 좁은 의미의 정적 랜덤 과정 (=SSS 랜덤 과정)

$$p_{X_1X_2\cdots X_n}(x_1, x_2, \cdots, x_n ; t_1, t_2, \cdots, t_n) = p_{X_1X_2\cdots X_n}(x_1, x_2, \cdots, x_n) \quad (5.5)$$

한편 정적 랜덤 과정과는 반대로, 결합 확률밀도 $p_{X_1X_2\cdots X_n}(x_1, x_2, \cdots, x_n)$가 적용되는 기준 시간에 따라 달라져 랜덤 과정의 통계적 특성이 변화되는 랜덤 과정을 **비정적 랜덤 과정**non-stationary random process이라고 한다.

- 비정적 랜덤 과정

1차 통계를 통해 SSS 랜덤 과정을 표현하는 경우 모든 t_1, t_2에 대해 $p_{X(t_1)}(x) = p_{X(t_2)}(x)$이므로, SSS 랜덤 과정의 확률밀도 함수는 시간 t에 독립이다. 그러나 SSS 랜덤 과정이 실제로 발생하는 경우는 거의 없고, 주로 넓은 의미의 정적 랜덤 과정이 널리 사용된다. **넓은 의미의 정적 랜덤 과정**Wide Sense Stationary random process 혹은 **WSS 랜덤 과정**은 다음 조건을 만족하는 정적 랜덤 과정을 말한다.

- 넓은 의미의 정적 랜덤 과정 (=WSS 랜덤 과정)

- $m_X(t) = E[X(t)] = c$ $\quad$ c는 상수
- $R_{XX}(t_1, t_2) = R_{XX}(\tau)$ $\quad$ $\tau = |t_2 - t_1|$

WSS 랜덤 과정의 자기 상관 함수는 여러 가지 유용한 특성을 가지는데, 대표적으로 다음과 같은 특성이 있다.

- $R_{XX}(\tau)$는 짝함수even function
- $|R_{XX}(\tau)| \leq R_{XX}(0)$
- $R_{XX}(0) = E[X^2(t)]$

예제 5-5 WSS 랜덤 과정의 조건

다음 랜덤 과정 $\boldsymbol{X}(t)$가 WSS 랜덤 과정임을 보여라. 단, $\boldsymbol{\theta}$는 $[0, 2\pi]$ 구간에서 균일한 분포를 갖는 랜덤 변수다.

$$X(t) = A\cos(2\pi f_0 t + \boldsymbol{\theta})$$

$$p_\theta(\theta) = \begin{cases} \dfrac{1}{2\pi} & 0 \leq \theta < 2\pi \\ 0 & otherwise \end{cases}$$

풀이

[예제 5-2]와 [예제 5-4]에서의 랜덤 과정 $\boldsymbol{X}(t)$는 평균이 $m_X(t) = E[\boldsymbol{X}(t)] = 0$이고 자기 상관 함수는 $R_X(t_1, t_2) = \dfrac{A^2}{2}\cos 2\pi f_0(t_1 - t_2) = \dfrac{A^2}{2}\cos 2\pi f_0(\tau)$이므로, WSS 랜덤 과정의 두 조건을 만족한다.

예제 5-6 비정적 랜덤 과정의 발생

다음과 같이 정의되는 랜덤 과정을 MATLAB을 이용하여 발생시키고, 이 랜덤 과정이 비정적 랜덤 과정임을 보여라. 단, $A(s)$는 $(0,1)$에서 균일한 랜덤 변수이고, $\omega = 2\pi f$는 실수다.

$$\boldsymbol{X}(t) = A(s)\sin\omega t$$

풀이

다음 그림은 $A(s)$가 $(0,1)$에서 균일한 랜덤 변수로, $f = 10[\text{Hz}]$인 표본 함수 5개를 MATLAB을 이용해 $(0,\ 0.5)[\text{sec}]$ 동안 발생시킨 것이다.

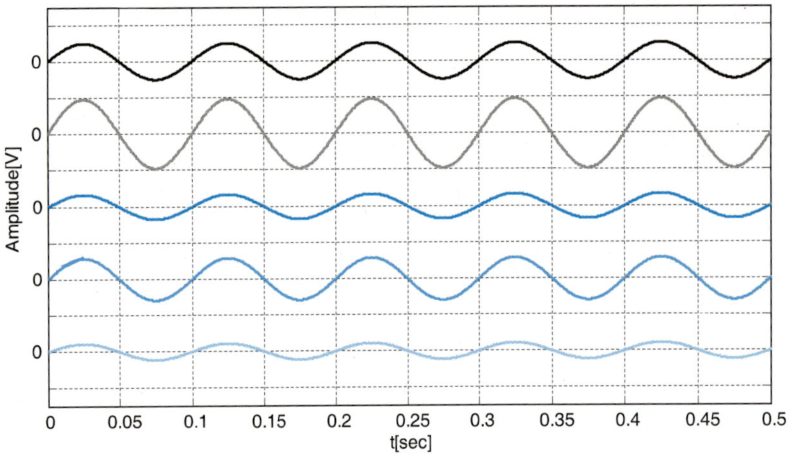

[그림 5-7] **비정적 랜덤 과정의 발생 예**

```
〈MATLAB〉
                                                  %
PI=3.141592;
Theta = 0;                                        % 사인파의 초기 각도
                                                  %
f=10;                                             % 주파수
N=0:1000;                                         % 표본의 개수
Omega=2*PI*f;                                     % 각속도
                                                  %
t=N ./ 2000;
                                                  %
for i=1:5,
    Amp(i) = rand;
    sine_value(i,:) = Amp(i)*sin(t .* Omega + Theta);
end
```

이 랜덤 과정의 경우 시간 t가 변함에 따라 확률밀도 함수가 변한다. 예를 들어 $t=0$일 경우 모든 표본 함수의 진폭이 0이지만, $t \neq 0$일 경우의 진폭은 모두 0은 아니다. 이와 같이 확률밀도 함수가 시간 t에 따라 변하는 랜덤 과정이 **비정적 랜덤 과정**이다.

▪ 주기적인 정적 랜덤 과정

통신 시스템에서 자주 이용되는 랜덤 과정 중 **주기적인 정적 랜덤 과정**cyclostationary random process이 있다. 이는 정적 랜덤 과정과 밀접한 관련이 있는데, 다음 조건을 만족해야 한다.

- $m_X(t+kT_0)=m_X(t)$, T_0는 임의의 주기
- $R_X(t+\tau+kT_0,\ t+kT_0)=R_X(t+\tau,\ t)$

위의 조건으로부터 주기적인 정적 랜덤 과정은 넓은 의미의 정적(WSS) 특성이 주기적으로 발생하는 경우임을 알 수 있다.

예제 5-7 주기적인 정적 랜덤 과정의 예 ❶

평균이 m 이고 자기 상관 함수가 $R_X(\tau)$ 인 WSS 랜덤 과정 $\boldsymbol{X}(t)$ 에 대해, 다음 함수 형태를 갖는 랜덤 과정 $\boldsymbol{Y}(t)$ 의 평균과 자기 상관 함수를 구하라.

$$Y(t) = X(t)\cos(2\pi f_0 t)$$

풀이

$$m_Y(t) = E[X(t)\cos 2\pi f_0 t] = m \cdot \cos 2\pi f_0 t$$

$$\begin{aligned} R_Y(t, t+\tau) &= E[X(t)\cos(2\pi f_0 t)\, X(t+\tau)\cos(2\pi f_0 (t+\tau))] \\ &= E[X(t)X(t+\tau)]\ \frac{1}{2}\cos 2\pi f_0 \tau + \frac{1}{2}\cos(4\pi f_0 t + 2\pi f_0 \tau)) \\ &= R_X(\tau)\ \frac{1}{2}\cos 2\pi f_0 \tau + \frac{1}{2}\cos(4\pi f_0 t + 2\pi f_0 \tau) \end{aligned}$$

따라서 랜덤 과정 $\boldsymbol{Y}(t)$ 는 평균과 자기 상관 함수 모두 $T_0 = 1/f_0$ 의 주기를 갖는 주기적인 정적 랜덤 과정이다.

예제 5-8 주기적인 정적 랜덤 과정의 예 ❷

[예제 5-6]의 랜덤 과정이 주기적인 정적 랜덤 과정임을 보여라. 단, A는 $(0,1)$에서 균일한 랜덤 변수이고 $\omega = 2\pi f = \dfrac{2\pi}{T}$는 실수다.

$$\boldsymbol{X}(t) = A\sin\omega t$$

풀이

우선 랜덤 과정 $\boldsymbol{X}(t)$ 의 평균을 구해보자.

$$\begin{aligned} E[X(t)] &= E[A\sin\omega t] \\ &= E[A]\sin\omega t \\ &= \left\{\int_0^1 a\, p_A(a)\,da\right\}\sin\omega t \\ &= \frac{1}{2}\sin\omega t \end{aligned}$$

따라서 랜덤 과정 $\boldsymbol{X}(t)$ 의 평균은 주기가 T인 주기 함수이고, 랜덤 과정 $\boldsymbol{X}(t)$ 의 자기 상관 함수는

$$\begin{aligned} R_X(t,t+\tau) &= E[X(t)\ X(t+\tau)] \\ &= E[A\sin\omega t \cdot A\sin\omega(t+\tau)] \\ &= E[A^2]\sin\omega t \cdot \sin\omega(t+\tau) \\ &= \frac{1}{3}\times\frac{1}{2}\{\cos\omega\tau - \cos\omega(2t+\tau)\} \end{aligned}$$

이므로, 주기가 $T/2$인 주기 함수다. 따라서 랜덤 과정 $\boldsymbol{X}(t)$는 주기적인 정적 랜덤 과정이다.

예제 5-9 주기적인 정적 랜덤 과정의 예 ❸

다음 랜덤 과정 $\boldsymbol{V}(t)$가 주기적 정적 랜덤 과정임을 보여라. 단, 랜덤 시퀀스 $\{a_n\}$의 평균은 m_a이고, 자기 상관이 $R_a(n) = E[a_m a_{m+n}]$인 WSS 랜덤 과정이라고 가정한다. $g_T(t)$는 다음과 같은 구형파 펄스다.

$$\boldsymbol{V}(t) = \sum_{n=-\infty}^{\infty} a_n\, g_T(t-nT)$$

$$g_T(t) = \begin{cases} 1 & 0 \le t \le T \\ 0 & elsewhere \end{cases}$$

풀이

$\boldsymbol{V}(t)$가 주기적인 정적 랜덤 과정이 되려면 평균과 자기 상관이 주기 함수여야 한다.

$$\begin{aligned} E[V(t)] &= \sum_{n=-\infty}^{\infty} E[a_n]\, g_T(t-nT) \\ &= m_a \sum_{n=-\infty}^{\infty} g_T(t-nT) \end{aligned}$$

이를 통해 $\boldsymbol{V}(t)$의 평균은 주기가 T인 주기 함수임을 알 수 있고, 자기 상관 함수는 다음과 같이 구할 수 있다.

$$\begin{aligned} R_v(t,t+\tau) &= E[v(t)v(t+\tau)] \\ &= \sum_{n=-\infty}^{\infty}\sum_{m=-\infty}^{\infty} E[a_n a_m]\, g_T(t-nT)\, g_T(t+\tau-mT) \\ &= \sum_{n=-\infty}^{\infty}\sum_{m=-\infty}^{\infty} R_a(n-m)\, g_T(t-nT)\, g_T(t+\tau-mT) \\ &= \sum_{n=-\infty}^{\infty}\sum_{l=-\infty}^{\infty} R_a(l)\, g_T(t-nT)\, g_T(t+\tau-nT-lT) \\ &= \sum_{l=-\infty}^{\infty} R_a(l) \sum_{n=-\infty}^{\infty} g_T(t-nT)\, g_T(t+\tau-nT-lT) \end{aligned}$$

이때 $g_T(t-nT)\, g_T(t+\tau-nT-lT)$는 주기가 T인 주기 함수이므로, $R_v(t,t+t+\tau)$도 주기가 T인 주기 함수다. 결국 랜덤 과정 $V(t)$는 평균과 자기 상관 함수가 주기 함수인 주기적인 정적 랜덤 과정이다.

5.3.2 에르고딕 랜덤 과정

SSS 랜덤 과정 $\boldsymbol{X}(t)$의 경우, 임의의 시간 t_0에 대한 랜덤 변수 $\boldsymbol{X}(t_0)$의 확률밀도 함수 $p_{X_0}(x)$는 시간 t에 독립이다. 또한 랜덤 변수 $X(t_0)$에 대한 통계적 평균은 식 (5.6)과 같이 얻을 수 있다.

$$m_{X_0} = E[X(t_0)] = \int_{-\infty}^{\infty} x\, p_{X_0}(x)dx \tag{5.6}$$

식 (5.6)의 평균값도 시간 t에 대해 독립이므로, m_{X_0}는 SSS 랜덤 과정 $\boldsymbol{X}(t)$의 통계적 평균 m_X가 된다고 볼 수 있다. 또한 랜덤 변수 $\boldsymbol{X}(t)$의 앙상블에 속한 모든 표본 함수로부터 랜덤 변숫값에 대해 평균을 취한 것이므로 **앙상블 평균** ensemble average이라고 할 수 있다.

▪ 앙상블 평균

한편 $\boldsymbol{X}(t)$의 표본 함수 $x(t\,;s_i)$는 시간 t의 함수이고, 식 (5.7)과 같이 정의되는 **시간 평균**값을 갖는다.

▪ 시간 평균

$$< x(t\,;s_i) > \; = \lim_{T\to\infty} \frac{1}{T}\int_{-T/2}^{T/2} x(t\,;s_i)dt \tag{5.7}$$

물론 $< x(t\,;s_i) >$도 시간 t에 대해 적분한 값이므로, 시간에 독립인 실수값을 가지고 s_i에 따라 값이 달라진다. 하지만 어떤 랜덤 과정은 표본 함수가 s_i에 관계없이 모두 동일한 시간 평균값을 가진다. 이 경우 표본 함수의 시간 평균 $< x(t\,;s_i) >$과 앙상블 평균 $m_X=E[X(t_0)]$가 같다. 이러한 랜덤 과정 $\boldsymbol{X}(t)$를 **에르고딕 랜덤 과정** ergodic random process이라고 한다. 에르고딕 랜덤 과정 $\boldsymbol{X}(t)$는 식 (5.8)의 조건을 만족한다.

▪ 에르고딕 랜덤 과정

$$E[X(t)] = \lim_{T\to\infty} \frac{1}{T}\int_{-T/2}^{T/2} x(t\,;s_i)dt, \quad \text{for } all\ s_i \in S \tag{5.8}$$

예제 5-10 에르고딕 랜덤 과정의 예

[예제 5-2]의 랜덤 과정 $\boldsymbol{X}(t)$가 에르고딕 랜덤 과정임을 보여라.

풀이

표본 함수는 $x(t\,;s_i) = A\cos(2\pi f_0 t + \theta)$, $0 < \theta \leq 2\pi$이므로 시간 평균은 다음과 같이 구할 수 있다.

$$< x(t\,;s_i) > \; = \lim_{T\to\infty}\frac{1}{T}\int_{-T/2}^{T/2} A\cos(2\pi f_0 t+\theta)dt$$

$f_0 = 1/T$이므로 $\alpha = 2\pi f_o t+\theta$로 치환하면 다음과 같이 구할 수 있다.

$$\begin{aligned} < x(t\,;s_i) > \; &= \lim_{T\to\infty}\frac{A}{T}\int_{-\pi+\theta}^{\pi+\theta}\cos(\alpha)\left(\frac{1}{2\pi f_0}\right)d\alpha \\ &= \frac{A}{2\pi}[\sin\alpha]_{-\pi+\theta}^{\pi+\theta} \\ &= 0 \end{aligned}$$

[예제 5-2]에 의해 $\boldsymbol{X}(t)$의 앙상블 평균도 0이므로, $\boldsymbol{X}(t)$는 에르고딕 랜덤 과정이다.

식 (5.8)로부터 랜덤 과정이 에르고딕 랜덤 과정이면, 모든 앙상블 평균과 이에 해당하는 시간 평균이 같음을 알 수 있다. 즉, 시간 평균은 시간의 함수가 될 수 없으므로, 에르고딕 랜덤 과정은 곧 정적 랜덤 과정이다. 이런 평균의 개념은 자기 상관 함수를 포함하여 다른 여러 가지 통계적 특성에도 널리 적용된다.

■ 시간 자기 상관 함수

예를 들어 **시간 자기 상관 함수** $\Re_X(\tau)$를 식 (5.9)와 같이 정의하자.

$$\Re_X(\tau) = \; < x(t)x(t+\tau) > \; = \lim_{T\to\infty}\frac{1}{T}\int_{-T/2}^{T/2} x(t)x(t+\tau)d\tau \qquad (5.9)$$

랜덤 과정이 에르고딕 랜덤 과정이면 모든 앙상블 평균과 이에 해당하는 시간 평균이 같으므로 식 (5.10)이 성립한다.

$$R_X(\tau) = \Re_X(\tau) \qquad (5.10)$$

현실적으로 에르고딕 랜덤 과정인지의 여부를 가리는 것은, 모든 차수의 평균을 시험해야 하므로 불가능하다. 대신 평균이나 자기 상관 함수와 같이 2차 이하의 평균에 대해 앙상블 평균과 시간 평균이 같으면 에르고딕 랜덤 과정으로 간주하여 문제에 적용할 수 있다. [예제 5-9]의 경우 $< x(t) > \; = 0$이고 $\Re_X(\tau) = (A^2/2)\cos\omega_0\tau$인데, 이 랜덤 과정의 경우 2차 이하의 평균에 대해서는 에르고딕 랜덤 과정이라고 할 수 있다.

랜덤 과정을 다룰 때 에르고딕 개념은 대단히 중요하다. 왜냐하면 현실적으로 수많은 표본 함수를 모두 얻을 수 없고, 이상적인 앙상블 평균을 계산하는 것도 불가능하기 때문이다. 하지만 랜덤 과정이 에르고딕 과정이라는 것이 확실하면, 표본 함수 하나에 대한 시간 평균을 계산하여 이를 앙상블 평균으로 놓고 쉽게 해결할 수 있다.

실제로 많은 정적 랜덤 과정이 2차 이하의 평균 개념에 대해 에르고딕 랜덤 과정인 경우가 많으며, 특히 선형 시스템과 관련된 랜덤 과정을 다룰 때 이런 경우를 자주 접하게 될 것이다.

Section

5.4 다중 랜덤 과정

[그림 5-8]과 같이 충격파 응답impulse response이 선형 시스템 $h(t)$를 통과하는 랜덤 과정 $\boldsymbol{X}(t)$를 생각해보자. 랜덤 과정 $\boldsymbol{X}(t)$에 대한 임의의 표본 함수 $x(s_i;t)$가 선형 시스템에 인가되면 출력 신호는 $y(s_i;t) = x(s_i;t) * h(t)$로 표현할 수 있다.

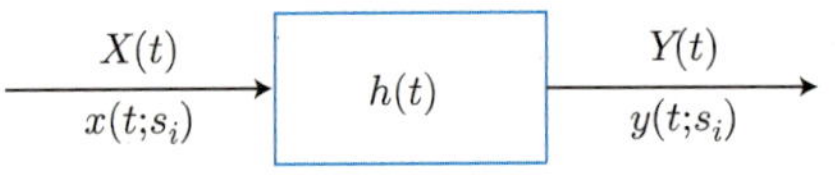

[그림 5-8] 선형 시스템을 통과하는 랜덤 과정

임의의 s_i에 대한 두 표본 함수 $x(s_i;t)$와 $y(s_i;t)$에 의해 만들어지는 두 랜덤 과정 $\boldsymbol{X}(t)$와 $\boldsymbol{Y}(t)$는, [그림 5-9]처럼 동일한 표본공간을 갖는다. 따라서 두 랜덤 과정 $\boldsymbol{X}(t)$와 $\boldsymbol{Y}(t)$에 확률 개념을 함께 적용할 수 있는데, 이때 두 랜덤 과정은 동일한 확률공간을 갖는다고 한다.

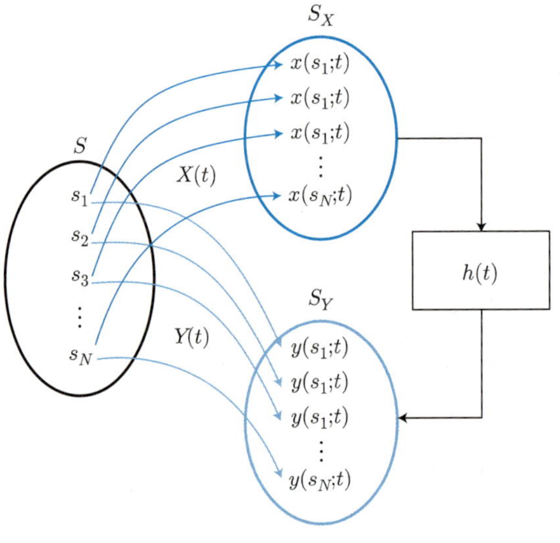

[그림 5-9] 동일 확률공간 상의 두 랜덤 과정 예

하지만 이렇게 동일한 확률공간을 갖는 두 개 이상의 다중 랜덤 과정을 다루는 경우는 드물다. 따라서 이 절에서는 두 개의 랜덤 과정에 대한 통계적 특성에 대해 설명할 것이다.

[그림 5-9]와 같이 임의의 두 시각 t_1, t_2에서 동일한 확률공간을 갖는 두 랜덤 과정 $\boldsymbol{X}(t)$와 $\boldsymbol{Y}(t)$로부터 발생된 두 랜덤 변수 $\boldsymbol{X}(t_1)$과 $\boldsymbol{Y}(t_2)$가 있다. 이때 두 랜덤 변수가 서로 독립이면 두 랜덤 과정은 통계적으로 **독립**independent이라고 한다. 또한 임의의 두 시각 t_1, t_2에 대해 $\boldsymbol{X}(t_1)$과 $\boldsymbol{Y}(t_2)$가 서로 **상관되지 않으면**uncorrelated 두 랜덤 과정 $\boldsymbol{X}(t)$와 $\boldsymbol{Y}(t)$는 서로 상관되지 않는다고 한다.

■ 독립

랜덤 변수의 경우와 마찬가지로 두 랜덤 과정도 서로 독립이면 서로 상관되지 않으나, 그 반대의 경우가 반드시 성립하는 것은 아니다. 다시 말해 두 랜덤 과정이 서로 상관되지 않을 경우, 두 랜덤 과정이 반드시 독립인 관계라고 말할 수 없다. 특별히 두 랜덤 과정이 가우시안 랜덤 과정일 경우에는 두 랜덤 과정이 서로 상관되지 않으면 독립인 관계를 가진다.

하나의 랜덤 과정에 대해 자기 상관 함수를 정의했듯이, 두 랜덤 과정 $\boldsymbol{X}(t)$와 $\boldsymbol{Y}(t)$에 대한 **상호 상관 함수** $R_{XY}(t_1,t_2)$를 식 (5.11)과 같이 정의할 수 있다.

■ 상호 상관 함수

$$R_{XY}(t_1,t_2) = E[X(t_1)\,Y(t_2)] \tag{5.11}$$

식 (5.11)로부터 일반적으로 $R_{XY}(t_1,t_2) = R_{YX}(t_2,t_1)$가 성립한다는 것을 쉽게 알 수 있다. [그림 5-10]은 두 랜덤 과정의 상호 상관 개념을 나타낸 것이다.

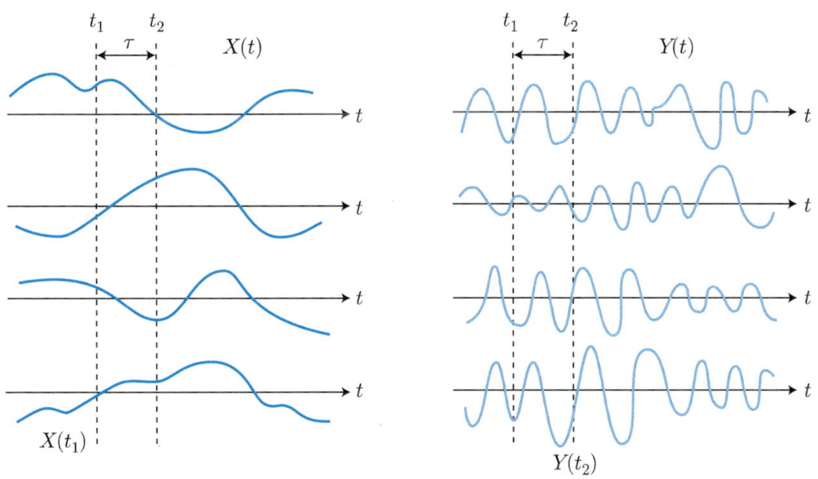

$$R_{XY}(t_1,t_2) = E[X(t_1)\,Y(t_2)] = E[\,Y(t_2)X(t_1)] = R_{YX}(t_2,t_1)$$

[그림 5-10] 두 랜덤 과정의 결합 확률 특성

■ 결합 정적 랜덤 과정

■ 상호 스펙트럼 밀도 함수

한편 두 랜덤 과정 $\boldsymbol{X}(t)$와 $\boldsymbol{Y}(t)$가 각각 정적 랜덤 과정이고 상호 상관 함수가 $R_{XY}(t_1, t_2) = R_{XY}(\tau)$, $\tau = |t_1 - t_2|$이면, 두 랜덤 과정은 **결합 정적 랜덤 과정**이라고 한다. 결합 정적 랜덤 과정의 상호 상관 함수는 τ만의 함수이므로 푸리에 변환 $S_{XY}(f) = \mathscr{F}\{R_{XY}(\tau)\}$를 통해 스펙트럼 함수를 구할 수 있다. 이를 **상호 스펙트럼 밀도 함수**cross-power spectal density function라고 한다.

결합 정적 랜덤 과정은 선형 시스템을 통과하는 입출력 랜덤 과정 간의 스펙트럼 관계를 설명하는 데 유용하다. 물론 선형 시스템의 입력 랜덤 과정과 출력 랜덤 과정이 독립이면, 상호 상관 함수는 0이므로 상호 스펙트럼 성분은 존재하지 않는다. 이에 대한 자세한 설명은 7.2절과 7.3절에서 살펴볼 것이다.

5.5 주요 랜덤 과정

이 절에서는 통신 공학 등의 분야에서 자주 사용되는 주요 랜덤 과정 중 포아송 랜덤 과정과 가우시안 랜덤 과정을 자세히 살펴볼 것이다. 포아송 랜덤 과정은 패킷 교환 시스템을 설계하는 경우, 가우시안 랜덤 과정은 백색 가우시안 잡음을 확률적으로 모델링하는 경우에 필수로 사용된다.

5.5.1 포아송 랜덤 과정

실제 생활에서 시간에 따라 랜덤하게 발생하는 어떤 사건의 수를 세는 경우가 많다. 예를 들어 고객센터의 증축을 위해 서비스 접수대를 설계하는 경우, 고객센터에서 대기하는 고객의 수를 구해야 한다. 또 슈퍼마켓에서 계산대 앞에 대기하는 손님의 수를 구해야 하는 경우, 생산 라인에서 발생하는 불량 제품의 수를 구해야 하는 경우 등 많은 상황이 발생한다.

이런 경우에는 '임의의 시간 구간 동안 발생하는 어떤 사건의 발생 횟수에 대한 확률분포(확률밀도 함수)'를 계산하는 것이 중요하다. 적절한 확률 모델로는 이산 랜덤 과정 중 하나인 **포아송 랜덤 과정**Poisson random process 혹은 포아송 계수 과정Poisson counting process을 들 수 있다.

▪ 포아송 랜덤 과정

예를 들어 ξ_i의 날에 시간 구간 $(0, t]$ 동안 어떤 서비스 지점에 도착하는 고객의 수를 함수 $x(t;\xi_i)$라고 하자. $x(t;\xi_i)$는 [그림 5-11]에 나타낸 바와 같이 $x(t=0;\xi_i)=0$이면서 시간에 따라 값이 증가하며 정수값을 갖는 함수다. 이들을 표본 함수로 모두 모으면 포아송 랜덤 과정 $\boldsymbol{X}(t)$의 앙상블이 된다.

포아송 랜덤 과정을 더 자세히 정의하기 위해서는 몇 가지를 가정해야 한다. 첫 번째, 아주 작은 시간 구간 동안 발생하는 사건의 수(혹은 도착하는 고객의 수)는 단 한 개라고 가정한다. 이는 임의의 한 시각에 두 개 이상의 사건이 동시에 발생하지 않는다는 의미다. 두 번째, 사건이 발생하는 시간은 서로 독립이라고 가정한다. 즉, 임의의 시간 구간 동안 발생하는 사건의 수는 다른 시간 구간(중복되지 않는 시간 구간) 동안 발생하는 사건의 수와 통계적으로 독립이라는 의미다. 위의 두 조건이 전제될 경우 '일정 시간 구간 동안 발생하는 사건의 수'는 포아송 랜덤 과정에 의해 다음과 같이 표현할 수 있다.

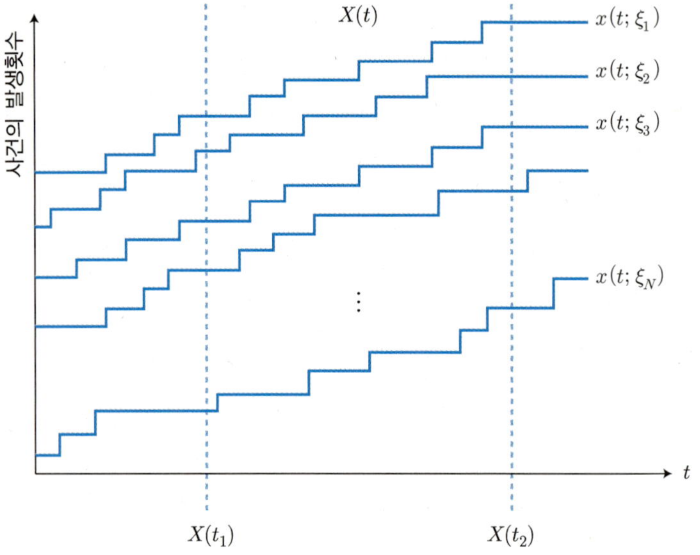

[그림 5-11] 포아송 랜덤 과정의 앙상블

어떤 사건의 발생률을 λ라고 하면 시간 구간 $(0,t']$ 사이에서 어떤 사건이 k번 발생할 확률은 식 (5.12)와 같다. 이는 3.4.4절에서 설명했던 포아송 이산 랜덤 변수 $\boldsymbol{X}$의 확률분포 식 (3.50)과 같다. [그림 5-11]을 보면 여기에서 $X=X(t')$은 시간이 $t=t'$으로 고정되어 포아송 랜덤 과정 $\boldsymbol{X}(t)$로부터 얻은 포아송 랜덤 변수다.

$$P[X(t')=k]=\frac{(\lambda t')^k e^{-\lambda t'}}{k!},\quad k=0,1,2,\cdots \tag{5.12}$$

따라서 $X=X(t')$의 확률밀도 함수는 식 (5.13)과 같이 쓸 수 있다. 이때 (λt)는 [예제 5-11]에서 알 수 있는 것처럼 X의 평균이므로 시간 구간 $(0,t']$에서 발생한 평균 사건 수라고 할 수 있다.

$$p_X(x)=\sum_{k=0}^{\infty}\frac{(\lambda t)^k e^{-\lambda t}}{k!}\delta(x-k) \tag{5.13}$$

[그림 5-11]과 같이 포아송 랜덤 과정 $\boldsymbol{X}(t)$로부터 시간 t_1, t_2에서 얻은 두 랜덤 변수 $\boldsymbol{X}_1 = \boldsymbol{X}(t_1)$과 $\boldsymbol{X}_2 = \boldsymbol{X}(t_2)$의 결합 확률밀도를 구해보자. 이때 $0 < t_1 < t_2$라고 가정하면, 시간 구간 $(0, t_1]$에서 k_1개의 사건이 발생할 확률은 식 (5.12)로부터 식 (5.14)와 같다.

$$P(X_1 = k_1) = \frac{(\lambda t_1)^{k_1} e^{-\lambda t_1}}{k_1!}, \quad k_1 = 0, 1, 2, \cdots \tag{5.14}$$

이번에는 시간 구간 $(0, t_1]$에서 k_1개의 사건이 발생했다는 조건하에, 시간 구간 $(0, t_2]$에서 k_2개의 사건이 발생할 확률을 구해보자. 이는 시간 구간 $(t_1, t_2]$에서 $(k_2 - k_1)$개의 사건이 발생하는 것과 같으므로 식 (5.15)와 같이 표현할 수 있다.

$$P[X_2 = k_2 | X_1 = k_1] = \frac{(\lambda(t_2 - t_1))^{(k_2 - k_1)} e^{-\lambda(t_2 - t_1)}}{(k_2 - k_1)!} \tag{5.15}$$

이제 두 랜덤 변수 X_1과 X_2의 결합 확률은 식 (5.16)과 같고

$$\begin{aligned} P(X_1 = k_1, X_2 = k_2) &= P(X_1 = k_1)P(X_2 = k_2 | X_1 = k_1) \\ &= \frac{(\lambda t)^{k_1}[\lambda(t_2 - t_1)]^{k_2 - k_1} e^{-\lambda t_2}}{k_1!\,(k_2 - k_1)!}, \quad k_2 > k_1 \end{aligned} \tag{5.16}$$

결합 확률밀도 함수는 식 (5.17)과 같이 쓸 수 있다.

$$\begin{aligned} &p_{X_1 X_2}(x_1, x_2) \\ &= \sum_{k_1 = 0}^{\infty} \sum_{k_2 = k_1}^{\infty} P(X_1 = k_1, X_2 = k_2)\,\delta(x_1 - k_1)\,\delta(x_2 - k_2) \end{aligned} \tag{5.17}$$

예제 5-11 포아송 랜덤 과정의 평균

식 (5.12)와 같이 포아송 랜덤 과정으로부터 발생된 포아송 랜덤 변수 X의 평균을 구하라.

풀이

$$\begin{aligned} E[X] &= \sum_{k=0}^{\infty} \frac{(\lambda t)^k e^{-\lambda t}}{k!} k = \sum_{k=1}^{\infty} \frac{(\lambda t)(\lambda t)^{k-1} e^{-\lambda t}}{(k-1)!} \\ &= (\lambda t) \sum_{k'=0}^{\infty} \frac{(\lambda t)^{k'} e^{-\lambda t}}{k'!} \quad (\leftarrow k' = k-1) = \lambda t \end{aligned}$$

식 (5.12)를 이용하면

$$F_X(x) = \sum_{k=0}^{\infty} \frac{(\lambda t)^k e^{-\lambda t}}{k!} u(x-k)$$

이므로 다음 식이 성립한다. 이를 X의 평균 $E[X]$를 계산하는 데 사용했다.

$$F_X(\infty) = \sum_{k=0}^{\infty} \frac{(\lambda t)^k e^{-\lambda t}}{k!} = 1$$

예제 5-12 포아송 랜덤 과정의 표본 함수 발생

어떤 사건의 초당 평균 발생률이 λ인 포아송 랜덤 과정의 표본 함수를 MATLAB을 이용하여 발생시켜라.

풀이

시간 구간 $(0, t_1]$에서 k_1개의 사건이 발생할 확률은 식 (5.14)임을 이용한다. 우선 시간 구간을 임의로 설정하고, 설정된 시간 구간 내에서 최대 확률을 갖는 k_1값을 구한다. 이때 최대 확률을 갖는 k_1값의 탐색은 무한히 수행할 수 없으므로, k_1값이 가질 수 있는 최댓값 $k_{\max}$를 설정하여 $k_1 \le k_{\max}$의 범위 내에서 탐색한다. 단, $k_{\max}$값은 시간 구간 $(0, t_1]$에서의 평균 발생률 (λt_1)의 3배로 설정한다. [그림 5-12]는 시간 구간을 $(0, 2.4), (2.4, 5.0), (5.0, 6.5), (6.5, 10)$의 네 구간으로 설정하고 $\lambda = 3.5$로 하여 포아송 랜덤 과정의 표본 함수에 대한 일부를 발생시킨 것이다.

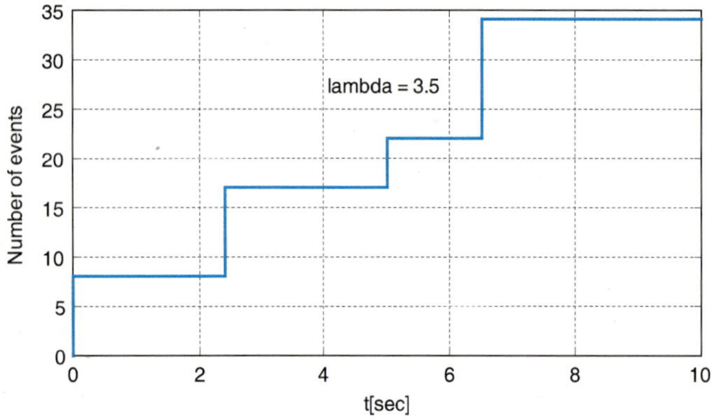

[그림 5-12] 포아송 랜덤 과정의 표본 함수

〈MATLAB〉

```
                                        %
clear
                                        %
lambda = 3.5;                           % 임의의 값
t_int(1,:)=[0 2.4];                     % 첫 번째 시간 구간의 생성
```

```
t_int(2,:)=[2.4 5.0];                 % 두 번째 시간 구간의 생성
t_int(3,:)=[5.0 5.5];                 % 세 번째 시간 구간의 생성
t_int(4,:)=[5.5 10];                  % 네 번째 시간 구간의 생성
                                      %
for i=1:4,
    t=t_int(i,2)-0;
    k_max=ceil(1.5*ceil(2*lambda*t));
                                      %
                                      % 포아송 랜덤 과정의 파라미터 초기화
    b=lambda*t;
    Tmp_p_X=0;
    Tmp_k=0;
    p_X=[];
                                      %
    for k=0:k_max,                    % 최대 확률에 해당하는 k 값 탐색
        p_X=(b^k * exp(-b))/factorial(k);
        if Tmp_p_X<p_X,
           Tmp_p_X=p_X;
           Tmp_k=k;
        end;
    end;                              % end k-loop
    X(i)=Tmp_k;
end;
                                      %
stairs([0;t_int(:,1);10],[0 X X(4)]); % 표본 함수 도시
grid;
xlabel('t[sec]');

ylabel('Number of events');
```

5.5.2 가우시안 랜덤 과정

가우시안 랜덤 과정은 통신 공학에서 아주 중요하게 사용되는 확률 모델이다. 통신 시스템의 송수신기에 항상 존재하는 열잡음은 가우시안 랜덤 과정으로 모델링하는 것이 가장 적절하다. 열잡음은 전자회로 내에서 랜덤하게 움직이는 수많은 전자의 운동 특성으로 인해 생기므로 모든 전자기기에서 발생한다. 전자는 서로 독립적으로 움직이므로, 전자 운동에 의한 총체적인 잡음은 서로 독립이면서 동일한 확률분포를 갖는 수많은 랜덤 변수의 합의 형태로 모델링될 수 있다. 즉, 중앙 극한 이론을 적용하면 열잡음의 확률분포는 가우시안 형태로 수

렴한다고 볼 수 있다. 가우시안 랜덤 과정은 다음과 같이 정의할 수 있다.

■ 가우시안 랜덤 과정

연속 랜덤 과정에서 N개의 시각 $t_1, t_2, \cdots, t_N$에 해당하는 N개의 랜덤 변수 $X_1, X_2, \cdots, X_N$을 생각해보자. 임의의 N값($N=1, 2, \cdots$)과 시각 $t_1, t_2, \cdots, t_N$에 해당하는 랜덤 변수가 결합 가우시안이면, 이러한 랜덤 과정을 **가우시안 랜덤 과정**이라고 한다. N개의 랜덤 변수에 대한 결합 확률밀도 함수는 식 (5.18)과 같이 표현할 수 있다.

$$p_{\boldsymbol{X}}(x_1, \cdots, x_N ; t_1, \cdots, t_N) = \frac{1}{(2\pi)^{N/2}|\boldsymbol{C_X}|^{1/2}} \exp\left[-\frac{1}{2}(\boldsymbol{x}-\overline{\boldsymbol{X}})^T \boldsymbol{C_X}^{-1}(\boldsymbol{x}-\overline{\boldsymbol{X}})\right] \tag{5.18}$$

식 (5.18)의 파라미터가 의미하는 바는 다음과 같다.

$$\overline{X_i} = E[X_i] = E[X(t_i)] \tag{5.19}$$

상호 분산 행렬 $\boldsymbol{C_X}$의 원소는 식 (5.20)과 같이 $X(t_i)$와 $X(t_k)$의 자기 분산 함수다.

$$C_{ik} = C_{X_i X_k} = E[(X_i - \overline{X_i})(X_k - \overline{X_k})] = C_{XX}(t_i, t_k) \tag{5.20}$$

따라서 평균과 자기 분산 함수를 이용하면 가우시안 랜덤 과정을 완전히 표현할 수 있다. 식 (5.20)을 전개하면

$$C_{XX}(t_i, t_k) = R_{XX}(t_i, t_k) - \overline{X_i}\,\overline{X_k} \tag{5.21}$$

이므로 평균과 자기 상관 함수를 이용해도 가우시안 랜덤 과정을 표현할 수 있다.

가우시안 랜덤 과정이 WSS 랜덤 과정이라면, 평균은 상수이고 자기 분산 함수이나 상관 함수는 시간차에 의해서만 영향을 받으므로

$$\overline{X_i} = E[X_i] = \overline{X} = \text{상수} \tag{5.22}$$

$$C_{XX}(t_i, t_k) = C_{XX}(t_k - t_i) \tag{5.23}$$

$$R_{XX}(t_i, t_k) = R_{XX}(t_k - t_i) \tag{5.24}$$

가 성립한다. 따라서 식 (5.18)의 확률밀도 함수도 시간에 관계없이 일정하므로, 정적 가우시안 랜덤 과정은 좁은 의미의 정적 가우시안 랜덤 과정이 된다.

두 랜덤 과정 $\boldsymbol{X}(t)$와 $\boldsymbol{Y}(t)$가 다음 조건을 만족하면 결합 가우시안 랜덤 과정이라고 한다. 즉, $\boldsymbol{X}(t)$에 대해 시간 $t_1, \cdots, t_N$에서 얻은 랜덤 변수 $X(t_1), \cdots, X(t_N)$과 $\boldsymbol{Y}(t)$에 대해 $t_1', t_2', \cdots, t_N'$에서 얻은 랜덤 변수 $Y(t_1'), Y(t_2'), \cdots, Y(t_N')$이 결합 가우시안이면, 두 랜덤 과정 $\boldsymbol{X}(t)$와 $\boldsymbol{Y}(t)$는 결합 가우시안 랜덤 과정이다.

예제 5-13 WSS 가우시안 랜덤 과정의 상호 분산 행렬

WSS 가우시안 랜덤 과정의 평균과 자기 상관 함수가 다음과 같다. t_1, t_2, t_3에 대한 랜덤 변수 X_1, X_2, X_3의 결합 확률밀도 함수를 구하기 위해 상호 분산 행렬을 구하라. 단, 인접한 시간의 간격은 모두 1/2초다.

$$\overline{X_i} = 4, \quad i = 1, 2, 3$$
$$R_{XX}(t_k - t_i) = 25e^{-3|t_k - t_i|}$$

풀이

시간차 $|t_k - t_i|$는

$$|t_k - t_i| = |k - i|/2, \quad i, k = 1, 2, 3$$

이므로, 두 랜덤 변수의 자기 상관과 상호 분산은

$$R_{XX}(t_k - t_i) = 25\, e^{-3|k-i|/2}$$
$$C_{XX}(t_k - t_i) = 25e^{-3|k-i|/2} - 16$$

이 된다. 따라서 상호 분산 행렬은 다음과 같다.

$$\boldsymbol{C_X} = \begin{pmatrix} (25-16) & (25e^{-3/2}-16) & (25e^{-6/2}-16) \\ (25e^{-3/2}-16) & (25-16) & (25e^{-3/2}-16) \\ (25e^{-6/2}-16) & (25e^{-3/2}-16) & (25-16) \end{pmatrix}$$

평균이 $\overline{\boldsymbol{X}}$이고 상호 분산 행렬이 $\boldsymbol{C_X}$인 가우시안 랜덤 과정 $\boldsymbol{X}(t)$는 다음 단계를 통해 발생시킬 수 있다. 즉, 랜덤 과정 $\boldsymbol{X}(t)$로부터 n개의 랜덤 벡터 $\boldsymbol{X} = (x_1, x_2, \cdots, x_n)^T$를 얻는 과정은 다음과 같다.

- **1단계** : 평균이 0이고 분산이 1인 독립 가우시안 랜덤 변수를 n개 발생시키고, 이들을 $\boldsymbol{Y} = (y_1, y_2, \cdots, y_n)^T$라고 표시한다.

- **2단계** : 상호 분산 행렬 C_X를 식 (5.25)와 같이 분해한다.

$$C_X = C_X^{1/2}\,(C_X^{1/2})^T \tag{5.25}$$

그러면 원하는 랜덤 벡터 $X = (x_1, x_2, \cdots, x_n)^T$는 식 (5.26)과 같이 표현된다.

$$X = C_X^{1/2}\,Y + \overline{X} \tag{5.26}$$

예제 5-14 상호 분산 행렬이 C_X인 가우시안 랜덤 과정의 발생

식 (5.26)과 같이 표현되는 랜덤 벡터의 상호 분산 행렬이 C_X가 됨을 보여라.

풀이

X의 상호 분산은 식 (5.26)을 이용하면

$$\begin{aligned} C_X &= E[(X-\overline{X})(X-\overline{X})^T] \\ &= E[C_X^{1/2}\,YY^T(C_X^{1/2})^T] \\ &= C_X^{1/2}\,E[YY^T]\,(C_X^{1/2})^T \\ &= C_X^{1/2}\,(C_X^{1/2})^T \\ &= C_X \end{aligned}$$

가 된다. 이때 $Y = (y_1, y_2, \cdots, y_n)^T$는 평균이 0이고 분산이 1인 독립 가우시안 랜덤 변수로 구성되므로 $E[YY^T] = I_n$임을 유의해야 한다.

예제 5-15 가우시안 랜덤 벡터

다음과 같은 평균과 상호 분산을 갖는 가우시안 랜덤 벡터를 구하고, 이들의 결합 확률밀도 함수를 그려라.

$$\overline{X} = (0\ \ 0)^T$$

$$C_X = \begin{pmatrix} 1 & 1/2 \\ 1/2 & 1 \end{pmatrix},\quad C^{1/2} = \frac{1}{2\sqrt{2}}\begin{pmatrix} \sqrt{3}+1 & \sqrt{3}-1 \\ \sqrt{3}-1 & \sqrt{3}+1 \end{pmatrix}$$

풀이

식 (5.26)으로부터

$$\begin{aligned} X &= C_X^{1/2}\,Y + \overline{X} \\ &= \frac{1}{2\sqrt{2}}\begin{pmatrix} \sqrt{3}+1 & \sqrt{3}-1 \\ \sqrt{3}-1 & \sqrt{3}+1 \end{pmatrix}\begin{pmatrix} y_1 \\ y_2 \end{pmatrix} + \begin{pmatrix} 0 \\ 0 \end{pmatrix} \end{aligned}$$

$$= \frac{1}{2\sqrt{2}} \begin{pmatrix} (\sqrt{3}+1)\, y_1 + (\sqrt{3}-1) y_2 \\ (\sqrt{3}-1) y_1 + (\sqrt{3}+1) y_2 \end{pmatrix}$$

이며, 이때 $\boldsymbol{Y} = (y_1 \ y_2)^T$의 두 원소는 평균이 0이고 분산이 1인 독립 가우시안 랜덤 변수의 값이다. [그림 5-13]은 두 랜덤 변수 $\boldsymbol{X} = (x_1 \ x_2)^T$의 결합 확률밀도 함수를 나타낸 것이다.

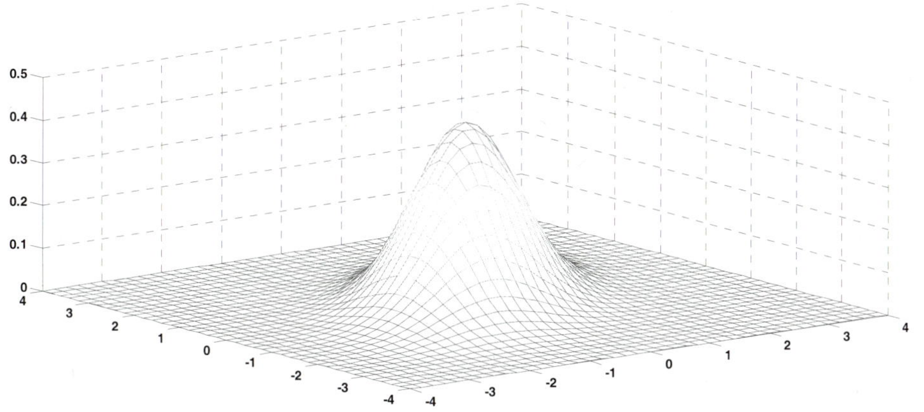

[그림 5-13] 두 랜덤 변수 $\boldsymbol{X} = (x_1 \ x_2)^T$의 결합 확률밀도 함수

〈MATLAB〉

```
                                        %
bar_X=[ 0 0]';                          % 평균 벡터
C_X=[ 1 1/2;1/2 1];                     % 상호 분산 벡터
                                        %
x_1=-4:0.2:4;
x_2=-4:0.2:4;
                                        %
for m=1:length(x_1),
    for n=1:length(x_2),
        p_x1x2(m,n)=(1/((2*pi)*det(C_X)^1/2))*exp((-1/2)*(([x_1(m)
x_2(n)]-bar_X')*inv(C_X)*([x_1(m);x_2(n)]-bar_X)));
    end
end
                                        %
mesh(x_1,x_2,p_x1x2);
```

5.6 랜덤 과정의 전력과 에너지

랜덤 과정 $\boldsymbol{X}(t)$에 대한 표본 함수 $x(t\,;\,s_i)$의 전력과 에너지는 2장에서 정의한 바와 같이 다음과 같이 표현할 수 있다.

$$E_i = \int_{-\infty}^{\infty} x^2(t\,;\,s_i)dt \tag{5.27}$$

$$P_i = \lim_{T\to\infty}\frac{1}{T}\int_{-T/2}^{T/2} x^2(t\,;\,s_i)dt \tag{5.28}$$

실험 결과 s_i에 대한 E_i와 P_i도 하나의 랜덤 변수로 취급할 수 있는데, 이들에 대한 평균은 각각 랜덤 과정의 평균 에너지와 평균 전력으로 볼 수 있다. 따라서 E_i와 P_i를 랜덤 과정 $\boldsymbol{X}(t)$에 대해 에너지 랜덤 변수 E_X와 P_X로 표시하면 다음과 같이 다시 정의할 수 있다.

$$E_X = \int_{-\infty}^{\infty} X^2(t)dt \tag{5.29}$$

$$P_X = \lim_{T\to\infty}\frac{1}{T}\int_{-T/2}^{T/2} X^2(t)dt \tag{5.30}$$

랜덤 과정 $\boldsymbol{X}(t)$의 평균 에너지와 평균 전력은 각각 다음과 같다.

$$\begin{aligned}\mathscr{E}_X &= E[E_X] \\ &= E\left[\int_{-\infty}^{\infty} X^2(t)dt\right] \\ &= \int_{-\infty}^{\infty} E[X^2(t)]dt \\ &= \int_{-\infty}^{\infty} R_X(t,t)dt\end{aligned} \tag{5.31}$$

$$\mathscr{P}_X = E\left[\lim_{T\to\infty}\frac{1}{T}\int_{-T/2}^{T/2} X^2(t)dt\right] \tag{5.32}$$

$$= \lim_{T \to \infty} \frac{1}{T} \int_{-T/2}^{T/2} E[X^2(t)]\, dt$$

$$= \lim_{T \to \infty} \frac{1}{T} \int_{-T/2}^{T/2} R_X(t,t) dt$$

만약 $\boldsymbol{X}(t)$가 정적 랜덤 과정이라면, $R_X(t,t)$는 시간 t에 따라 변하지 않으므로

$$\mathscr{E}_X = \int_{-\infty}^{\infty} R_X(0) dt \tag{5.33}$$

$$\mathscr{P}_X = \lim_{t \to \infty} \frac{1}{T} \int_{-T/2}^{T/2} R_X(0) dt = R_X(0) \tag{5.34}$$

로 쓸 수 있다. $\boldsymbol{X}(t)$가 에너지 랜덤 과정이라면 $\mathscr{E}_X < \infty$이어야 한다. $\mathscr{E}_X$가 유한한 값이 되려면 $R_X(0) = 0$인 경우밖에 없으므로, 모든 시간에 대해 $\boldsymbol{X}(t) = 0$이어야 한다. 따라서 정적 랜덤 과정 $\boldsymbol{X}(t)$는 전력 랜덤 과정일 경우에만 의미가 있다. 특히 정적 랜덤 과정 $\boldsymbol{X}(t)$가 에르고딕 랜덤 과정이라면 표본 함수 $x(t\,;s_i)$에 대한 평균 전력 P_i는 s_i에 따라 변하지 않으므로 $P_i = \mathscr{P}_X = R_X(0)$이다.

5.7 두 랜덤 과정의 상관 관계

랜덤 과정 $\boldsymbol{X}(t)$가 선형 시불변(LTI) 시스템에 인가될 경우, $\boldsymbol{X}(t)$의 표본 함수 $x(t\,;s_i)$는 LTI 시스템의 임펄스 응답 $h(t)$와 작용하여 신호 함수 $y(t\,;\,s_i) = h(t) * x(t\,;s_i)$를 출력한다. $y(t\,;\,s_i)$도 실험 결과 s_i에 대응되는 표본 함수로 볼 수 있으므로, $y(t\,;\,s_i)$로 구성되는 랜덤 과정 $\boldsymbol{Y}(t)$를 만들 수 있다. 즉, 동일한 s_i에 대해 두 랜덤 과정 $\boldsymbol{X}(t)$와 $\boldsymbol{Y}(t)$를 정의할 수 있는데, 두 랜덤 과정 사이의 주된 상관관계를 살펴보면 다음과 같다.

두 랜덤 과정 $\boldsymbol{X}(t)$와 $\boldsymbol{Y}(t)$가 임의의 (t_1, t_2)에 대한 두 랜덤 변수 $X(t_1)$, $Y(t_2)$의 통계적 특성에 의해 표현되므로 두 랜덤 변수가 서로 독립이면 랜덤 과정 $\boldsymbol{X}(t)$와 $\boldsymbol{Y}(t)$도 서로 독립이다. 또한 두 랜덤 변수가 서로 상관성이 없으면 두 랜덤 과정 $\boldsymbol{X}(t)$와 $\boldsymbol{Y}(t)$ 간에도 상관성이 없다고 할 수 있다. 랜덤 변수의 경우와 마찬가지로 두 랜덤 과정 $\boldsymbol{X}(t)$와 $\boldsymbol{Y}(t)$도 서로 독립이면 상관성이 없지만, 그 반대는 반드시 성립하지는 않는다. 하지만 예외적으로 두 랜덤 과정이 가우시안 랜덤 과정이면, 서로 상관성이 없을 경우 두 가우시안 랜덤 과정은 서로 독립이다.

한편 두 랜덤 과정 $\boldsymbol{X}(t)$와 $\boldsymbol{Y}(t)$의 상호 상관 $R_{XY}(t_1, t_2)$는 다음과 같이 정의된다.

$$\begin{aligned} R_{XY}(t_1, t_2) &= E[X(t_1)\,Y(t_2)] \\ &= E[X(t_2)\,Y(t_1)] \end{aligned} \tag{5.35}$$

두 랜덤 과정 $\boldsymbol{X}(t)$와 $\boldsymbol{Y}(t)$가 각각 정적 랜덤 과정이고 상호 상관 $R_{XY}(t_1, t_2)$가 $\tau = |t_1 - t_2|$에 의해서만 영향을 받는 경우, $\boldsymbol{X}(t)$와 $\boldsymbol{Y}(t)$는 **결합 정적 랜덤 과정 관계**에 있다고 한다. 결합 랜덤 과정에 대해서는 5.4절에서 자세히 설명했다.

5.8 복소 랜덤 과정의 자기 상관 특성

임의의 두 랜덤 과정 $\boldsymbol{X}(t)$와 $\boldsymbol{Y}(t)$에 의해 랜덤 과정 $\boldsymbol{Z}(t)$가 식 (5.36)과 같이 정의될 때, $\boldsymbol{Z}(t)$를 **복소 랜덤 과정**complex random process이라고 한다.

▪복소 랜덤 과정

$$\boldsymbol{Z}(t) = \boldsymbol{X}(t) + j\boldsymbol{Y}(t) \tag{5.36}$$

$\boldsymbol{Z}(t)$ 역시 시간을 $t = t_i$로 고정시키면 랜덤 변수 $Z(t_i)$, $X(t_i)$, $Y(t_i)$를 얻을 수 있다. 이와 같은 방식으로 구할 수 있는 n개의 랜덤 변수 $Z_{t_i} = Z(t_i)$, $i = 1, 2, \cdots, n$에 대한 확률밀도는 (X_{t_i}, Y_{t_i}), $i = 1, 2, \cdots, n$의 결합 확률밀도에 의해 식 (5.37)과 같다.

$$p(Z_{t_1}, Z_{t_2}, \cdots, Z_{t_n}) = p(X_{t_1}, X_{t_2}, \cdots, X_{t_n}, Y_{t_1}, Y_{t_2}, \cdots, Y_{t_n}) \tag{5.37}$$

복소 랜덤 과정 $\boldsymbol{Z}(t)$는 대역 통과 랜덤 신호를 등가 저역 통과 신호로 표현하는 경우에 필요하다. 이때 중요한 역할을 하는 것이 $\boldsymbol{Z}(t)$의 자기 상관 함수로, 식 (5.38)과 같이 표현할 수 있다.

$$\begin{aligned}\phi_{ZZ}(t_1, t_2) &= E[Z_{t_1}^* \cdot Z_{t_2}] \\ &= E[(X_{t_1} - jY_{t_1})(X_{t_2} + jY_{t_2})] \\ &= \{\phi_{XX}(t_1, t_2) + \phi_{YY}(t_1, t_2) - j[\phi_{YX}(t_1, t_2) - \phi_{XY}(t_1, t_2)]\}\end{aligned} \tag{5.38}$$

여기에서 $\phi_{XX}(t_1, t_2)$와 $\phi_{YY}(t_1, t_2)$는 각각 랜덤 과정 $\boldsymbol{X}(t)$와 $\boldsymbol{Y}(t)$의 자기 상관 함수이고, $\phi_{XY}(t_1, t_2)$와 $\phi_{YX}(t_1, t_2)$는 $\boldsymbol{X}(t)$와 $\boldsymbol{Y}(t)$의 **상호 상관 함수**다.

▪상호 상관 함수

두 랜덤 과정 $\boldsymbol{X}(t)$와 $\boldsymbol{Y}(t)$가 각각 정적 랜덤 과정이고, 또 결합 정적 랜덤 과정일 경우 $\boldsymbol{Z}(t)$의 자기 상관 함수는

$$\phi_{ZZ}(t_1, t_2) = \phi_{ZZ}(t_1 - t_2) = \phi_{ZZ}(\tau) \tag{5.39}$$

이다. 이때 $\tau = t_1 - t_2$이다. 또한 $\phi_{ZZ}(\tau)$에 대한 복소쌍은

$$\phi^*_{ZZ}(\tau) = E(Z_{t_1}\, Z^*_{t_1+\tau}) = E(Z^*_{t'}\, Z_{t'-\tau}) = \phi_{ZZ}(-\tau) \tag{5.40}$$

이므로 $\phi_{ZZ}(\tau) = \phi^*_{ZZ}(-\tau)$임을 알 수 있다.

두 복소 랜덤 과정 $Z(t) = X(t) + jY(t)$와 $W(t) = U(t) + jV(t)$일 때, $Z(t)$와 $W(t)$의 상호 상관 함수는 다음과 같이 정의한다.

$$\begin{aligned}\phi_{ZW}(t_1, t_2) &= E(Z^*_{t_1}, W_{t_2}) \\ &= E[(X_{t_1} - jY_{t_2})(U_{t_2} + jV_{t_2})] \\ &= \{\phi_{XU}(t_1,t_2) + \phi_{YV}(t_1,t_2) - j[\phi_{YU}(t_1,t_2) - \phi_{XV}(t_1,t_2)]\}\end{aligned} \tag{5.41}$$

여기에서 두 쌍 $(X(t), Y(t))$와 $(U(t), V(t))$가 결합 정적 랜덤 과정쌍이라면 다음 식이 성립한다.

$$\phi_{ZW}(t_1,t_2) = \phi_{ZW}(t_1 - t_2) = \phi_{ZW}(\tau) \tag{5.42}$$

또한 $\phi_{ZW}(\tau)$의 복소쌍은

$$\phi^*_{ZW}(\tau) = E(Z_{t_1}\, W^*_{t_1+\tau}) = E(Z^*_{t'}\, W_{t'-\tau}) = \phi_{WZ}(-\tau) \tag{5.43}$$

가 성립함을 알 수 있다.

예제 5-16 WSS 복소 랜덤 과정의 예

다음 복소 랜덤 과정 $\boldsymbol{Z}(t)$에 대해 물음에 답하라. A_1과 A_2는 평균이 0이고 분산이 각각 $\sigma^2_{A_1}$, $\sigma^2_{A_2}$인 복소 랜덤 변수다. 단, A_1과 A_2의 상관성은 없다.

$$\boldsymbol{Z}(t) = A_1\, e^{j\omega_1 t} + A_2\, e^{j\omega_2 t}$$

(a) $\boldsymbol{Z}(t)$의 평균을 구하라.
(b) $\boldsymbol{Z}(t)$의 자기 상관 함수를 구하라.
(c) $\boldsymbol{Z}(t)$가 WSS 복소 랜덤 과정임을 보여라.

풀이

임의의 복소 랜덤 변수 A_i에 대한 분산은 $\sigma^2_{A_i} = E[|A_i - \overline{A_i}|^2]$으로 정의된다. 따라서 A_1과 A_2는 평균이 0이므로, $E[A_1A_1^*] = \sigma^2_{A_1}$이고 $E[A_2A_2^*] = \sigma^2_{A_2}$이다. 또한 상관성이 없으므로 $E[A_1A_2^*] = 0$임을 이용하면 다음과 같

이 풀 수 있다.

(a) $E[Z(t)] = E[A_1]e^{j\omega_1 t} + E[A_2]e^{j\omega_2 t} = 0$

(b) 식 (5.38)의 정의에 의해 $\boldsymbol{Z}(t)$의 자기 상관 함수는 다음과 같이 구할 수 있다.

$$\begin{aligned}\phi_{ZZ}(t,t+\tau) &= E[Z^*(t)\ Z(t+\tau)] \\ &= E\Big[(A_1^* e^{-j\omega_1 t} + A_2^* e^{-j\omega_2 t})\ (A_1 e^{j\omega_1(t+\tau)} + A_2 e^{j\omega_2(t+\tau)})\Big] \\ &= E[A_1^* A_1]e^{j\omega_1 \tau} + E[A_2^* A_2]e^{j\omega_2 \tau} \\ &= \sigma_{A_1}^2\, e^{j\omega_1 \tau} + \sigma_{A_2}^2\, e^{j\omega_2 \tau} \\ &= \phi_{ZZ}(\tau)\end{aligned}$$

(c) $\boldsymbol{Z}(t)$의 평균과 자기 상관 함수가 모두 시간 t에 무관함으로, $\boldsymbol{Z}(t)$는 WSS 복소 랜덤 과정이다.

예제 5-17 비정적 복소 랜덤 과정의 예

복소 랜덤 과정 $\boldsymbol{Z}(t)$가 다음과 같이 표시될 때, 물음에 답하라. 단, $\boldsymbol{\omega}$는 구간 $(-\Delta\omega, \Delta\omega)$에서 균일한 랜덤 변수다.

$$\boldsymbol{Z}(t) = e^{j\boldsymbol{\omega} t}$$

(a) $\boldsymbol{Z}(t)$의 평균을 구하라.

(b) $\boldsymbol{Z}(t)$의 자기 상관 함수를 구하라.

(c) $\boldsymbol{Z}(t)$는 WSS 복소 랜덤 과정인가?

풀이

$\boldsymbol{\omega}$는 구간 $(-\Delta\omega, \Delta\omega)$에서 균일한 랜덤 변수이므로, 다음과 같은 확률밀도 함수를 갖는다.

$$p_{\omega}(\omega) = \begin{cases} \dfrac{1}{2\Delta\omega} & -\Delta\omega \le \omega < \Delta\omega \\ 0 & elsewhere \end{cases}$$

(a)

$$\begin{aligned}E[Z(t)] &= \int_{-\Delta\omega}^{\Delta\omega} \left(\frac{1}{2\Delta\omega}\right) e^{j\omega t} d\omega \\ &= \left(\frac{1}{j2\Delta\omega t}\right) [e^{j\omega t}]_{-\Delta\omega}^{\Delta\omega} \\ &= \left(\frac{1}{\Delta\omega t}\right) \sin\Delta\omega t\end{aligned}$$

(b)

$$\begin{aligned}\phi_{ZZ}(t,t+\tau) &= E[Z^*(t)\ Z(t+\tau)] \\ &= E[e^{-j\omega t}\ e^{j\omega(t+\tau)}] \\ &= E[e^{j\omega\tau}]\end{aligned}$$

$$= \int_{-\Delta\omega}^{\Delta\omega} \left(\frac{1}{2\Delta\omega} \right) e^{j\omega\tau} d\omega$$

$$= \left(\frac{1}{\Delta\omega\tau} \right) \sin \Delta\omega\tau$$

(c) 자기 상관 함수는 시간 t에 무관하지만, $Z(t)$의 평균이 시간에 따라 변하므로 정적 복소 랜덤 과정이 아니다.

Chapter 05 연습문제

5.1 균일 랜덤 변수 $\boldsymbol{\theta}$를 포함하는 랜덤 과정 $\boldsymbol{X}(t)$에 대해 물음에 답하라. 단, A와 ω_0는 상수다.

$$\boldsymbol{X}(t) = A\cos(\omega_0 t + \boldsymbol{\theta})$$

$$p_\theta(\theta) = \begin{cases} \dfrac{1}{2\pi} & 0 < \theta < 2\pi \\ 0 & otherwise \end{cases}$$

(a) t를 고정시켜 얻을 수 있는 랜덤 변수 X의 평균을 구하라.
(b) $\boldsymbol{X}(t)$의 자기 상관 함수 $R_{XX}(t_1, t_2)$를 구하라.
(c) $\boldsymbol{X}(t)$가 정적 랜덤 과정[stationary process]인지 구하고 설명하라.

5.2 랜덤 과정 $\boldsymbol{X}(t)$에 대해 물음에 답하라. 단, K는 (−1,1)에서 균일한 랜덤 변수다.

$$\boldsymbol{X}(t) = K\cos\omega_0 t$$

(a) t를 고정시켜 얻을 수 있는 랜덤 변수 X의 확률밀도 함수와 평균을 구하라.
(b) $\boldsymbol{X}(t)$의 자기 상관 함수 $R_{XX}(t_1, t_2)$를 구하라.

5.3 랜덤 과정 $\boldsymbol{Z}(t)$가 다음과 같을 때, 비정적 랜덤 과정임을 보여라. 단, $\boldsymbol{\omega}$는 구간 $(-\Delta\omega, \Delta\omega)$에서 균일한 랜덤 변수다.

$$\boldsymbol{Z}(t) = 2\cos(\boldsymbol{\omega} t)$$

5.4 두 개의 전압 레벨을 갖는 이산 랜덤 과정 $\boldsymbol{X}(t)$가 다음과 같이 정의될 때, 다음 물음에 답하라. 단, +1[V]와 −1[V]가 발생할 확률은 동일하다고 가정한다.

$$\boldsymbol{X}(t) = \pm 1\,[V], \quad (n-1)T \le t < nT, \ n = 0, \pm 1, \pm 2, \cdots$$

(a) 표본 함수 $x(t)$를 그려라.
(b) t를 고정시켜 얻을 수 있는 랜덤 변수 X의 확률밀도 함수를 구하라.

5.5 랜덤 과정 $\boldsymbol{X}(t)$의 표본 함수가 다음 그림과 같이 주기가 T인 주기 함수일 때, 다음 물음에 답하라. 단, $2\tau < T$이고 $\boldsymbol{\alpha}$는 구간 $(0, T)$에서 균일한 랜덤 변수다.

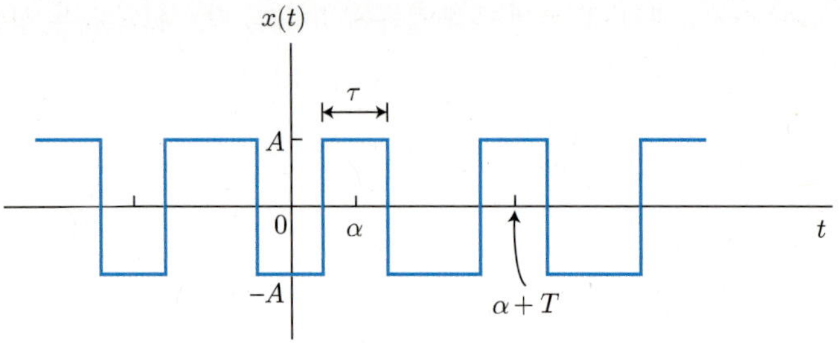

(a) $\boldsymbol{X}(t)$에 대해 $t=t'$으로 시간을 고정시켜 얻은 랜덤 변수 $\boldsymbol{X}=\boldsymbol{X}(t')$의 확률밀도 함수를 구하라.
(b) $\boldsymbol{X}$의 평균을 구하라.
(c) $\boldsymbol{X}$의 분산 σ_X^2를 구하라.
(d) $\boldsymbol{X}(t)$의 자기 상관 함수 $R_{XX}(t,t+\tau)$를 구하라.
(e) $\boldsymbol{X}(t)$가 WSS 랜덤 과정인지 구하고 설명하라.

5.6 [연습문제 5.1]의 랜덤 과정 $\boldsymbol{X}(t)$에 대해 랜덤 과정 $\boldsymbol{Y}(t)$가 다음과 같이 정의될 때, 다음 물음에 답하라.

$$\boldsymbol{Y}(t) = \boldsymbol{X}^2(t)+3$$

(a) $\boldsymbol{Y}(t)$의 평균을 구하라.
(b) $\boldsymbol{Y}(t)$의 자기 상관 함수를 구하라.
(c) $\boldsymbol{Y}(t)$가 WSS 랜덤 과정임을 보여라.

5.7 랜덤 과정 $\boldsymbol{X}(t)$는 두 독립 랜덤 변수 $\boldsymbol{\omega}$와 $\boldsymbol{\theta}$를 포함하는 코사인 파형일 때, 다음 물음에 답하라. 단, $\boldsymbol{\omega}$와 $\boldsymbol{\theta}$는 다음과 같은 확률밀도 함수를 갖는 균일 랜덤 변수다.

$$\boldsymbol{X}(t)=\cos(\boldsymbol{\omega} t+\boldsymbol{\theta})$$
$$p_{\boldsymbol{\omega}}(\omega)=\frac{1}{\omega_0}, \qquad 0\le\omega<\omega_0$$
$$p_{\boldsymbol{\theta}}(\theta)=\frac{1}{2\pi}, \qquad 0\le\theta<2\pi$$

(a) $\boldsymbol{X}(t)$의 평균을 구하라.
(b) $\boldsymbol{X}(t)$의 자기 상관 함수 $R_{XX}(t,t+\tau)$를 구하라.
(c) $\boldsymbol{X}(t)$가 WSS 랜덤 과정인지 구하고 설명하라.

5.8 다음 함수가 랜덤 과정 $\boldsymbol{X}(t)$의 자기 상관 함수가 될 수 있는지 구하고 설명하라.

(a) $R_{XX}(\tau) = e^{-\tau^2}$

(b) $R_{XX}(\tau) = e^{-\tau}\cos\tau$

(c) $R_{XX}(\tau) = e^{-|\tau|}$

5.9 표본 함수 $x(t)$가 다음 그림과 같이 PAM 신호인 랜덤 과정이다. $\boldsymbol{X}(t)$의 평균과 자기 상관 함수를 구하라. 단, 각 펄스는 서로 독립이고, ϵ은 $0 \le t < T$에서 균일한 랜덤 변수다.

$$\boldsymbol{X}(t) = \sum_{n=-\infty}^{\infty} a_n\, g_{t_0}(t-\epsilon-nT)$$

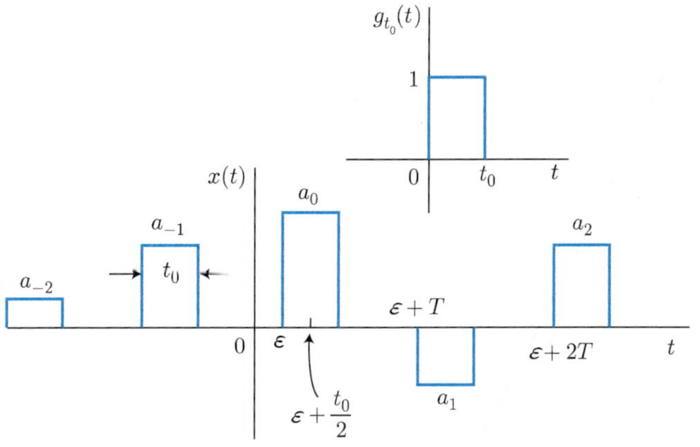

5.10 두 독립 가우시안 랜덤 변수 $\boldsymbol{X}$, $\boldsymbol{Y}$의 평균이 모두 0이고 분산이 각각 σ_X^2, σ_Y^2이다. 다음과 같이 정의되는 랜덤 과정 $\boldsymbol{X}(t)$에 대해 물음에 답하라.

$$X(t) = X\cos 2\pi f_c t + Y\sin 2\pi f_c t$$

(a) 랜덤 과정 $\boldsymbol{X}(t)$의 평균을 구하라.

(b) 랜덤 과정 $\boldsymbol{X}(t)$의 자기 상관 함수를 구하고, $\boldsymbol{X}(t)$가 WSS 랜덤 과정인지 구하고 설명하라.

(c) $\sigma_X^2 = \sigma_Y^2 = \sigma^2$일 때 문항 (a)와 (b)를 반복하라.

5.11 다음 그림은 WSS 랜덤 과정 $\boldsymbol{X}(t)$를 입력으로 하여 랜덤 과정 $\boldsymbol{Y}(t)$를 출력하는 시스템이다. 출력 랜덤 과정 $\boldsymbol{Y}(t)$가 WSS 랜덤 과정인지의 여부를 밝혀라.

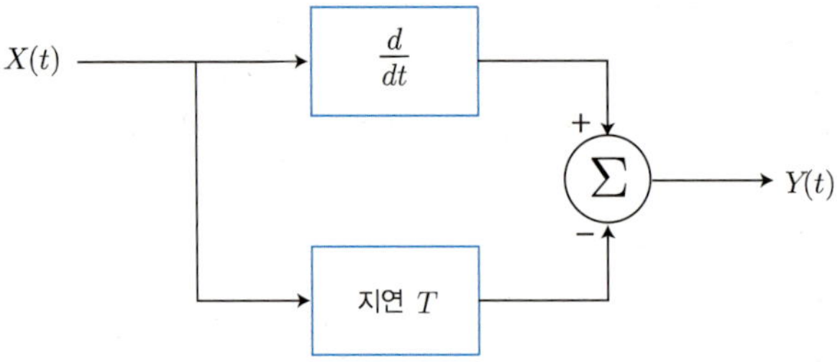

5.12 두 개의 표본 함수 $x_1(t)=3$, $x_2(t)=\cos 3t$로 구성되는 랜덤 과정 $\boldsymbol{X}(t)$의 평균과 자기 상관 함수를 구하고, $\boldsymbol{X}(t)$가 WSS 랜덤 과정인지 구하라. 단, $x_1(t)$와 $x_2(t)$의 발생 확률은 동일하다.

5.13 랜덤 과정 $\boldsymbol{X}(t)$가 WSS 랜덤 과정일 때 다음 식이 성립함을 보여라.

$$|R_{XX}(\tau)| \leq R_{XX}(0)$$

5.14 두 독립 랜덤 변수 $\boldsymbol{X}$, $\boldsymbol{Y}$에 대해 다음과 같이 정의되는 랜덤 과정 $\boldsymbol{Z}(t)$가 정적 랜덤 과정인지 구하라. 단, ω는 상수이고 $E[X]=E[Y]=0$이며, $E[X^2]=E[Y^2]=1$이다.

$$\boldsymbol{Z}(t)=(Y+1)\cos\omega t+X\sin\omega t$$

5.15 두 독립 랜덤 과정 $\boldsymbol{X}(t)$와 $\boldsymbol{N}(t)$의 합에 의해 생성되는 랜덤 과정 $\boldsymbol{Y}(t)$에 대해 물음에 답하라. 단, $E[\boldsymbol{X}(t)]=m_X$이고, $E[\boldsymbol{N}(t)]=0$이다.

$$\boldsymbol{Y}(t)=\boldsymbol{X}(t)+\boldsymbol{N}(t)$$

(a) $\boldsymbol{Y}(t)$가 WSS 랜덤 과정임을 밝혀라.
(b) $\boldsymbol{X}(t)$와 $\boldsymbol{Y}(t)$는 결합 WSS 랜덤 과정인가?
(c) $\boldsymbol{N}(t)$와 $\boldsymbol{Y}(t)$는 결합 WSS 랜덤 과정인가?

5.16 정적 가우시안 랜덤 과정 $\boldsymbol{X}(t)$의 평균이 0이고, 자기 상관 함수 $R_{XX}(\tau) = 2^{-|\tau|}$이다. 두 랜덤 변수 $X(t)$와 $X(t+1)$의 결합 확률밀도 함수 $p_{X(t),X(t+1)}(x_0, x_1)$을 구하라.

5.17 복소 랜덤 과정 $\boldsymbol{Z}(t)$가 다음과 같이 정의될 때 $\boldsymbol{Z}(t)$가 WSS 복소 랜덤 과정인지 밝혀라. 단, $\boldsymbol{X}(t)$와 $\boldsymbol{Y}(t)$는 서로 독립이고, 자기 상관 함수가 $R(\tau)$로 동일한 WSS 랜덤 과정이다.

$$\boldsymbol{Z}(t) = \boldsymbol{X}(t)\cos t + j\boldsymbol{Y}(t)\sin t$$

Chapter

06

랜덤 과정의 전력밀도 스펙트럼

Power Spectral Density of Random Process

이 장의 학습 내용

학습목표

- 랜덤 과정의 앙상블 평균과 자기 상관 함수를 통해 WSS 랜덤 과정 여부를 알아본다.
- 위너 힌친의 정리를 알아보고, 이를 통해 랜덤 과정의 스펙트럼을 구하는 방법을 익힌다.
- WSS 랜덤 과정에 대한 위너 힌친의 정리를 알아보고, WSS 랜덤 과정의 스펙트럼을 구해본다.
- 백색 가우시안 랜덤 과정의 자기 상관 함수를 구하고, 이를 통해 전력밀도 스펙트럼을 구해본다.
- 주기적인 랜덤 과정의 자기 상관 함수를 알아보고, 전력밀도 스펙트럼을 구해본다.
- 복소 랜덤 과정의 자기 상관 함수와 전력밀도 스펙트럼을 구해본다.
- 복소 랜덤 과정의 대표적인 예로, 대역 통과 랜덤 과정의 전력밀도 스펙트럼을 구해본다.

5장에서 랜덤 과정의 평균 전력은 랜덤 과정의 자기 상관 함수와 밀접한 관련이 있다고 배웠다. 결정 신호나 선형 시스템의 주파수 스펙트럼 특성은 푸리에 변환을 통해 구하고 분석한다. 하지만 랜덤 신호 혹은 랜덤 과정에 대한 푸리에 변환은 직접 구할 수 없으므로, 랜덤 신호의 스펙트럼 정보를 담고 있는 상관 함수를 통해 스펙트럼 특성을 구해야 한다.

이 장에서는 랜덤 과정의 평균 전력을 자세히 살펴보고 이를 통해 전력밀도 스펙트럼을 정의한다. 또한 전력밀도 스펙트럼과 랜덤 과정의 자기 상관 함수의 푸리에 변환쌍 관계에 대해 자세히 설명한다. 랜덤 과정의 스펙트럼 특성은 시스템을 설계하거나 랜덤 신호를 분석하는 데 아주 유용하게 사용되므로 스펙트럼을 구하고 그 특성을 살펴보는 것은 대단히 중요하다.

이 장의 학습 내용

1. WSS 랜덤 과정의 평균과 자기 상관 함수

시간에 상관없이 평균이 항상 일정한 상수값을 갖고, 자기 상관 함수 $R_{XX}(\tau)$가 자기 상관 함수를 관찰하는 시점에 무관한 τ만의 함수일 경우 WSS 랜덤 과정이라고 한다.

2. 랜덤 과정 $X(t)$의 전력밀도 스펙트럼과 평균 전력

전력밀도 스펙트럼 $S_X(f) = \lim_{T\to\infty} \frac{E[|X_T(f)|^2]}{T}$

평균 전력 $\mathscr{P}_{\boldsymbol{X}(t)} = \int_{-\infty}^{\infty} S_X(f)df$

3. 위너 힌친의 정리

임의의 유한값 τ와 길이가 $|\tau|$인 시간 구간 I_τ에 대해 랜덤 과정 $\boldsymbol{X}(t)$의 자기 상관 함수 $R_{XX}(t+\tau,t)$가 다음 식을 만족한다면

$$\left| \int_{I_\tau} R_{XX}(t+\tau,t)dt \right| < \infty$$

랜덤 과정 $\boldsymbol{X}(t)$의 전력밀도 스펙트럼은 자기 상관 함수의 시간 평균과 푸리에 변환 관계다.

$$S_X(f) = \mathscr{F}\{< R_{XX}(t+\tau,t) >\}$$

$$< R_{XX}(t+\tau,t) > = \lim_{T\to\infty} \frac{1}{T}\int_{-T/2}^{T/2} R_{XX}(t+\tau,t)dt$$

4. WSS 랜덤 과정에서 위너 힌친의 정리

$$S_X(f) = \int_{-\infty}^{\infty} R_{XX}(\tau)\, e^{-j2\pi f\tau} d\tau$$
$$= \mathscr{F}\{R_{XX}(\tau)\}$$

$$S_X(f) \leftrightarrow R_{XX}(\tau)$$
$$R_{XX}(\tau) = \mathscr{F}^{-1}\{S_X(f)\} = \int_{-\infty}^{\infty} S_X(f)\, e^{j2\pi f\tau} df$$

5. 백색 가우시안 랜덤 과정의 전력밀도 스펙트럼

전력밀도 스펙트럼 $S_X(f)$가 모든 주파수에 대해 일정한 값을 갖는 랜덤 과정 $\boldsymbol{X}(t)$를 백색 가우시안 랜덤 과정이라고 한다. 백색 가우시안 랜덤 과정의 전력밀도 스펙트럼은 $S_n(f) = N_0/2$[W/Hz]로 나타낸다.

6. 백색 가우시안 랜덤 과정의 자기 상관 함수

$$R_{XX}(\tau) = \int_{-\infty}^{\infty} S_n(f) e^{-j2\pi f\tau} df$$
$$= \frac{N_0}{2}\int_{-\infty}^{\infty} e^{-j2\pi f\tau} df$$
$$= \frac{N_0}{2}\,\delta(\tau)$$

7. 주기적인 랜덤 과정의 자기 상관 함수와 전력밀도 스펙트럼

$$S_X(f) = \mathscr{F}\{\overline{R}_{XX}(\tau)\}$$
$$\overline{R}_{XX}(\tau) = \frac{1}{T_0}\int_{-T_0/2}^{T_0/2} R_{XX}(t+\tau, t)\, dt$$

8. 대역 통과 정적 랜덤 과정의 전력밀도 스펙트럼

$$n(t) = a(t)\cos[2\pi f_c t + \theta(t)]$$

$$= x(t)\cos 2\pi f_c t - y(t)\sin 2\pi f_c t$$

$$= Re[z(t)\, e^{j2\pi f_c t}]$$

$$\phi_{nn}(\tau) = \phi_{xx}(\tau)\cos 2\pi f_c \tau - \phi_{yx}(\tau)\sin 2\pi f_c \tau$$

$$\Phi_{nn}(f) = \frac{1}{2}[\Phi_{zz}(f - f_c) + \Phi_{zz}(-f - f_c)]$$

6.1 랜덤 과정의 앙상블 평균과 자기 상관 함수

랜덤 과정 $\boldsymbol{X}(t)$의 앙상블 평균(혹은 통계적 평균)은 [그림 5-4]에서 설명한 바와 같이 일반적으로 시간에 따라 변하는 시간 함수다. 예를 들어 랜덤 과정 $\boldsymbol{X}(t) = \sin(10\pi t + \Theta)$를 생각해보자. 여기에서 Θ가 구간 $(0, \pi/2)$에서 균일한 랜덤 변수라면 랜덤 과정 $\boldsymbol{X}(t)$의 앙상블 평균은 식 (6.1)과 같이 구할 수 있다.

$$\begin{aligned} m_X(t) = E[X(t)] &= \int_0^{\pi/2} \left(\frac{2}{\pi}\right) \sin(10\pi t + \Theta) d\Theta \\ &= \left(-\frac{2}{\pi}\right)\left[\cos(10\pi t + \Theta)\right]_0^{\pi/2} \\ &= \left(\frac{2}{\pi}\right)\left[\cos(10\pi t) + \sin(10\pi t)\right] \end{aligned} \tag{6.1}$$

[그림 6-1]은 $(0, 0.5)$초 사이에서 랜덤 과정 $\boldsymbol{X}(t)$의 표본 함수를 50개 발생시킨 것으로, 식 (6.1)에서 구한 앙상블 평균 $m_X(t)$와 같이 나타낸 그림이다. 앙상블 평균이 시간에 따라 변하므로 랜덤 과정 $\boldsymbol{X}(t)$는 비정적 랜덤 과정이다.

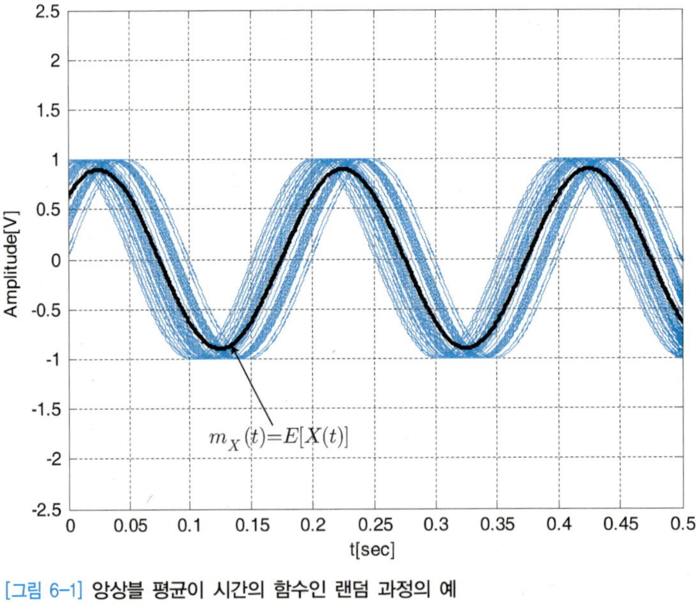

[그림 6-1] 앙상블 평균이 시간의 함수인 랜덤 과정의 예
($\boldsymbol{X}(t) = \sin(10\pi t + \Theta)$, Θ는 $(0, \pi/2)$에서 균일한 랜덤 변수)

〈MATLAB〉

```
                                        %
ITR=50;                                 % 표본 함수의 개수
PI=3.141592;
A = 1;                                  % 사인파의 진폭
                                        %
f=5;                                    % 주파수
N=0:1000;                               % 표본의 개수
Omega=2*PI*f;                           % 각속도
                                        %
t=N ./ 2000;
                                        %
for i=1:ITR,
   Theta(i) = 0.5*pi*rand;
   sine_value(i,:) = A*sin(t .* Omega + Theta(i));
end;
                                        %
for i=1:ITR,
   plot(t,sine_value(i,:),'-b');
   grid;
   xlabel('t[sec]');
   ylabel('Amplitude[V]');
   axis([0 0.5 -2.5 2.5]);
   hold on;
end;
```

하지만 Θ가 구간 $(0,2\pi)$에서 균일한 랜덤 변수라면 랜덤 과정 $\boldsymbol{X}(t)$의 앙상블 평균은 식 (6.2)처럼 구할 수 있고, 그 값은 상수값이다. 즉, 앙상블 평균은 시간에 관계없이 일정한 랜덤 과정임을 알 수 있다. 따라서 앙상블 평균 측면에서 랜덤 과정 $\boldsymbol{X}(t)$는 정적 특성을 갖는다고 할 수 있다. [그림 6-2]는 $(0, 0.5)$초 사이에서 평균이 상수인 랜덤 과정 $\boldsymbol{X}(t)$의 표본 함수를 50개 발생시킨 것으로 Θ는 구간 $(0, 2\pi)$에서 균일한 랜덤 변수인 경우다.

$$
\begin{aligned}
m_X(t) &= E[X(t)] \\
&= \int_0^{2\pi} \frac{1}{2\pi}\sin(10\pi t + \Theta)d\Theta \\
&= \left(-\frac{1}{2\pi}\right)[\cos(10\pi t + \Theta)]_0^{2\pi} \\
&= 0
\end{aligned}
\tag{6.2}
$$

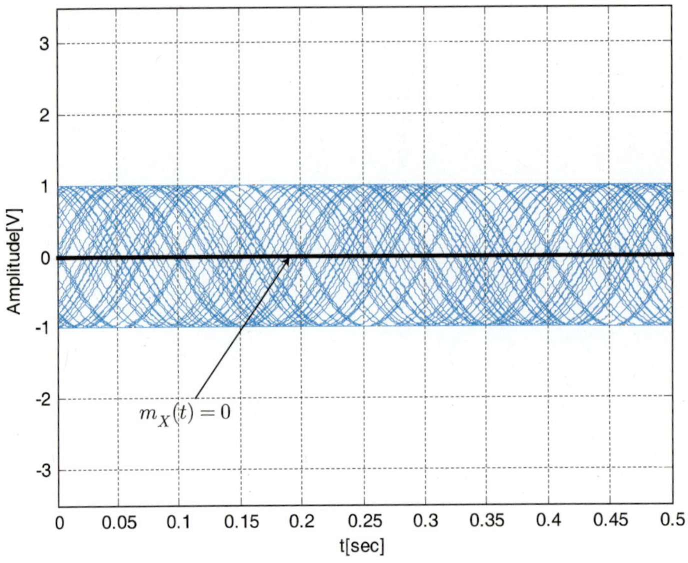

[그림 6-2] 앙상블 평균이 일정한 랜덤 과정의 예
($\boldsymbol{X}(t) = \sin(10\pi t + \Theta)$, Θ는 $(0, 2\pi)$에서 균일한 랜덤 변수)

〈MATLAB〉

```
                                        %
ITR=50;                                 % 표본 함수의 개수
PI=3.141592;
Theta = 0;                              % 사인파의 진폭
A_max = 10;
                                        %
f=5;                                    % 주파수
N=0:1000;                               % 표본의 개수
Omega=2*PI*f;                           % 각속도
                                        %
t=N ./ 2000;
                                        %
for i=1:ITR,
    A(i) = A_max*rand;
    sine_value(i,:) = A(i)*sin(t .* Omega + Theta);
end;
```

5.2절에서 랜덤 과정 $\boldsymbol{X}(t)$의 자기 상관 함수 $R_{XX}(t_1, t_2)$는 랜덤 과정 $\boldsymbol{X}(t)$의 두 시점 t_1, t_2에서 구한 두 랜덤 변수 $X(t_1)$, $X(t_2)$의 곱에 대한 앙상블 평균을 통해 구했다. 식 (6.3)은 이를 다시 나타낸 것이다.

$$R_{XX}(t_1, t_2) = E[X(t_1)X(t_2)] \tag{6.3}$$
$$= \int_{-\infty}^{\infty}\int_{-\infty}^{\infty} x_1 x_2\, p_{X(t_1)X(t_2)}(x_1, x_2)dx_1 dx_2$$

이 책에서 다루는 대부분의 랜덤 과정은 실[real] 랜덤 과정인데, 복소 랜덤 과정일 경우 자기 상관 함수는 식 (6.4)와 같이 정의한다.

$$R_X(t_1, t_2) = E[X(t_1)X^*(t_2)] \tag{6.4}$$

랜덤 과정 $\boldsymbol{X}(t)$의 자기 상관 함수는 시간 t_1, t_2에 따라 변하지만, 두 값의 차인 $\tau = (t_2 - t_1)$에 의해서만 변하는 경우도 있다. [그림 6-2]에서 예를 든 랜덤 과정의 자기 상관 함수를 구해보자.

$$R_{XX}(t_1, t_2) = E[(\sin(10\pi t_1 + \theta)\sin(10\pi t_2 + \theta)] \tag{6.5}$$
$$= \frac{1}{2}\{E[\cos 10\pi(t_2 - t_1)] + E[\cos(10\pi(t_2 + t_1) + 2\theta)]\}$$
$$= \frac{1}{2}\cos(10\pi(t_2 - t_1))$$
$$= \frac{1}{2}\cos(10\pi\tau)$$
$$= R_{XX}(\tau)$$

위의 랜덤 과정에 대한 자기 상관 함수는 시점 t_1, t_2에 관계없이 두 값의 차인 τ 만의 함수임을 알 수 있다. 즉, τ가 고정된 자기 상관 함수 $R_{XX}(\tau)$의 관점에서 랜덤 과정 $\boldsymbol{X}(t)$는 시점 t_i에 상관없이 일정하므로 역시 정적 특성을 갖는다고 할 수 있다.

좁은 의미의 정적 랜덤 과정은 시간에 상관없이 확률밀도 함수가 항상 일정한 것을 말한다. 하지만 위에서 설명한 두 조건, 즉 시간에 상관없이 평균이 항상 일정한 상수값을 갖고, 자기 상관 함수 $R_{XX}(\tau)$가 자기 상관 함수를 관찰하는 시점에 무관한 τ만의 함수라면 **넓은 의미의 정적(WSS) 랜덤 과정**에 속한다.

▪ 좁은 의미의 정적 랜덤 과정

▪ 넓은 의미의 정적(WSS) 랜덤 과정

앞으로 다루는 대부분의 랜덤 과정은 WSS 랜덤 과정인데, WSS 랜덤 과정의 스펙트럼은 자기 상관 함수 $R_{XX}(\tau)$에 대해 푸리에 변환을 하여 쉽게 구할 수 있으므로 중요한 의미가 있다. 한편 자기 상관 함수 자체는 두 신호값의 곱에 대한 평균 개념이므로 전력 단위를 갖는다. 따라서 자기 상관 함수에 푸리에 변환을 취해 얻은 WSS 랜덤 과정의 스펙트럼은 주파수에 대한 전력밀도 단위 [W/Hz]로 나타난다.

다음 절에서는 랜덤 과정의 평균 전력을 설명하고, 이를 통해 전력밀도 스펙트럼의 개념을 정의할 것이다. 또한 전력밀도 스펙트럼이 랜덤 과정의 자기 상관 함수와 푸리에 변환을 통해 연결되어 있음을 증명할 것이다. 특히 WSS 랜덤 과정의 경우 전력밀도 스펙트럼과 자기 상관 함수는 푸리에 변환쌍 관계에 있음을 보일 것이다.

예제 6-1 WSS 랜덤 과정의 평균과 자기 상관 함수

다음과 같이 정의되는 랜덤 과정 $\boldsymbol{X}(t)$에 대하여 물음에 답하라. 단, $\boldsymbol{\theta}$는 $[0,2\pi]$에서 균일한 랜덤 변수다.

$$\boldsymbol{X}(t) = A\cos(2\pi f_0 t + \boldsymbol{\theta})$$

(a) 랜덤 과정 $\boldsymbol{X}(t)$의 평균을 구하라.
(b) 랜덤 과정 $\boldsymbol{X}(t)$의 자기 상관 함수를 구하라.
(c) 랜덤 과정 $\boldsymbol{X}(t)$가 WSS 랜덤 과정임을 보여라.

풀이

(a) 랜덤 과정 $\boldsymbol{X}(t)$의 평균 $m_X(t)$는 다음과 같이 계산할 수 있다.

$$\begin{aligned} m_X(t) &= E[\boldsymbol{X}(t)] \\ &= E[A\cos(2\pi f_0 t + \theta)] \\ &= A\int_0^{2\pi}\left(\frac{1}{2\pi}\right)\cos(2\pi f_0 t + \theta)\,d\theta \\ &= \left(-\frac{A}{2\pi}\right)\left[\sin(2\pi f_0 t + \theta)\right]_0^{2\pi} \\ &= 0 \end{aligned}$$

(b) 랜덤 과정 $\boldsymbol{X}(t)$의 자기 상관 함수는 다음과 같다.

$$\begin{aligned} R_{XX}(t_1, t_2) &= E[A\cos(2\pi f_0 t_1 + \theta)\,A\cos(2\pi f_0 t_2 + \theta)] \\ &= \frac{A^2}{2}\{E[\cos 2\pi f_0(t_2 - t_1)] + E[\cos(2\pi f_0(t_2 + t_1) + 2\theta)]\} \\ &= \frac{A^2}{2}\cos(2\pi f_0 \tau) \\ &= R_{XX}(\tau) \end{aligned}$$

(c) 랜덤 과정 $\boldsymbol{X}(t)$의 평균은 $m_X(t) = 0$이고 자기 상관 함수는 τ만의 함수이므로, 랜덤 과정 $\boldsymbol{X}(t)$는 WSS 랜덤 과정이다.

예제 6-2 이진 PCM 신호로 구성된 랜덤 과정

[그림 6-3]과 같이 이진 PCM pulse coded modulation 신호로 구성된 랜덤 과정 $\boldsymbol{X}(t)$에 대해 물음에 답하라. 단, a_n은 ± 1값을 갖는 이산 랜덤 변수이며 발생 확률은 동일하다. ϵ은 구간 $(0, T_b)$ 사이에서 균일한 랜덤 변수라고 가정한다.

$$\boldsymbol{X}(t) = \sum_n a_n\, g(t - nT_b - \epsilon)$$

(a) 랜덤 과정 $\boldsymbol{X}(t)$의 평균 $m_X(t)$를 구하라.

(b) 랜덤 과정 $\boldsymbol{X}(t)$의 자기 상관 함수 $R_{XX}(t_1, t_2)$를 구하라.

(c) 랜덤 과정 $\boldsymbol{X}(t)$가 WSS 랜덤 과정임을 보여라.

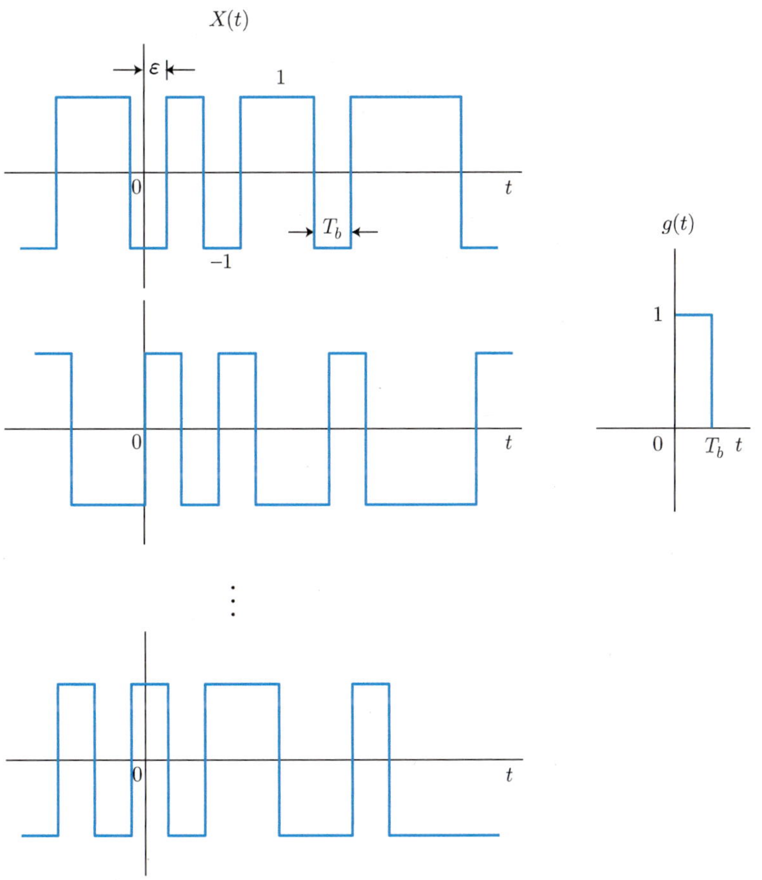

[그림 6-3] 이진 PCM 신호로 구성된 랜덤 과정과 기본 펄스 신호

풀이

(a) 랜덤 변수 a_n과 랜덤 변수 ϵ은 독립이므로, 평균은 다음과 같이 구할 수 있다.

$$
\begin{aligned}
m_X(t) &= E[\boldsymbol{X}(t)] = E[\sum_n a_n g(t-\epsilon-nT_b)] \\
&= \sum_n E[a_n]E[g(t-\epsilon-nT_b)] \\
&= 0\left(\leftarrow E[a_n] = \frac{1}{2}(+1) + \frac{1}{2}(-1) = 0\right)
\end{aligned}
$$

(b) 랜덤 과정 $\boldsymbol{X}(t)$의 자기 상관 함수 $R_{XX}(t_1,t_2)$는 다음과 같다.

$$
\begin{aligned}
R_{XX}(t_1,t_2) &= E[X(t_1)X(t_2)] \\
&= E\left[\sum_n a_n g(t_1-\epsilon-nT_b)\sum_m a_m g(t_2-\epsilon-mT_b)\right] \\
&= \sum_n\sum_m E[a_m a_n]E[g(t_1-\epsilon-nT_b)g(t_2-\epsilon-mT_b)]
\end{aligned}
$$

(c) a_n과 a_m은 $n \neq m$일 경우 서로 독립이므로, $E[a_n a_m] = E[a_n]E[a_m] = 0$이 되어 위 식은 $n = m$인 경우에만 남는다. t_1과 t_2의 시간차를 $t_2 - t_1 = \tau$라고 하면

$$
\begin{aligned}
R_{XX}(t_1,t_2) &= \sum_n\sum_m E[a_m a_n]E[g(t_1-\epsilon-nT_b)g(t_2-\epsilon-mT_b)] \\
&= \sum_n E[a_n^2]\,E[g(t_1-\epsilon-nT_b)\,g(t_2-\epsilon-nT_b)] \\
&= \sum_n E[g(t-\epsilon-nT_b)\,g(t+\tau-\epsilon-nT_b)] \\
&= \sum_n\left\{\int_0^{T_b}\left(\frac{1}{T_b}\right)g(t-\epsilon-nT_b)\,g(t+\tau-\epsilon-nT_b)d\epsilon\right\}
\end{aligned}
$$

이다. $(0 < \epsilon < T_b)$일 경우 적분식에서 $n = 0$일 경우에만 $g(\cdot)$ 함수가 존재하므로 다음과 같다.

$$
\begin{aligned}
R_{XX}(t_1,t_2) &= \sum_n\left\{\int_0^{T_b}\left(\frac{1}{T_b}\right)g(t-\epsilon-nT_b)\,g(t+\tau-\epsilon-nT_b)d\epsilon\right\} \\
&= \left(\frac{1}{T_b}\right)\int_0^{T_b} g(t-\epsilon)\,g(t+\tau-\epsilon)d\epsilon
\end{aligned}
$$

[그림 6-4]를 참조하면 위 식의 적분항은 $(T_b - |\tau|)$, $|\tau| < T_b$이므로 자기 상관 함수는 다음 식과 같으며, [그림 6-5]와 같이 삼각함수 모양이 됨을 알 수 있다.

$$
\begin{aligned}
R_{XX}(t_1,t_2) = R_{XX}(\tau) &= \begin{cases}\left(1-\dfrac{|\tau|}{T_b}\right) & |\tau| < T_b \\ 0 & elsewhere\end{cases} \\
&= \Lambda\left(\frac{\tau}{2T_b}\right)
\end{aligned}
$$

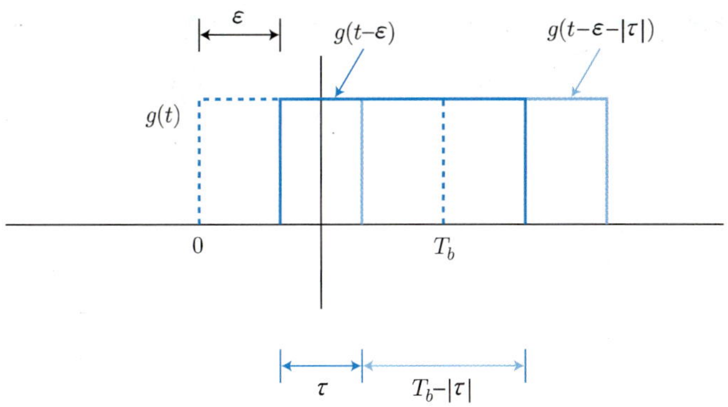

[그림 6-4] $\int_0^{T_b} g(t-\epsilon)\,g(t-\epsilon-|\tau|)d\epsilon$의 계산

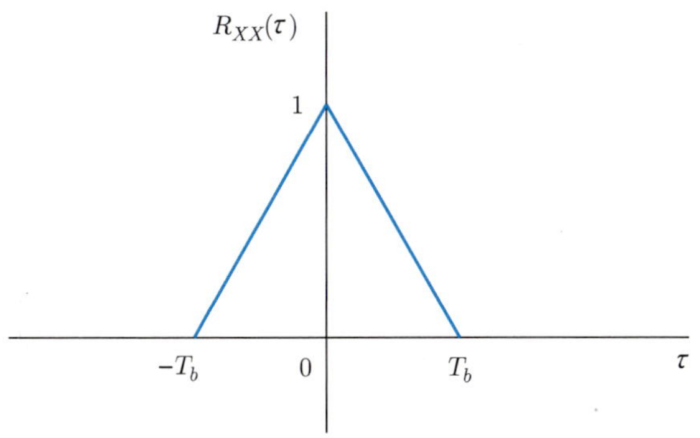

[그림 6-5] 이진 PCM 랜덤 과정의 자기 상관 함수

결국 평균이 $m_X=0$이고 자기 상관 함수가 $R_{XX}(t,t+\tau)=R_{XX}(\tau)$의 형태를 가지므로, 랜덤 과정 $\boldsymbol{X}(t)$는 WSS 랜덤 과정이다.

6.2 랜덤 과정의 전력밀도 스펙트럼

결정 신호의 스펙트럼(전압 스펙트럼)은 푸리에 변환을 통해 얻을 수 있지만, 랜덤 신호의 경우 수식으로 표현할 수 없으므로 푸리에 변환을 취하는 데 문제가 발생한다. 즉, 랜덤 신호의 직접적인 푸리에 변환이 존재하지 않기 때문에, 랜덤 신호로 구성된 랜덤 과정 $\boldsymbol{X}(t)$의 푸리에 변환은 존재하지 않고, 푸리에 변환을 통해 랜덤 과정 $\boldsymbol{X}(t)$의 스펙트럼을 직접 구할 수 없다. 공학 분야에서 다루는 대부분의 신호는 랜덤 과정으로 표현되므로, 이에 대한 스펙트럼 정보를 직접 얻을 수 없다면 매우 곤란하다.

그러나 앞 절에서 설명했듯이 랜덤 과정의 자기 상관 함수는 랜덤 과정의 스펙트럼 정보를 담고 있다. 특히 WSS 랜덤 과정의 경우 자기 상관 함수 $R_{XX}(\tau)$가 자기 상관값을 관찰하는 두 시점의 시간차 τ만의 함수이므로, 자기 상관 함수 $R_{XX}(\tau)$의 푸리에 변환을 통해 전력밀도 단위의 스펙트럼 정보를 구할 수 있다. 이 절에서는 랜덤 과정의 스펙트럼, 특히 전력밀도 스펙트럼이 자기 상관 함수와 푸리에 변환 관계에 있음을 보일 것이다. 그리고 WSS 랜덤 과정의 경우 자기 상관 함수 $R_{XX}(\tau)$와 전력밀도 스펙트럼은 푸리에 변환쌍 관계에 있음을 증명한다.

6.2.1 랜덤 과정의 평균 전력과 전력밀도 스펙트럼

랜덤 과정 $\boldsymbol{X}(t)$에 대해 $x_T(t)$를 구간 $(-T/2, T/2)$ 사이에만 존재하는 표본 함수라고 하자. 이를 식으로 나타내면 식 (6.6)과 같다.

$$x_T(t) = \begin{cases} x(t) & -T/2 < t \le T/2 \\ 0 & elsewhere \end{cases} \tag{6.6}$$

T가 유한하면 식 (6.7)이 성립하므로

$$\int_{-T/2}^{T/2} |x_T(t)|\, dt < \infty \tag{6.7}$$

푸리에 변환을 할 수 있다. $x_T(t)$을 푸리에 변환한 $X_T(f)$를 구하면 식 (6.8)과 같다.

$$\begin{aligned} X_T(f) &= \int_{-T/2}^{T/2} x_T(t)\, e^{-j2\pi ft}\, dt \\ &= \int_{-T/2}^{T/2} x(t)\, e^{-j2\pi ft} dt \end{aligned} \tag{6.8}$$

구간 $(-T/2, T/2)$ 사이에서 신호 $x(t)$의 에너지를 $\mathscr{E}_X$라고 하면 식 (6.9)와 같이 구한다.

$$\mathscr{E}_X = \int_{-T/2}^{T/2} x_T^2(t) dt = \int_{-T/2}^{T/2} x^2(t) dt \tag{6.9}$$

$x_T(t)$에 대해 푸리에 변환한 $X_T(f)$가 존재하므로 파시발의 정리를 적용하면 $x_T(t)$의 에너지를 $X_T(f)$로 하여 식 (6.10)과 같이 표현할 수 있다.

$$\begin{aligned} \mathscr{E}_X &= \int_{-T/2}^{T/2} x^2(t) dt \\ &= \int_{-\infty}^{\infty} |X_T(f)|^2 df \end{aligned} \tag{6.10}$$

이제 양변을 T로 나누면 구간 $(-T/2, T/2)$에서의 평균 전력은 식 (6.11)과 같다.

$$\begin{aligned} \mathscr{P}_X &= \frac{1}{T}\int_{-T/2}^{T/2} x^2(t) dt \\ &= \int_{-\infty}^{\infty} \frac{|X_T(f)|^2}{T} df \end{aligned} \tag{6.11}$$

식 (6.11)에서 $(|X_T(f)|^2/T)$는 구간 $(-T/2, T/2)$에서 정의되는 전력밀도 스펙트럼이다. T에 대해 극한 $T \to \infty$를 취하면 $\mathscr{P}_X$는 전 구간에 대한 표본 함수 $x(t)$의 평균 전력이고, 이는 표본 함수 $x(t)$들로 구성된 랜덤 과정 $\boldsymbol{X}(t)$의 랜덤 변숫값이 된다. 즉, 각각의 표본 함수에 대한 평균 전력 $\mathscr{P}_X$(랜덤 변수)에

대해 앙상블 평균을 취하면 랜덤 과정 $\boldsymbol{X}(t)$의 평균 전력을 얻을 수 있다. 그 식은 (6.12)와 같이 나타낼 수 있다.

$$\mathscr{P}_{\boldsymbol{X}(t)} = \lim_{T\to\infty} \frac{1}{T}\int_{-T/2}^{T/2} E[X^2(t)]dt \qquad (6.12)$$

$$= \int_{-\infty}^{\infty} \lim_{T\to\infty} \frac{E[|X_T(f)|^2]}{T} df$$

식 (6.12)로부터 랜덤 과정 $\boldsymbol{X}(t)$의 전력밀도 스펙트럼 $S_X(f)$를 식 (6.13)과 같이 정의할 수 있다. 그리고 평균 전력은 식 (6.14)와 같이 나타낼 수 있다.

$$S_X(f) = \lim_{T\to\infty} \frac{E[|X_T(f)|^2]}{T} \qquad (6.13)$$

$$\mathscr{P}_{\boldsymbol{X}(t)} = \int_{-\infty}^{\infty} S_X(f)df \qquad (6.14)$$

식 (6.12)에서 랜덤 과정 $\boldsymbol{X}(t)$가 WSS 랜덤 과정이면 $E[X^2(t)] = R_{XX}(0) =$ 상수이므로 WSS 랜덤 과정의 평균 전력은 $\mathscr{P}_{\boldsymbol{X}(t)} = E[X^2(t)]$임에 유의한다.

예제 6-3 WSS 랜덤 과정의 평균 전력

[그림 6-1]에서 보인 랜덤 과정 $\boldsymbol{X}(t)$의 평균 전력을 구하라. 단, Θ는 구간 $(0, \pi/2)$에서 균일한 랜덤 변수다.

$$\boldsymbol{X}(t) = \sin(10\pi t + \Theta)$$

풀이

$$\mathscr{P}_{X(t)} = \lim_{T\to\infty} \frac{1}{T}\int_{-T/2}^{T/2} E[X^2(t)]dt$$

$$\begin{aligned} E[X^2(t)] &= E[\sin^2(10\pi t + \Theta)) \\ &= \frac{1}{2}E[1 - \cos(20\pi t + 2\Theta)] \\ &= \frac{1}{2} - E[\cos(20\pi t + 2\Theta)] \\ &= \frac{1}{2} - \int_0^{2\pi}\left(\frac{2}{\pi}\right)\cos(20\pi t + 2\Theta)d\Theta \\ &= \frac{1}{2} \end{aligned}$$

6.2.2 WSS 랜덤 과정의 전력밀도 스펙트럼

랜덤 과정의 자기 상관 함수에 대해 시간 평균을 취한 함수와 전력밀도 스펙트럼은 푸리에 변환 관계인데, 이를 **위너 힌친의 정리**라고 한다. 랜덤 과정은 WSS 랜덤 과정일 경우 자기 상관 함수를 관찰하는 시점에 상관없이 일정하므로 시간 평균을 취할 필요 없이 자기 상관 함수와 전력밀도 스펙트럼은 푸리에 변환쌍 관계를 이룬다.

■ 위너 힌친의 정리

이러한 특징은 WSS 랜덤 과정의 전력밀도 스펙트럼을 구하는 데 대단히 유용하며, 특히 통신 공학 분야에서 자주 이용된다. 이 절에서는 위너 힌친의 정리를 알아보고, WSS 랜덤 과정에 대한 위너 힌친의 정리에 대해 자세히 살펴본다.

랜덤 과정 $\boldsymbol{X}(t)$의 전력밀도 스펙트럼 $S_X(f)$를 식 (6.8)을 이용해 다시 표현하면 식 (6.15)와 같다. 앙상블 평균 $E[\cdot]$을 취하므로 여기에서는 표본 함수 $x(t)$ 대신 랜덤 과정 전체를 의미하는 $X(t)$로 표현했다.

$$\begin{aligned} S_X(f) &= \lim_{T\to\infty}\frac{E[|X_T(f)|^2]}{T} \\ &= \lim_{T\to\infty} E\left[\frac{1}{T}\int_{-T/2}^{T/2} X(t_1)e^{j2\pi f t_1}dt_1 \int_{-T/2}^{T/2} X(t_2)e^{-j2\pi f t_2}dt_2\right] \\ &= \lim_{T\to\infty}\frac{1}{T}\int_{-T/2}^{T/2}\int_{-T/2}^{T/2} E[X(t_1)X(t_2)]\,e^{-j2\pi f(t_2-t_1)}dt_2dt_1 \end{aligned} \tag{6.15}$$

식 (6.15)에서 $X(t)$는 실real 랜덤 과정으로 가정하여 $X^*(t)=X(t)$를 적용했고, $|X_T(f)|^2 = X_T(f)\,X_T^*(f)$임을 이용했다. t_1과 t_2가 구간 $(-T/2, T/2)$ 안에 존재한다면 $R_{XX}(t_1,t_2)=E[X(t_1)X(t_2)]$이므로 식 (6.15)는 식 (6.16)과 같이 나타낼 수 있다(위너 힌친의 정리 증명 참조).

$$\begin{aligned} S_X(f) &= \lim_{T\to\infty}\frac{1}{T}\int_{-T/2}^{T/2}\int_{-T/2}^{T/2} E[X(t_1)X(t_2)]\,e^{-j2\pi f(t_2-t_1)}dt_2dt_1 \\ &= \lim_{T\to\infty}\frac{1}{T}\int_{-T/2}^{T/2}\int_{-T/2}^{T/2} R_{XX}(t_1,t_2)\,e^{-j2\pi f(t_2-t_1)}dt_2dt_1 \\ &= \int_{-\infty}^{\infty}\left\{\lim_{T\to\infty}\frac{1}{T}\int_{-T/2}^{T/2} R_{XX}(t,t+\tau)dt\right\}e^{-j2\pi f\tau}d\tau \\ &= \int_{-\infty}^{\infty}\langle R_{XX}(t,t+\tau)\rangle\, e^{-j2\pi f\tau}d\tau \end{aligned} \tag{6.16}$$

여기에서 $\langle R_{XX}(t,t+\tau)\rangle$는 $R_{XX}(t,t+\tau)$의 시간 평균을 의미하고, 식 (6.16)으로부터 랜덤 과정 $\boldsymbol{X}(t)$의 전력밀도 스펙트럼 $S_X(f)$는 $\langle R_{XX}(t,t+\tau)\rangle$에 대해 푸리에 변환하여 얻을 수 있음을 알 수 있다. 따라서 식 (6.17)과 같은 관계가 성립한다.

$$S_X(f) \leftrightarrow \langle R_{XX}(t,t+\tau)\rangle \tag{6.17}$$

단, $R_{XX}(t,t+\tau)$의 시간 평균 $\langle R_{XX}(t,t+\tau)\rangle$는 식 (6.18)과 같이 정의한다.

$$\langle R_{XX}(t,t+\tau)\rangle = \lim_{T\to\infty}\frac{1}{T}\int_{-T/2}^{T/2} R_{XX}(t,t+\tau)dt \tag{6.18}$$

위에서 설명한 바와 같이 랜덤 과정 $\boldsymbol{X}(t)$의 자기 상관 함수와 전력밀도 스펙트럼 간의 푸리에 변환 관계를 **위너 힌친의 정리**라고 한다.

위너 힌친의 정리 증명

임의의 유한값 τ와 길이가 $|\tau|$인 시간 구간 I_τ에 대해 랜덤 과정 $\boldsymbol{X}(t)$의 자기 상관 함수 $R_X(t+\tau,t)$가 식 (6.19)를 만족하면 다음과 같다.

$$\left|\int_{I_\tau} R_{XX}(t+\tau,t)dt\right| < \infty \tag{6.19}$$

랜덤 과정 $\boldsymbol{X}(t)$의 전력밀도 스펙트럼은 식 (6.20)과 같이 자기 상관 함수의 시간 평균과 푸리에 변환 관계다.

$$S_X(f) = \mathscr{F}\{< R_{XX}(t+\tau,t) >\} \tag{6.20}$$

이때 $< R_X(t+\tau,t) >$는 $R_X(t+\tau,t)$의 시간 평균을 말한다.

$$< R_{XX}(t+\tau,t) > = \lim_{T\to\infty}\frac{1}{T}\int_{-T/2}^{T/2} R_{XX}(t+\tau,t)dt \tag{6.21}$$

증명

식 (6.15)로부터

$$S_X(f) = \lim_{T\to\infty}\frac{1}{T}\; E[|X_T(f)|^2] \tag{6.22}$$

$$X_T(f) = \int_{-T/2}^{T/2} X(t)\, e^{-j2\pi ft} dt \tag{6.23}$$

이므로

$$\begin{aligned} S_X(f) &= \lim_{T\to\infty} \frac{1}{T}\; E\left[\left(\int_{-T/2}^{T/2} X(\alpha)\, e^{-j2\pi f\alpha} d\alpha\right)\left(\int_{-T/2}^{T/2} X^*(t)\, e^{+j2\pi ft} dt\right)\right] \\ &= \lim_{T\to\infty} \frac{1}{T} \int_{-T/2}^{T/2}\int_{-T/2}^{T/2} E[X(\alpha)X(t)]\, e^{-j2\pi f(\alpha - t)} d\alpha dt \\ &= \lim_{T\to\infty} \frac{1}{T} \int_{-T/2}^{T/2}\int_{-T/2}^{T/2} R_{XX}(\alpha,t)\, e^{-j2\pi f(\alpha - t)} d\alpha dt \end{aligned} \tag{6.24}$$

임을 알 수 있다. 여기에서 $X(t)$는 실함수로 가정한 것이다. 따라서 식 (6.24)에 대해 역 푸리에 변환을 취하면

$$\begin{aligned} &\mathscr{F}^{-1}\{S_X(f)\} \\ &= \lim_{T\to\infty} \frac{1}{T}\int_{-\infty}^{\infty}\left[\int_{-T/2}^{T/2}\int_{-T/2}^{T/2} R_{XX}(\alpha,t)\, e^{-j2\pi f(\alpha - t)} d\alpha dt\right] e^{j2\pi f\tau} df \\ &= \lim_{T\to\infty} \frac{1}{T}\int_{-T/2}^{T/2}\int_{-T/2}^{T/2} R_{XX}(\alpha,t)\left[\int_{-\infty}^{\infty} e^{j2\pi f(\tau - (\alpha - t))} df\right] d\alpha dt \\ &= \lim_{T\to\infty} \frac{1}{T}\int_{-T/2}^{T/2}\int_{-T/2}^{T/2} R_{XX}(\alpha,t)\, \delta(\tau + t - \alpha) d\alpha dt \\ &= \begin{cases} \displaystyle\lim_{T\to\infty} \frac{1}{T}\int_{-T/2}^{T/2} R_{XX}(t+\tau,t) dt & -T/2 < t+\tau < T/2 \\ 0 & otherwise \end{cases} \end{aligned} \tag{6.25}$$

이며 τ값에 따라 다음과 같이 나타낼 수 있다.

$$\begin{aligned} &\mathscr{F}^{-1}\{S_X(f)\} \\ &= \begin{cases} \displaystyle\lim_{T\to\infty} \frac{1}{T}\int_{-T/2}^{T/2-\tau} R_{XX}(t+\tau,t) dt & \tau > 0 \\ \displaystyle\lim_{T\to\infty} \frac{1}{T}\int_{-T/2-\tau}^{T/2} R_{XX}(t+\tau,t) dt & \tau < 0 \end{cases} \\ &= \begin{cases} \displaystyle\lim_{T\to\infty} \frac{1}{T}\left[\int_{-T/2}^{T/2} R_{XX}(t+\tau,t) dt - \int_{T/2-\tau}^{T/2} R_{XX}(t+\tau,t) dt\right] & \tau > 0 \\ \displaystyle\lim_{T\to\infty} \frac{1}{T}\left[\int_{-T/2}^{T/2} R_{XX}(t+\tau,t) dt - \int_{-T/2}^{-T/2-\tau} R_{XX}(t+\tau,t) dt\right] & \tau < 0 \end{cases} \end{aligned} \tag{6.26}$$

식 (6.19)를 만족하는 경우 위 식의 두 번째 항에 극한을 취하면 0이므로

$$\mathscr{F}^{-1}\{S_X(f)\} = \lim_{T\to\infty}\frac{1}{T}\int_{-T/2}^{T/2} R_{XX}(t+\tau,t)dt = < R_{XX}(t+\tau,t) > \quad (6.27)$$

이며, 결국 다음 식이 성립한다.

$$S_X(f) = \mathscr{F}\{< R_{XX}(t+\tau,t) >\} \quad (6.28)$$

■

6.2.3 WSS 랜덤 과정에서의 위너 힌친의 정리

특별히 랜덤 과정 $\boldsymbol{X}(t)$가 WSS 랜덤 과정이라고 가정해보자. 식 (6.16)의 이중 적분 계산을 하면 식 (6.29)와 같고, 이때 랜덤 과정 $\boldsymbol{X}(t)$의 자기 상관 함수 $R_{XX}(\tau)$는 시간차 τ에 의해서만 변하므로 τ가 일정하면 $R_{XX}(\tau)$는 상수값을 갖는다.

$$\begin{aligned} S_X(f) &= \lim_{T\to\infty}\frac{1}{T}\int_{-T/2}^{T/2}\int_{-T/2}^{T/2} E[X(t_1)X(t_2)]\, e^{-j2\pi f(t_2-t_1)}dt_2\,dt_1 \quad (6.29) \\ &= \lim_{T\to\infty}\frac{1}{T}\int_{-T/2}^{T/2}\int_{-T/2}^{T/2} R_{XX}(t_1,t_2)\, e^{-j2\pi f(t_2-t_1)}dt_2\,dt_1 \\ &= \lim_{T\to\infty}\frac{1}{T}\int_{-T/2}^{T/2}\int_{-T/2}^{T/2} R_{XX}(\tau)\, e^{-j2\pi f\tau}dt_2\,dt_1 \end{aligned}$$

$f(\tau) = R_{XX}(\tau)e^{-j2\pi f\tau}$라면 식 (6.29)의 이중 적분은 표면 함수 $f(\tau)$를 [그림 6-6]의 사각형 면적에 대해 적분한 체적으로 볼 수 있다. 즉, τ가 일정하면 $f(\tau)=$상수이므로 $t_2 - t_1 = \tau(=$상수$)$인 직선상에서 $R_{XX}(\tau)=$상수인 점을 이용해 이중 적분을 단일 적분으로 바꿀 수 있다. [그림 6-6]에서 색칠된 미소면적은 $(\Delta\tau\to 0)$일 경우 $(T-|\tau|)\Delta\tau$이므로, 미소면적에 해당하는 미소체적은 $f(\tau)(T-|\tau|)\Delta\tau$다. 이제 τ를 구간 $(-T, T)$에 대해 적분하면 사각형에 해당하는 $f(\tau)$ 표면 함수의 체적이 되므로, 식 (6.29)는 식 (6.30)과 같이 표현할 수 있다.

$$S_X(f) = \lim_{T\to\infty} \frac{1}{T} \int_{-T/2}^{T/2} \int_{-T/2}^{T/2} R_{XX}(\tau) e^{-j2\pi f\tau} dt_2 dt_1 \tag{6.30}$$
$$= \lim_{T\to\infty} \frac{1}{T} \int_{-T}^{T} f(\tau)(T - |\tau|) d\tau$$
$$= \lim_{T\to\infty} \int_{-T}^{T} f(\tau)\left(1 - \frac{|\tau|}{T}\right) d\tau$$
$$= \int_{-\infty}^{\infty} R_{XX}(\tau) e^{-j2\pi f\tau} d\tau$$
$$= \mathscr{F}\{R_{XX}(\tau)\}$$

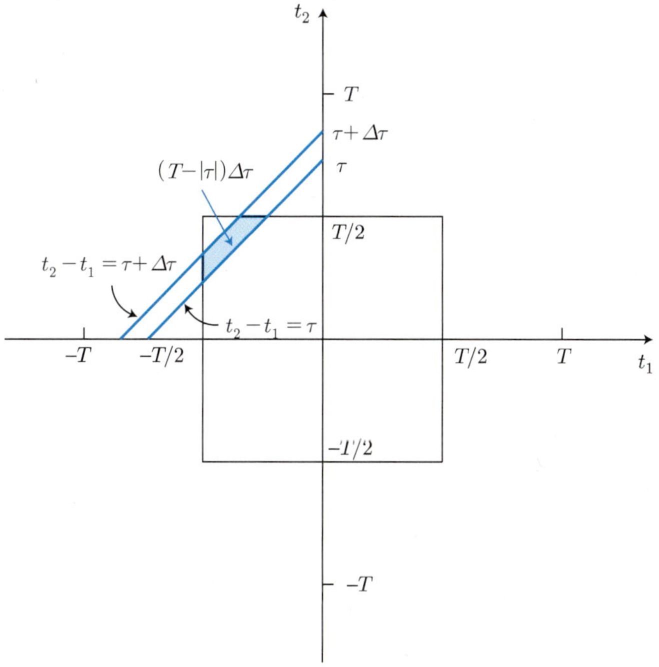

[그림 6-6] WSS 랜덤 과정에서 위너 힌친의 정리를 유도하기 위한 변수 변환

따라서 **랜덤 과정 $X(t)$가 WSS 랜덤 과정**이면 전력밀도 스펙트럼과 자기 상관 함수는 푸리에 변환 관계에 있음을 알 수 있다. 위너 힌친의 정리는 식 (6.31)과 식 (6.32)와 같이 정리된다.

$$S_X(f) = \int_{-\infty}^{\infty} R_{XX}(\tau) e^{-j2\pi f\tau} d\tau \tag{6.31}$$
$$= \mathscr{F}\{R_{XX}(\tau)\}$$

$$S_X(f) \leftrightarrow R_{XX}(\tau) \tag{6.32}$$

랜덤 과정 $\boldsymbol{X}(t)$가 WSS 랜덤 과정이면 자기 상관 함수는 시간차 τ만의 함수이고, 관찰 시점 t에 대해서는 일정한 상수값을 가지므로 시간 t에 대한 평균을 구할 필요가 없다. 즉, $\langle R_{XX}(t, t+\tau) \rangle = R_{XX}(\tau)$이고, τ도 시간 단위이므로 식 (6.33)과 같이 $R_X(\tau)$의 푸리에 변환을 통해 $\boldsymbol{X}(t)$의 전력밀도 스펙트럼 $S_X(f)$을 얻을 수 있다.

$$\begin{aligned} S_X(f) &= \mathscr{F}\{R_{XX}(\tau)\} \\ &= \int_{-\infty}^{\infty} R_{XX}(\tau)\, e^{-j2\pi f\tau} d\tau \end{aligned} \tag{6.33}$$

$$R_{XX}(\tau) = \mathscr{F}^{-1}\{S_X(f)\} = \int_{-\infty}^{\infty} S_X(f)\, e^{j2\pi f\tau} df \tag{6.34}$$

전력밀도 스펙트럼 $S_X(f)$는 주파수에 대한 전력밀도이므로 단위는 [W/Hz]를 갖는다. WSS 랜덤 과정 $\boldsymbol{X}(t)$의 평균 전력은 $\mathscr{P}_X = R_X(0)$이므로, 식 (6.34)로부터 식 (6.35)와 같이 표현한다.

$$\mathscr{P}_X = R_{XX}(0) = \int_{-\infty}^{\infty} S_X(f) df \tag{6.35}$$

예제 6-4 WSS 랜덤 과정의 전력밀도 스펙트럼

다음과 같이 정의되는 랜덤 과정 $\boldsymbol{X}(t)$에 대하여 전력밀도 스펙트럼을 구하라([예제 6-1] 참조). 단, $\boldsymbol{\theta}$는 $[0, 2\pi]$에서 균일한 랜덤 변수다.

$$\boldsymbol{X}(t) = A\cos(2\pi f_0 t + \boldsymbol{\theta})$$

풀이

[예제 6-1]로부터 $\boldsymbol{X}(t)$의 평균은 0이고 자기 상관 함수는 $R_{XX}(\tau) = \dfrac{A^2}{2}\cos(2\pi f_0 \tau)$로 τ만의 함수이므로 $\boldsymbol{X}(t)$는 WSS 랜덤 과정이다. 따라서 전력밀도 스펙트럼은 자기 상관 함수 $R_{XX}(\tau)$를 푸리에 변환하여 구한다. $R_{XX}(\tau) = \dfrac{A^2}{2}\cos 2\pi f_0 \tau$이므로 $\boldsymbol{X}(t)$의 전력밀도 스펙트럼 $S_X(f)$는 다음 식과 같이 구한다. [그림 6-7]은 이를 나타낸 것이다.

$$S_X(f) = \mathscr{F}\{R_X(\tau)\} = \int_{-\infty}^{\infty} \frac{A^2}{2} \cos 2\pi f_0 \tau \, e^{-j2\pi f_0 \tau} d\tau$$
$$= \frac{A^2}{4} [\delta(f-f_0) + \delta(f+f_0)]$$

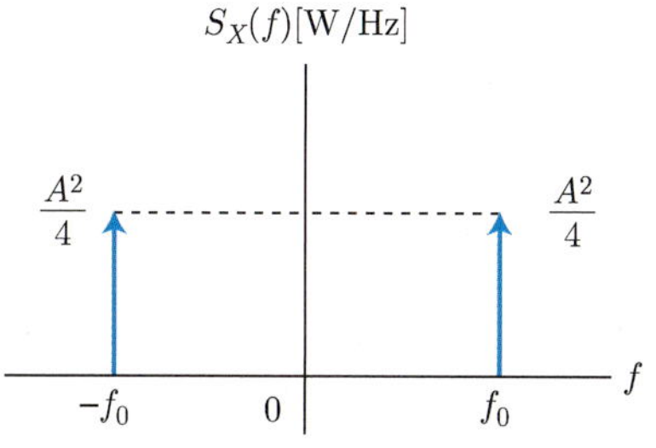

[그림 6-7] [예제 6-1]의 랜덤 과정에 대한 전력밀도 스펙트럼

랜덤 과정 $\boldsymbol{X}(t)$의 표본 함수가 모두 $f = f_0$[Hz]의 주파수를 갖는 사인파이므로 $\boldsymbol{X}(t)$의 스펙트럼 성분은 f_0에 집중되어 있음을 알 수 있다.

예제 6-5 이진 PCM 랜덤 과정의 전력밀도 스펙트럼

[예제 6-2]의 이진 PCM 랜덤 과정 $\boldsymbol{X}(t)$에 대한 전력밀도 스펙트럼을 구하라. a_n은 ± 1의 값을 갖는 이산 랜덤 변수이고, 발생 확률은 동일하다. 단, ϵ은 구간 $(0, T_b)$ 사이에서 균일한 랜덤 변수라고 가정한다.

$$\boldsymbol{X}(t) = \sum_n a_n \, g(t - nT_b - \epsilon)$$

풀이

평균은 $m_X(t) = 0$이고 자기 상관 함수는 $R_{XX}(\tau) = \left(1 - \frac{|\tau|}{T_b}\right)$, $|\tau| < T_b$이므로 랜덤 과정 $\boldsymbol{X}(t)$는 WSS 랜덤 과정이다. 따라서 자기 상관 함수에 대한 푸리에 변환을 통해 전력밀도 스펙트럼을 구할 수 있다. 삼각함수에 대한 푸리에 변환쌍을 이용하면 다음 식과 같다(『디지털 통신 시스템(한빛미디어, 2011)』의 p.70 참조).

$$\Lambda\left(\frac{t}{\tau}\right) \leftrightarrow \frac{\tau}{2} \operatorname{sinc}^2\left(\frac{\tau}{2} f\right)$$

랜덤 과정 $\boldsymbol{X}(t)$의 자기 상관 함수 $R_{XX}(\tau)$는 [예제 6-2]로부터

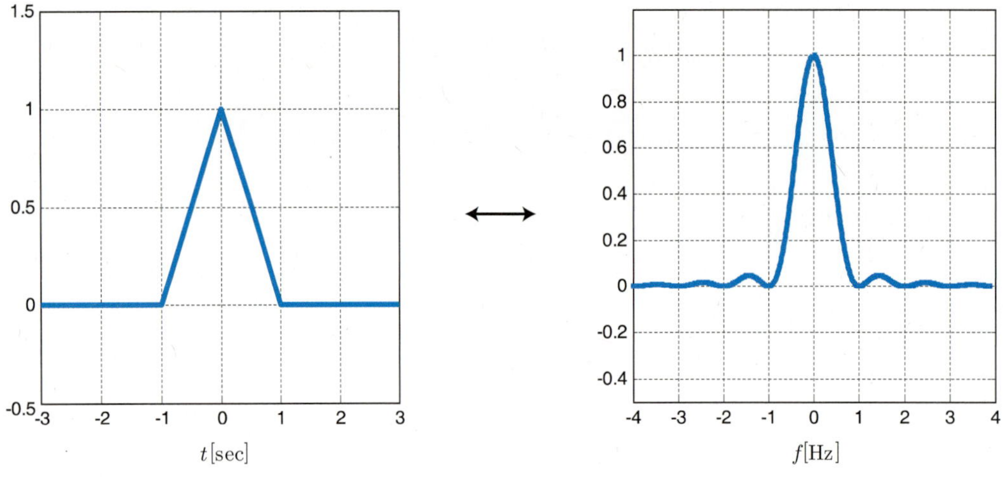

[그림 6-8] $\tau = 2$일 때 삼각함수의 푸리에 변환쌍

$$R_{XX}(t_1,t_2) = R_{XX}(\tau) = \begin{cases} \left(1 - \dfrac{|\tau|}{T_b}\right) & |\tau| < T_b \\ 0 & elsewhere \end{cases}$$

$$= \Lambda\left(\frac{\tau}{2T_b}\right)$$

이므로 전력밀도 스펙트럼 $S(f)$는 다음 식과 같다.

$$S(f) = \left(\frac{2T_b}{2}\right)\text{sinc}^2\left(\frac{2T_b}{2}f\right) = T_b\text{sinc}^2(T_b f)$$

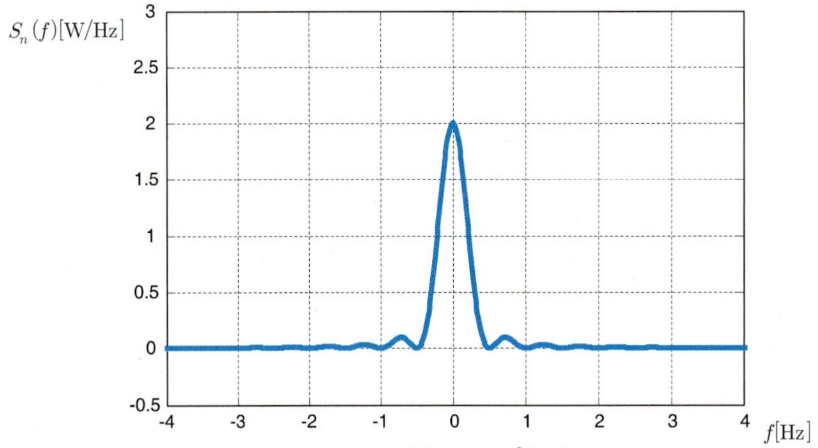

[그림 6-9] 랜덤 과정 $\boldsymbol{X}(t)$의 전력밀도 스펙트럼 ($S(f) = T_b\text{sinc}^2(T_b f)$, $T_b = 1$)

6.2.4 백색 가우시안 랜덤 과정의 전력밀도 스펙트럼

백색 랜덤 과정은 전자기기에서 발생하는 열잡음을 모델링한 것으로, 통신 시스템을 설계할 때 중요하게 사용된다. 랜덤 과정 $\boldsymbol{X}(t)$의 전력밀도 스펙트럼 $S_X(f)$가 모든 주파수에 대해 일정한 값을 가지면, 랜덤 과정 $\boldsymbol{X}(t)$를 **백색 랜덤 과정**white random process이라고 한다. 여기에서 '백색'이라는 용어는 광학에서 유래된 것으로 백색광white light이 모든 주파수 성분을 포함하고 있기 때문에 붙여진 것이다.

▪ 백색 랜덤 과정

특히 열잡음의 경우 전력밀도 스펙트럼이 모든 주파수에 대해 상수값을 가지는 것은 아니지만, 실제 사용되는 주파수 영역에 걸쳐 거의 일정한 값을 가지므로 백색 랜덤 과정으로 모델링하여 사용한다. 또한 잡음 과정으로부터 발생되는 랜덤 변수의 확률밀도 함수가 가우시안 모양을 갖는 가우시안 랜덤 변수일 경우를 통칭하여 **백색 가우시안 랜덤 과정**white Gaussian random process이라고 한다. 식 (6.36)은 열잡음의 전력밀도 스펙트럼을 나타낸 것으로, [그림 6-10]과 같이 실제로 적용되는 주파수 범위에서는 전력밀도 스펙트럼값이 거의 일정하다는 것을 알 수 있다.

▪ 백색 가우시안 랜덤 과정

$$S_n(f) = \frac{hf}{2(e^{hf/kT}-1)}, \quad h = 6.6\times 10^{-34},\ k = 1.38\times 10^{-23} \tag{6.36}$$

여기에서 h는 플랑크 상수, k는 볼츠만 상수, T는 켈빈kelvin 단위의 온도를 의미한다. 또한 전력밀도 스펙트럼은 $f=0$에서 최댓값 $S_n(0)=\frac{kT}{2}$값을 가진다.

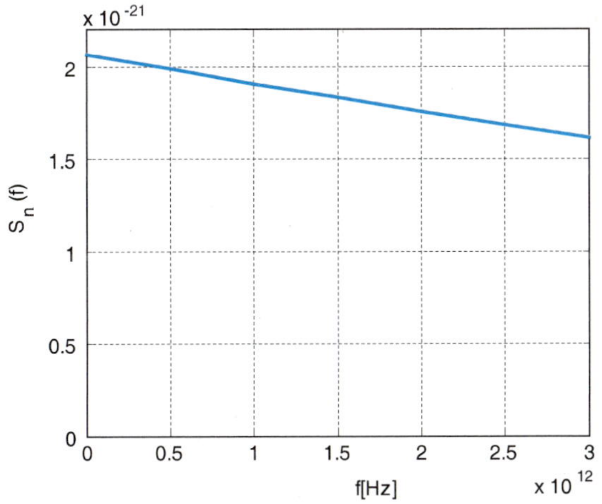

[그림 6-10] 열잡음의 전력밀도 스펙트럼

통신 공학에서는 위에서 설명한 열잡음의 전력밀도 스펙트럼을 $S_n(f) = \frac{kT}{2} = \frac{N_0}{2}$ [W/Hz]로 표시한다. 이때 $\frac{N_0}{2}$를 음의 주파수 영역까지 고려하여 **양측 전력밀도 스펙트럼**two-sided power spectral density이라고 한다.

▪ 양측 전력밀도 스펙트럼

[그림 6-11]은 백색 가우시안 랜덤 과정을 나타낸 것으로, 랜덤 과정 $\boldsymbol{X}(t)$로부터 발생되는 랜덤 변수 $X(t_i)$의 확률밀도 함수는 시간 t에 관계없이 항상 일정한 가우시안 함수 형태이므로 **에르고딕**ergodic **랜덤 과정**이다. 백색 가우시안 랜덤 과정 $\boldsymbol{X}(t)$의 전력밀도 스펙트럼이 $S_n(f) = \frac{N_0}{2}$ [W/Hz]이므로 자기 상관 함수 $R_{XX}(\tau)$는 위너 힌친의 정리에 의해 $S_X(f)$를 역 푸리에 변환하여 식 (6.37)과 같이 구한다. 여기에서 에르고딕 랜덤 과정이 WSS 랜덤 과정에 포함된다는 것을 유의해야 한다.

▪ 에르고딕 랜덤 과정

$$\begin{aligned} R_{XX}(\tau) &= \int_{-\infty}^{\infty} S_n(f) e^{-j2\pi f\tau} df \\ &= \frac{N_0}{2} \int_{-\infty}^{\infty} e^{-j2\pi f\tau} df \\ &= \frac{N_0}{2} \delta(\tau) \end{aligned} \tag{6.37}$$

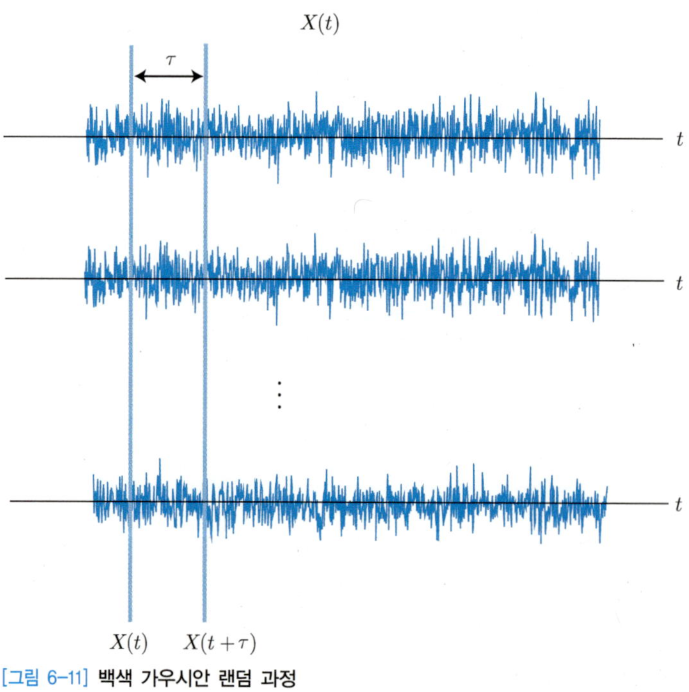

[그림 6-11] 백색 가우시안 랜덤 과정

식 (6.37)의 결과는 [그림 6-11]에서 쉽게 확인할 수 있다. [그림 6-11]에서 두 랜덤 변수 $X(t)$와 $X(t+\tau)$는 서로 독립이므로 $\tau=0$이 아니라면 자기 상관 함숫값은 0이 될 수밖에 없다. 그러므로 $R_{XX}(\tau)=(N_0/2)\delta(\tau)$다.

[그림 6-12]는 백색 가우시안 랜덤 과정의 자기 상관 함수와 전력밀도 스펙트럼의 관계를 나타낸 것이다.

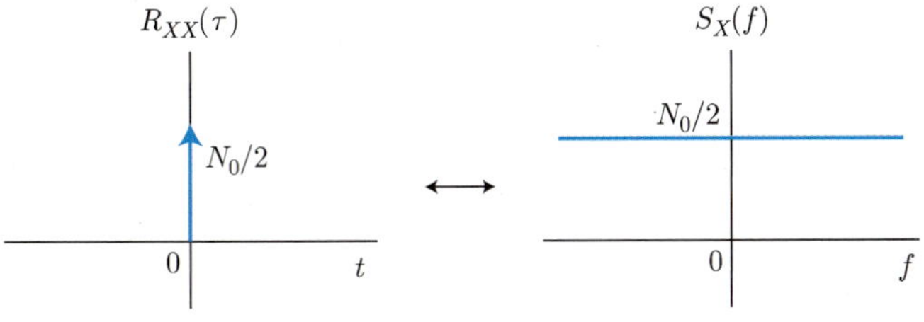

[그림 6-12] 백색 가우시안 랜덤 과정의 자기 상관 함수와 전력밀도 스펙트럼

6.3 주기적인 랜덤 과정의 자기 상관 함수와 전력밀도 스펙트럼

5.3절에서 다음과 같은 조건을 만족하는 랜덤 과정 $X(t)$를 **주기적인 정적 랜덤 과정**이라고 정의했다.

- $m_X(t+kT_0)=m_X(t)$, T_0는 임의의 주기
- $R_{XX}(t+\tau+kT_0,\ t+kT_0)=R_{XX}(t+\tau,\ t)$

위의 조건으로부터 주기적인 정적 랜덤 과정은 넓은 의미의 정적(WSS) 특성이 주기적으로 발생하는 경우임을 알 수 있다. 만일 랜덤 과정 $\boldsymbol{X}(t)$가 주기$=T_0$인 주기적인 정적 과정이고 식 (6.38)이 성립한다면

$$\left|\int_0^{T_0} R_{XX}(t+\tau,t)dt\right| < \infty \tag{6.38}$$

주기적인 정적 랜덤 과정 $\boldsymbol{X}(t)$의 전력밀도 스펙트럼은 식 (6.39)와 같이 구한다.

$$S_X(f)=\mathscr{F}\{\overline{R}_{XX}(\tau)\} \tag{6.39}$$

이때 $\overline{R}_{XX}(\tau)$는 다음 식과 같다.

$$\overline{R}_{XX}(\tau)=\frac{1}{T_0}\int_{-T_0/2}^{T_0/2} R_{XX}(t+\tau,t)dt \tag{6.40}$$

예제 6-6 주기적인 정적 랜덤 과정의 스펙트럼

평균이 m이고 자기 상관 함수가 $R_{XX}(\tau)$인 WSS 랜덤 과정 $\boldsymbol{X}(t)$에 대해 물음에 답하라.

$$Y(t)=X(t)\cos(2\pi f_0 t)$$

(a) 위와 같은 함수 형태를 갖는 랜덤 과정 $\boldsymbol{Y}(t)$의 평균과 자기 상관 함수를 구하고, 랜덤 과정 $\boldsymbol{Y}(t)$가 주기적인 정적 랜덤 과정임을 보여라.

(b) 랜덤 과정 $\boldsymbol{Y}(t)$의 전력밀도 스펙트럼을 구하라.

풀이

(a)

$$m_Y(t) = E[X(t)\cos 2\pi f_0 t] = m \cdot \cos 2\pi f_0 t$$

$$\begin{aligned} R_{YY}(t, t+\tau) &= E[X(t)\cos(2\pi f_0 t)\, X(t+\tau)\cos(2\pi f_0(t+\tau))] \\ &= E[X(t)X(t+\tau)]\ \frac{1}{2}\cos 2\pi f_0\tau + \frac{1}{2}\cos(4\pi f_0 t + 2\pi f_0\tau)) \\ &= R_{XX}(\tau)\ \frac{1}{2}\cos 2\pi f_0\tau + \frac{1}{2}\cos(4\pi f_0 t + 2\pi f_0\tau) \end{aligned}$$

따라서 랜덤 과정 $\boldsymbol{Y}(t)$는 평균과 자기 상관 함수가 모두 $T_0 = 1/f_0$의 주기를 갖는 주기적인 정적 랜덤 과정임을 알 수 있다.

(b) 식 (6.40)을 이용해 한 주기 $(0, T_0)$에 대해 $R_{YY}(\tau)$의 시간 평균을 구하면 다음과 같다.

$$\begin{aligned} \overline{R}_{YY}(\tau) &= \frac{1}{T_0}\int_{-T_0/2}^{T_0/2} R_{YY}(t+\tau, t)\,dt \\ &= \frac{1}{T_0}\int_{-T_0/2}^{T_0/2}\left[R_{XX}(\tau)\ \frac{1}{2}\cos 2\pi f_0\tau + \frac{1}{2}\cos(4\pi f_0 t + 2\pi f_0\tau)\right]dt \\ &= R_{XX}(\tau)\ \frac{1}{2}\cos 2\pi f_0\tau \end{aligned}$$

식 (6.39)를 이용해 푸리에 변환을 취하면 다음과 같은 전력밀도 스펙트럼을 얻는다.

$$\begin{aligned} S_Y(f) &= \mathscr{F}\{\overline{R}_{YY}(\tau)\} \\ &= \int_{-\infty}^{\infty}\left\{R_{XX}(\tau)\ \frac{1}{2}\cos 2\pi f_0\tau\right\} e^{-j2\pi f\tau}d\tau \\ &= \frac{1}{4}\int_{-\infty}^{\infty}\left\{R_{XX}(\tau)\ (e^{j2\pi f_0\tau} + e^{-j2\pi f_0\tau})\right\} e^{-j2\pi f\tau}d\tau \\ &= \frac{1}{4}\int_{-\infty}^{\infty}\left\{R_{XX}(\tau)\ (e^{-j2\pi(f-f_0)\tau} + e^{-j2\pi(f+f_0)\tau})\right\} d\tau \\ &= \frac{1}{4}\{S_X(f-f_0) + S_X(f+f_0)\} \end{aligned}$$

6.4 복소 랜덤 과정의 전력밀도 스펙트럼

이미 5.8절에서 복소 랜덤 과정에 대해서 자세히 살펴보았다. 이번 절에서는 5.8절에서 정의한 복소 랜덤 과정의 자기 상관 함수를 이용하여 복소 랜덤 과정의 전력밀도 스펙트럼을 구해보자. 먼저 5.8절의 내용을 요약하면 다음과 같다.

▪ 복소 랜덤 과정

임의의 두 랜덤 과정 $\boldsymbol{X}(t)$와 $\boldsymbol{Y}(t)$에 대한 **복소 랜덤 과정**complex random process $\boldsymbol{Z}(t)$가 식 (6.41)과 같이 정의된다고 하자.

$$\boldsymbol{Z}(t) = \boldsymbol{X}(t) + j\boldsymbol{Y}(t) \tag{6.41}$$

$\boldsymbol{Z}(t)$에 대해 시간을 $t = t_i$로 고정시키면 랜덤 변수 $Z(t_i)$, $X(t_i)$ 및 $Y(t_i)$를 얻을 수 있다. $\boldsymbol{Z}(t)$로부터 얻은 n개의 랜덤 변수 $Z_{t_i} = Z(t_i)$, $i = 1, 2, \cdots, n$에 대한 결합 확률밀도는 (X_{t_i}, Y_{t_i}), $i = 1, 2, \cdots, n$의 결합 확률밀도에 의해 식 (6.42)와 같이 주어진다.

$$p(Z_{t_1}, Z_{t_2}, \cdots, Z_{t_n}) = p(X_{t_1}, X_{t_2}, \cdots, X_{t_n}, Y_{t_1}, Y_{t_2}, \cdots, Y_{t_n}) \tag{6.42}$$

한편 복소 랜덤 과정 $\boldsymbol{Z}(t)$의 자기 상관 함수($\phi_{ZZ}(t_1, t_2)$로 표시하기로 함)는 식 (6.43)과 같이 정의된다.

$$\begin{aligned}\phi_{ZZ}(t_1,t_2) &= E(Z_{t_1}^* \cdot Z_{t_2}) \\ &= E\left[(X_{t_1} + jY_{t_1})^*(X_{t_2} + jY_{t_2})\right] \\ &= \{\phi_{XX}(t_1,t_2) + \phi_{YY}(t_1,t_2) - j[\phi_{YX}(t_1,t_2) - \phi_{XY}(t_1,t_2)]\}\end{aligned} \tag{6.43}$$

여기에서 $\phi_{XX}(t_1, t_2)$와 $\phi_{YY}(t_1, t_2)$는 각각 랜덤 과정 $\boldsymbol{X}(t)$와 $\boldsymbol{Y}(t)$의 자기 상관 함수이며, $\phi_{XY}(t_1, t_2)$와 $\phi_{YX}(t_1, t_2)$는 $\boldsymbol{X}(t)$와 $\boldsymbol{Y}(t)$의 상호 상관cross correlation 함수다.

두 랜덤 과정 $\boldsymbol{X}(t)$와 $\boldsymbol{Y}(t)$가 각각 정적 랜덤 과정이고, 동시에 결합 정적 랜덤 과정일 경우 $\boldsymbol{Z}(t)$의 자기 상관 함수는

$$\phi_{ZZ}(t_1, t_2) = \phi_{ZZ}(t_1 - t_2) = \phi_{ZZ}(\tau) \tag{6.44}$$

이며, 이때 $\tau = t_1 - t_2$다. 또한 $\phi_{ZZ}(\tau)$에 대한 복소쌍은

$$\phi^*_{ZZ}(\tau) = E(Z_{t_1} Z^*_{t_1+\tau}) = E(Z^*_{t'} Z_{t'-\tau}) = \phi_{ZZ}(-\tau) \tag{6.45}$$

이므로 $\phi_{ZZ}(\tau) = \phi^*_{ZZ}(-\tau)$다. 여기에서 $E[Z(t)] = E[X(t)] + jE[Y(t)]$이므로, $\boldsymbol{X}(t)$와 $\boldsymbol{Y}(t)$가 WSS 랜덤 과정이면 복소 랜덤 과정도 WSS 랜덤 과정임을 알 수 있다.

WSS 복소 랜덤 과정 $\boldsymbol{Z}(t)$의 전력밀도 스펙트럼 $\Phi_{ZZ}(f)$는 $\boldsymbol{Z}(t)$의 자기 상관 함수 $\phi_{ZZ}(\tau)$의 푸리에 변환으로 정의되며, 식 (6.46) 및 식 (6.47)과 같이 나타낼 수 있다. 다시 말해 자기 상관 함수 $\phi_{ZZ}(\tau)$와 전력밀도 스펙트럼 $\Phi_{ZZ}(f)$는 식 (6.48)과 같이 서로 푸리에 변환쌍 관계를 갖는다.

$$\Phi_{ZZ}(f) = \int_{-\infty}^{\infty} \phi_{ZZ}(\tau)\, e^{-j2\pi f\tau} d\tau \tag{6.46}$$

$$\phi_{ZZ}(\tau) = \int_{-\infty}^{\infty} \Phi_{ZZ}(f) e^{j2\pi f\tau} df \tag{6.47}$$

$$\phi_{ZZ}(\tau) \leftrightarrow \Phi_{ZZ}(f) \tag{6.48}$$

예제 6-7 WSS 복소 랜덤 과정의 전력밀도 스펙트럼

[예제 5-16]의 WSS 복소 랜덤 과정 $\boldsymbol{Z}(t)$에 대한 전력밀도 스펙트럼을 구하라.

풀이

[예제 5-16]으로부터 WSS 복소 랜덤 과정 $\boldsymbol{Z}(t)$의 자기 상관 함수는

$$\phi_{ZZ}(\tau) = \sigma^2_{A_1} e^{j\omega_1\tau} + \sigma^2_{A_2} e^{j\omega_2\tau}$$

이므로 $\phi_{ZZ}(\tau)$에 대해 푸리에 변환을 취하면 다음과 같다. 여기에서 ω_i는 각속도이므로 $\omega_i = 2\pi f_i$임에 유의해야 한다.

$$\begin{aligned}\Phi_{ZZ}(f) &= \mathscr{F}\{\phi_{ZZ}(\tau)\} \\ &= \int_{-\infty}^{\infty} \phi_{ZZ}(\tau) e^{-j2\pi f\tau} d\tau\end{aligned}$$

$$= \sigma_{A_1}^2 \int_{-\infty}^{\infty} e^{-j2\pi(f-f_1)\tau} d\tau + \sigma_{A_2}^2 \int_{-\infty}^{\infty} e^{-j2\pi(f-f_2)\tau} d\tau$$

$$= \sigma_{A_1}^2 \delta(f-f_1) + \sigma_{A_2}^2 \delta(f-f_2)$$

6.5 대역 통과 정적 랜덤 과정의 전력밀도 스펙트럼

WSS 복소 랜덤 과정의 대표적인 예로 통신 공학에서 자주 이용되는 대역 통과 변조 신호가 있다. 대역 통과 변조 신호는 수학적으로 대역 통과 랜덤 과정으로 모델링되는데, 이때 복소 랜덤 과정의 특성이 유용하게 사용된다.

$N(t)$가 평균이 0이고 전력밀도 스펙트럼이 $\Phi_n(f)$인 WSS 랜덤 과정이라고 하자. 그리고 $N(t)$의 표본 함수를 $n(t)$라고 표시하자. $\Phi_n(f)$의 중심 주파수가 f_c이고 f_c를 중심으로 $|f_c| \le W$인 주파수 대역 내에 $N(t)$의 스펙트럼 성분이 제한된다면, 랜덤 과정 $N(t)$를 **대역 통과 랜덤 과정**band pass random process이라고 한다. $N(t)$의 표본 함수 $n(t)$는 일반적으로 식 (6.49)와 같이 표시한다.

■ 대역 통과 랜덤 과정

$$\begin{aligned} n(t) &= a(t)\cos[2\pi f_c t + \theta(t)] \\ &= x(t)\cos 2\pi f_c t - y(t)\sin 2\pi f_c t \\ &= Re[z(t)\, e^{j2\pi f_c t}] \end{aligned} \tag{6.49}$$

여기에서 $a(t)$와 $\theta(t)$는 각각 $n(t)$의 진폭과 위상을 나타내는 실함수이고, $x(t)$와 $y(t)$를 $n(t)$의 **쿼드러처 성분**quadrature component이라고 한다. 특히 복소 형태의 표현에서 나타나는 $z(t)$를 $n(t)$의 **복소 포락 함수**complex envelope라고 하고, 이때 $z(t) = x(t) + jy(t)$의 관계를 가진다.

■ 쿼드러처 성분

■ 복소 포락 함수

$n(t)$의 평균이 0일 경우 $x(t)$와 $y(t)$의 평균도 0이다. $n(t)$가 정적 랜덤 과정이면 $x(t)$와 $y(t)$의 자기 상관 및 상호 상관은 다음과 같은 특성을 갖는다.

$$\begin{cases} \phi_{xx}(\tau) = \phi_{yy}(\tau) \\ \phi_{xy}(\tau) = -\phi_{yx}(\tau) \end{cases} \tag{6.50}$$

식 (6.50)이 성립한다는 것은 다음과 같은 의미다. $n(t)$의 평균은 0이므로, 자기 상관 함수가 시간 t에 무관하고, 시간차 τ에 의해서만 변화되면 $n(t)$는 정적 랜덤 과정이다.

$$
\begin{aligned}
\phi_{nn}(\tau) =\ & E[n(t)n(t+\tau)] \qquad (6.51) \\
=\ & E\{[\mathrm{x}(\mathrm{t})\cos 2\pi f_c t - y(t)\sin 2\pi f_c t] \\
& \times [x(t+\tau)\cos 2\pi f_c(t+\tau) - y(t+\tau)\sin 2\pi f_c(t+\tau)]\} \\
=\ & \phi_{xx}(\tau)\cos 2\pi f_c t\cos 2\pi f_c(t+\tau) \\
& + \phi_{yy}(\tau)\sin 2\pi f_c t\sin 2\pi f_c(t+\tau) \\
& - \phi_{xy}(\tau)\sin 2\pi f_c t\cos 2\pi f_c(t+\tau) \\
& - \phi_{yx}(\tau)\cos 2\pi f_c t\sin 2\pi f_c(t+\tau) \\
=\ & \frac{1}{2}[\phi_{xx}(\tau) + \phi_{yy}(\tau)]\cos 2\pi f_c\tau \\
& + \frac{1}{2}[\phi_{xx}(\tau) - \phi_{yy(\tau)}]\cos 2\pi f_c(2t+\tau) \\
& - \frac{1}{2}[\phi_{yx}(\tau) - \phi_{xy}(\tau)]\sin 2\pi f_c\tau \\
& - \frac{1}{2}[\phi_{yx}(\tau) + \phi_{xy}(\tau)]\sin 2\pi f_c(2t+\tau)
\end{aligned}
$$

$n(t)$는 정적 랜덤 과정이어서 t에 무관하므로 식 (6.51)의 둘째 항과 넷째 항은 0이 되어야 한다. 즉, 식 (6.50)의 조건이 성립해야 하고, $\phi_{nn}(\tau)$는 식 (6.52)와 같다.

$$
\phi_{nn}(\tau) = \phi_{xx}(\tau)\cos 2\pi f_c\tau - \phi_{yx}(\tau)\sin 2\pi f_c\tau \qquad (6.52)
$$

복소 포락 함수 $z(t)$는

$$
z(t) = x(t) + jy(t) \qquad (6.53)
$$

이므로 $z(t)$의 자기 상관 함수는 식 (6.50)을 이용하여 식 (6.54)와 같이 나타낸다.

$$
\begin{aligned}
\phi_{zz}(\tau) &= E[z^*(t)\, z(t+\tau)] \qquad (6.54) \\
&= E[(x(t) - jy(t))(x(t+\tau) + jy(t+\tau))] \\
&= [\phi_{xx}(\tau) + \phi_{yy}(\tau) - j\phi_{xy}(\tau) + j\phi_{yx}(\tau)] \\
&= \phi_{xx}(\tau) + j\phi_{yx}(\tau)
\end{aligned}
$$

식 (6.52)와 식 (6.54)를 이용하면

$$\phi_{nn}(\tau) = Re\left\{\phi_{zz}(\tau)\, e^{j2\pi f_c \tau}\right\} \tag{6.55}$$

이며, 대역 통과 랜덤 과정 $n(t)$의 자기 상관 함수는 복소 포락 함수 $z(t)$의 자기 상관 함수에 의해 결정됨을 알 수 있다.

따라서 $n(t)$의 전력밀도 스펙트럼 $\Phi_{nn}(f)$는

$$\begin{aligned}
\Phi_{nn}(f) &= \mathscr{F}\{\phi_{nn}(\tau)\} \\
&= \int_{-\infty}^{\infty} Re\left(\phi_{zz}(\tau)\, e^{j2\pi f_c \tau}\right) e^{-j2\pi f \tau} d\tau \\
&= \int_{-\infty}^{\infty} \frac{1}{2}[\phi_{zz}(\tau) e^{j2\pi f_c \tau} + \phi_{zz}^{*}(\tau)\, e^{-j2\pi f_c \tau}]\, e^{-j2\pi f \tau} d\tau \\
&= \frac{1}{2}[\Phi_{zz}(f - f_c) + \Phi_{zz}(-f - f_c)]
\end{aligned} \tag{6.56}$$

으로, $\phi_{zz}^{*}(\tau) = \phi_{zz}(-\tau)$임을 이용한 것이다. $\Phi_{nn}(f)$는 주파수에 대한 실함수임을 알 수 있다.

Chapter 06 연습문제

6.1 다음과 같이 정의되는 랜덤 과정 $\boldsymbol{X}(t)$에 대해 물음에 답하라. 단, X는 구간 $[-1, 1]$에서 균일한 랜덤 변수다.

$$\boldsymbol{X}(t) = X$$

(a) 랜덤 과정 $\boldsymbol{X}(t)$의 표본 함수를 모두 그려라.
(b) 랜덤 과정 $\boldsymbol{X}(t)$의 평균 $m_X(t)$를 구하라.
(c) 랜덤 과정 $\boldsymbol{X}(t)$의 자기 상관 함수 $R_{XX}(t, t+\tau)$를 구하라.
(d) 랜덤 과정 $\boldsymbol{X}(t)$는 정적 랜덤 과정인가?
(e) 랜덤 과정 $\boldsymbol{X}(t)$의 전력밀도 스펙트럼 $S_X(f)$를 구하라.

6.2 다음 그림과 같이 두 랜덤 과정의 합에 의해 생성되는 랜덤 과정 $\boldsymbol{Y}(t)$에 대해 물음에 답하라. 단, $\boldsymbol{X}(t)$와 $\boldsymbol{N}(t)$는 서로 독립이고 WSS 랜덤 과정이며 평균은 각각 $E[\boldsymbol{X}(t)] = m_X$, $E[\boldsymbol{N}(t)] = 0$이다.

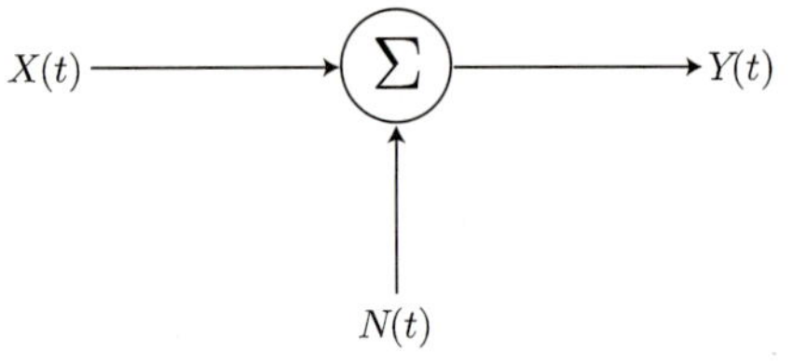

(a) 랜덤 과정 $\boldsymbol{Y}(t)$가 WSS 랜덤 과정임을 보여라.
(b) 랜덤 과정 $\boldsymbol{X}(t)$와 $\boldsymbol{N}(t)$는 결합 WSS 랜덤 과정인가?
(c) 랜덤 과정 $\boldsymbol{Y}(t)$와 $\boldsymbol{N}(t)$가 결합 WSS 랜덤 과정임을 보여라.

6.3 대역 통과 백색 랜덤 과정 $\boldsymbol{N}(t)$의 전력밀도 스펙트럼이 다음 그림과 같을 때, 물음에 답하라.

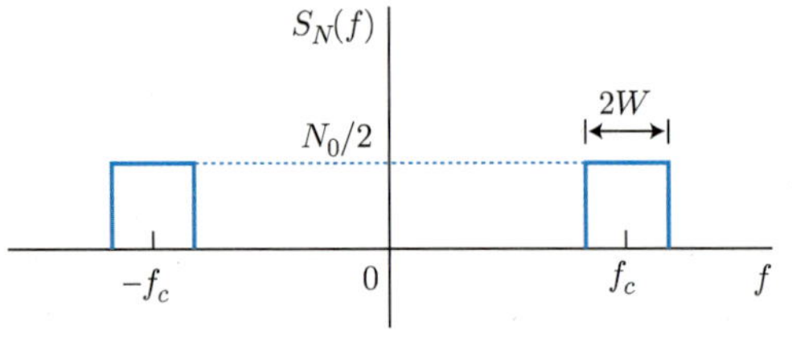

(a) 랜덤 과정 $\boldsymbol{N}(t)$를 쿼드러처 성분 $X(t)$와 $Y(t)$로 표현하라.
(b) $S_X(f)$와 $S_Y(f)$를 구하라.
(c) $\mathscr{P}_{N(t)} = \mathscr{P}_{X(t)} = \mathscr{P}_{Y(t)}$임을 보여라.

6.4 두 독립 랜덤 과정 $\boldsymbol{X}(t)$와 $\boldsymbol{Y}(t)$가 WSS 랜덤 과정이다. 새로운 랜덤 과정 $\boldsymbol{U}(t)$와 $\boldsymbol{V}(t)$가 다음과 같이 발생될 때, 물음에 답하라.

$$U(t) = X(t) + Y(t), \quad V(t) = 2X(t) + 3Y(t)$$

(a) $R_{UU}(\tau)$와 $R_{VV}(\tau)$를 $R_{XX}(\tau)$ 및 $R_{YY}(\tau)$로 표현하라.

(b) $R_{UV}(\tau)$를 $R_{XX}(\tau)$ 및 $R_{YY}(\tau)$로 표현하라.

6.5 다음과 같은 랜덤 과정 $\boldsymbol{X}(t)$에 대해 물음에 답하라. 단, ω는 (0,100) 사이에서 균일한 랜덤 변수다.

$$\boldsymbol{X}(t) = \cos(\omega t)$$

(a) 랜덤 과정 $\boldsymbol{X}(t)$의 앙상블을 그려라.

(b) 직관적으로 볼 때 $\boldsymbol{X}(t)$는 정적 랜덤 과정인가? 그 이유를 설명하라

(c) 랜덤 과정 $\boldsymbol{X}(t)$의 평균 $m_X(t)$와 자기 상관 함수 $R_{XX}(t, t+\tau)$를 구하라.

(d) 문항 (c)의 결과로부터 문항 (b)에서 내린 결정이 타당한지 설명하라.

6.6 다음 그림과 같이 전력밀도 스펙트럼이 $[-W, W]$ 구간에 제한되어 있는 WSS 랜덤 과정 $\boldsymbol{X}(t)$에 대해 물음에 답하라.

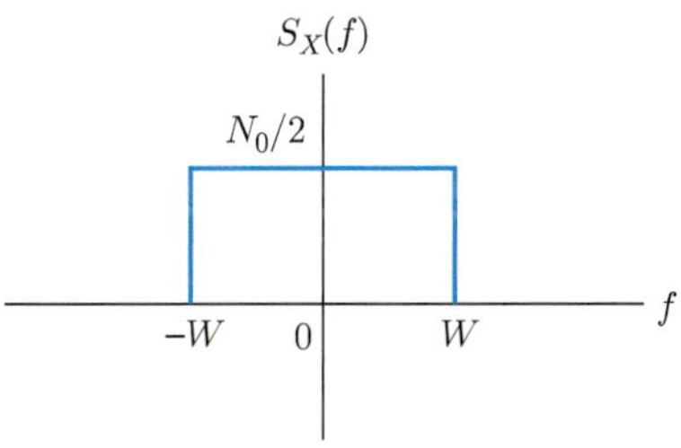

(a) $R_{XX}(\tau)$를 구하고 $X(t)$와 $X(t+\tau)$의 상관값이 0인 경우는 어떠한 경우인지 밝혀라.

(b) $W \rightarrow \infty$ 일 경우 $R_{XX}(\tau)$를 구하고, 이때 랜덤 과정 $\boldsymbol{X}(t)$는 어떤 특성을 갖는지 설명하라.

6.7 두 결합 WSS 랜덤 과정 $\boldsymbol{X}(t)$와 $\boldsymbol{Y}(t)$에 대해 다음 식이 성립함을 보여라.

$$|R_{XY}(\tau)| \leq \sqrt{R_{XX}(0)\,R_{YY}(0)}$$

6.8 두 랜덤 변수 X와 Y가 포함된 랜덤 과정 $\boldsymbol{Z}(t)$가 다음과 같이 정의될 때, 물음에 답하라. 단, X와 Y는 평균이 0이고 분산이 $\sigma_X^2 = \sigma_Y^2 = \sigma^2$인 독립 가우시안 랜덤 변수다.

$$\boldsymbol{Z}(t) = X\cos 2\pi f_0 t + Y\sin 2\pi f_0 t$$

(a) 랜덤 과정 $\boldsymbol{Z}(t)$의 평균 $m_Z(t)$를 구하라.
(b) 랜덤 과정 $\boldsymbol{Z}(t)$의 자기 상관 함수 $R_{ZZ}(t, t+\tau)$를 구하라.
(c) 랜덤 과정 $\boldsymbol{Z}(t)$는 WSS 랜덤 과정인가?
(d) 랜덤 과정 $\boldsymbol{Z}(t)$의 전력밀도 스펙트럼 $S_Z(f)$를 구하라.

6.9 PAM(Pulse Amplitude Modulation) 랜덤 과정 $\boldsymbol{X}(t)$가 다음과 같이 표현될 때, 물음에 답하라. 단, T는 상수이고, A_n은 ± 1값을 갖는 독립 랜덤 변수로 두 값을 가질 확률은 동일하다.

$$\boldsymbol{X}(t) = \sum_{n=-\infty}^{\infty} A_n\, g(t - nT)$$

$$g(t) = \begin{cases} 1 & 0 \le t \le T \\ 0 & elsewhere \end{cases}$$

(a) 랜덤 과정 $\boldsymbol{X}(t)$의 평균 $m_X(t)$를 구하라.
(b) 랜덤 과정 $\boldsymbol{X}(t)$의 자기 상관 함수 $R_{XX}(t, t+\tau)$를 구하라.
(c) 랜덤 과정 $\boldsymbol{X}(t)$가 주기적 정적 랜덤 과정임을 보여라.
(d) 랜덤 과정 $\boldsymbol{X}(t)$의 전력밀도 스펙트럼 $S_X(f)$를 구하라.

6.10 A_n이 0 혹은 1의 값을 갖는 독립 랜덤 변수라고 할 때, [연습문제 6.9]의 (a) ~ (d)까지 물음에 답하라.

6.11 다음과 같은 랜덤 과정 $\boldsymbol{X}(t)$에 대해 물음에 답하라. 단, $\boldsymbol{\theta}$는 구간 $0 \le \theta \le \frac{\pi}{4}$에서 균일한 랜덤 변수다.

$$\boldsymbol{X}(t) = \cos(2\pi f_c t + \boldsymbol{\theta})$$

(a) 랜덤 과정 $\boldsymbol{X}(t)$의 평균 $m_X(t)$를 구하라.
(b) 랜덤 과정 $\boldsymbol{X}(t)$의 자기 상관 함수 $R_{XX}(t, t+\tau)$를 구하라.
(c) 랜덤 과정 $\boldsymbol{X}(t)$가 주기적 정적 랜덤 과정임을 보여라.
(d) 랜덤 과정 $\boldsymbol{X}(t)$의 전력밀도 스펙트럼 $S_X(f)$를 구하라.

6.12 다음과 같은 랜덤 과정 $\boldsymbol{X}(t)$에 대해 물음에 답하라. 단, X는 구간 $[-1,1]$에서 균일한 랜덤 변수이고, Y는 구간 $[0,1]$에서 균일한 랜덤 변수이며 두 랜덤 변수는 서로 독립이다.

$$\boldsymbol{X}(t) = X + Y$$

(a) 랜덤 과정 $\boldsymbol{X}(t)$의 평균 $m_X(t)$를 구하라.
(b) 랜덤 과정 $\boldsymbol{X}(t)$의 자기 상관 함수 $R_{XX}(t, t+\tau)$를 구하라.
(c) 랜덤 과정 $\boldsymbol{X}(t)$의 전력밀도 스펙트럼 $S_X(f)$를 구하라.

6.13 두 값 ± 1을 갖는 랜덤 과정 $\boldsymbol{X}(t)$의 표본 함수가 다음 그림과 같다. 이때 $X(0) = \pm 1$일 확률은 동일하고, α의 발생 확률을 갖는 포아송 랜덤 과정은 사건 발생 시점에 $\boldsymbol{X}(t)$의 극성이 바뀔 때, 물음에 답하라.

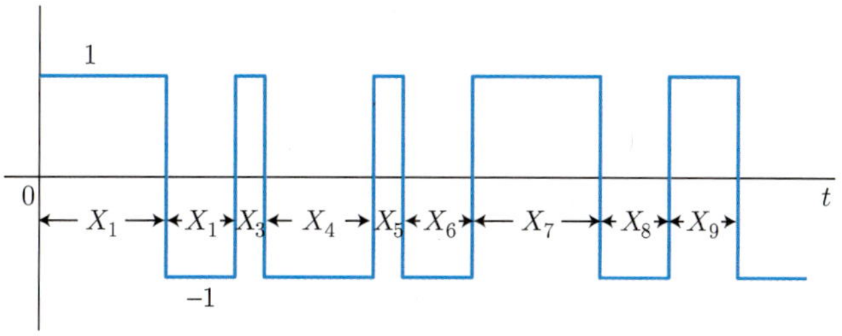

(a) $P[X(t)=1]$, $P[X(t)=-1]$의 확률을 구하라.
(b) 랜덤 과정 $\boldsymbol{X}(t)$의 평균 $m_X(t)$를 구하라.
(c) 랜덤 과정 $\boldsymbol{X}(t)$의 자기 상관 함수 $R_{XX}(t, t+\tau)$를 구하라.
(d) 랜덤 과정 $\boldsymbol{X}(t)$의 전력밀도 스펙트럼 $S_X(f)$를 구하라.

6.14 두 독립 WSS 랜덤 과정 $\boldsymbol{X}(t)$와 $\boldsymbol{Y}(t)$를 곱하여 새로운 랜덤 과정 $\boldsymbol{Z}(t)$를 생성한다고 할 때, 물음에 답하라.

$$\boldsymbol{Z}(t) = \boldsymbol{X}(t)\,\boldsymbol{Y}(t)$$

(a) 랜덤 과정 $\boldsymbol{Z}(t)$의 평균을 m_X와 m_Y로 표현하라.
(b) 랜덤 과정 $\boldsymbol{Z}(t)$의 자기 상관 함수를 $R_{XX}(\tau)$와 $R_{YY}(\tau)$로 표현하라.
(c) 랜덤 과정 $\boldsymbol{Z}(t)$의 전력밀도 스펙트럼 $S_Z(f)$를 $S_X(f)$와 $S_Y(f)$로 표현하라.

6.15 [연습문제 5.6]의 $\boldsymbol{Y}(t)$에 대한 전력밀도 스펙트럼 $S_Y(f)$를 구하라.

6.16 [연습문제 5.10]에서 $\sigma_X^2 = \sigma_Y^2 = \sigma^2$일 경우 $\boldsymbol{X}(t)$의 전력밀도 스펙트럼 $S_X(f)$를 구하라.

6.17 [연습문제 5.15]의 $\boldsymbol{Y}(t)$에 대한 전력밀도 스펙트럼 $S_Y(f)$를 구하라.

Chapter

07

선형 시스템과 랜덤 과정

Linear System and Random Process

이 장의 학습 내용

학습목표

- 선형 시불변 시스템에 WSS 랜덤 과정이 입력될 경우 출력되는 랜덤 과정의 특성을 알아본다.
- 선형 시불변 시스템의 입출력 랜덤 과정의 자기 상관 특성 및 상호 상관 특성을 자세히 살펴본다.
- 선형 시불변 시스템의 전달 함수와 관련된 WSS 랜덤 과정의 스펙트럼 특성을 분석해본다.
- 대역 제한된 랜덤 과정의 자기 상관 함수와 전력밀도 스펙트럼을 살펴본다.

이 장에서는 랜덤 신호 혹은 랜덤 과정이 선형 시스템과 어떻게 상호 작용을 하는지 살펴본다. 단순히 랜덤 과정을 표현만 하는 것은 원하는 시스템을 설계하는 데 큰 도움이 안 되며, 랜덤 신호가 시스템을 통과하면서 어떻게 변하는지 알아보는 것이 매우 중요하다.

선형 시스템에 랜덤 신호가 입력되었을 때의 응답 신호, 즉 출력 신호가 입력 신호와 어떠한 관계에 있는지 시스템의 특성과 관련하여 자세히 살펴보자.

Section

이 장의 학습 내용

1. 선형 시스템의 랜덤 신호 응답

선형 시불변 시스템(LTI)에 WSS 랜덤 과정 $\boldsymbol{X}(t)$가 입력되면 출력되는 랜덤 과정 $\boldsymbol{Y}(t)$도 WSS 랜덤 과정이다.

2. 선형 시스템의 입출력 랜덤 과정의 자기 상관 특성

선형 시스템의 출력 랜덤 과정 $\boldsymbol{Y}(t)$에 대한 자기 상관 함수 $R_{YY}(\tau)$는 입력 랜덤 과정 $\boldsymbol{X}(t)$에 대한 자기 상관 함수 $R_{XX}(\tau)$와 충격파 응답 $h(t)$의 이중 콘벌루션 적분에 의해 계산된다. 여기에서 $\boldsymbol{X}(t)$와 $\boldsymbol{Y}(t)$는 WSS 랜덤 과정이다.

$$R_{YY}(\tau) = R_{XX}(\tau) * h(-\tau) * h(\tau)$$

3. 선형 시스템에서 입출력 랜덤 과정의 상호 상관

충격파 응답이 $h(t)$인 선형 시스템에 대한 WSS 입력 랜덤 과정 $\boldsymbol{X}(t)$와 WSS 출력 랜덤 과정 $\boldsymbol{Y}(t)$의 상호 상관 함수는 다음과 같이 정리된다.

$$R_{XY}(\tau) = R_{XX}(\tau) * h(\tau)$$
$$R_{YX}(\tau) = R_{XX}(\tau) * h(-\tau)$$

4. 선형 시스템에서 상호 상관 함수에 의한 출력 랜덤 과정의 자기 상관 함수

$$R_{YY}(\tau) = R_{YX}(\tau) * h(\tau)$$

5. 선형 시스템에서 랜덤 과정의 스펙트럼 특성

$$S_Y(f) = \mathscr{F}\{R_{YY}(\tau)\} = S_X(f)\,|H(f)|^2$$
$$S_{XY}(f) = S_X(f)\,H(f)$$
$$S_{YX}(f) = S_X(f)\,H(-f)$$

6. 선형 시스템에서 출력 랜덤 과정의 평균 전력

$$\mathscr{P}_{Y(t)} = \int_{-\infty}^{\infty} S_Y(f)df = \int_{-\infty}^{\infty} S_X(f)\,|H(f)|^2 df$$

7. 대역 제한된 랜덤 과정의 표현

$$\begin{aligned} Z(t) &= A(t)\cos(2\pi f_0 t + \Theta(t)) \\ &= X(t)\cos 2\pi f_0 t - Y(t)\sin 2\pi f_0 t \end{aligned}$$
$$X(t) = A(t)\cos\Theta(t)$$
$$Y(t) = A(t)\sin\Theta(t)$$
$$W(t) = X(t) + j\,Y(t)$$

8. 대역 제한된 랜덤 과정의 상관 특성

$$R_{ZZ}(\tau) = R_{XX}(\tau)\cos 2\pi f_0\tau + R_{XY}(\tau)\sin 2\pi f_0\tau$$
$$\begin{cases} R_{XX}(\tau) = R_{YY}(\tau) \\ R_{XY}(\tau) = -R_{YX}(\tau) \end{cases}$$
$$R_{ZZ}(0) = R_{XX}(0) = R_{YY}(0) = E[Z^2(t)] = E[X^2(t)] = E[Y^2(t)]$$

9. 대역 제한된 랜덤 과정의 스펙트럼 특성

$$S_Z(f) = \mathscr{F}\{R_{ZZ}(\tau)\} = \frac{1}{2}[\,W(f-f_0) + W(f+f_0)]$$

Section

7.1 선형 시스템의 랜덤 신호 응답

충격파 응답이 $h(t)$인 선형 시불변 시스템에 랜덤 과정 $\boldsymbol{X}(t)$의 표본 함수인 랜덤 신호 $x(t)$가 입력되었다고 하자. 선형 시스템이므로 출력 신호 $y(t)$는 식 (7.1)과 같이 나타낼 수 있다.

$$\begin{aligned} y(t) &= x(t) * h(t) \\ &= \int_{-\infty}^{\infty} x(\tau)h(t-\tau)d\tau \\ &= \int_{-\infty}^{\infty} h(\tau)x(t-\tau)d\tau \end{aligned} \tag{7.1}$$

$x(t)$가 랜덤 과정 $\boldsymbol{X}(t)$의 표본 함수 중 하나이므로, $y(t)$도 랜덤 과정 $\boldsymbol{Y}(t)$의 표본 함수라 할 수 있다. 랜덤 과정의 관점에서 식 (7.1)의 $x(t)$와 $y(t)$를 $X(t)$와 $Y(t)$로 표시하고, 선형 시불변 시스템을 통과하는 랜덤 과정을 나타내면 [그림 7-1]과 같다.

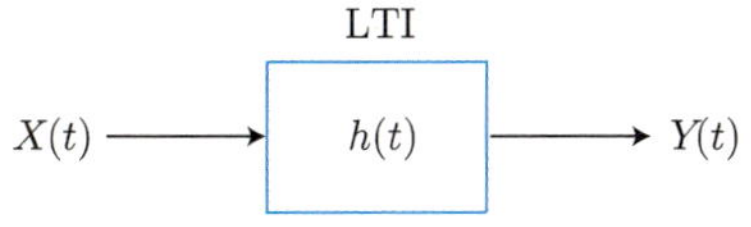

[그림 7-1] 선형 시불변 시스템을 통과하는 랜덤 과정

식 (7.1)을 $X(t)$와 $Y(t)$를 이용하여 표시하면 식 (7.2)와 같다.

$$Y(t) = \int_{-\infty}^{\infty} h(\tau)X(t-\tau)d\tau \tag{7.2}$$

식 (7.2)는 선형 시불변 시스템에 랜덤 과정 $\boldsymbol{X}(t)$가 입력되어 새로운 랜덤 과정 $\boldsymbol{Y}(t)$가 출력되는 형태를 나타낸 것이다.

이제 랜덤 과정 $\boldsymbol{Y}(t)$의 평균을 구해보자. 랜덤 과정 $\boldsymbol{X}(t)$가 WSS 랜덤 과정이라면 $\boldsymbol{X}(t)$의 평균은 m_X(상수)이므로 식 (7.3)과 같이 구할 수 있다.

$$E[Y(t)] = E\left[\int_{-\infty}^{\infty} h(\tau)\, X(t-\tau)d\tau\right] \tag{7.3}$$
$$= \int_{-\infty}^{\infty} h(\tau)\, E[X(t-\tau)]\, d\tau$$
$$= m_X \int_{-\infty}^{\infty} h(\tau) d\tau$$
$$= m_Y$$

따라서 선형 시스템에 WSS 랜덤 과정이 입력되어 출력되는 랜덤 과정의 평균은 시간에 관계없는 상수값을 가지며, $\boldsymbol{Y}(t)$의 평균은 m_X에 충격파 응답의 적분값을 곱하여 얻을 수 있다.

한편 $\boldsymbol{Y}(t)$의 자기 상관 함수 $R_{YY}(t, t+\tau)$는 식 (7.2)를 이용하여 식 (7.4)와 같이 구할 수 있다.

$$R_{YY}(t, t+\tau) = E[Y(t)\, Y(t+\tau)] \tag{7.4}$$
$$= E\left[\int_{-\infty}^{\infty} h(\alpha)X(t-\alpha)\, d\alpha \int_{-\infty}^{\infty} h(\beta)\, X(t+\tau-\beta)\, d\beta\right]$$
$$= \int_{-\infty}^{\infty}\int_{-\infty}^{\infty} E[X(t-\alpha)\, X(t+\tau-\beta)]\, h(\alpha)\, h(\beta)\, d\alpha d\beta$$
$$= \int_{-\infty}^{\infty}\int_{-\infty}^{\infty} R_{XX}(\tau+\alpha-\beta)\, h(\alpha)\, h(\beta)\, d\alpha d\beta$$
$$= R_{YY}(\tau)$$

식 (7.4)로부터 랜덤 과정 $\boldsymbol{Y}(t)$의 자기 상관 함수 $R_{YY}(t, t+\tau)$도 시간 t에 관계없이 시간차 τ에 의해서만 좌우됨을 알 수 있다. 또한 식 (7.3)과 식 (7.4)의 결과로부터 선형 시불변 시스템에 WSS 랜덤 과정 $\boldsymbol{X}(t)$가 입력되어 출력되는 랜덤 과정 $\boldsymbol{Y}(t)$도 WSS 랜덤 과정임을 확인할 수 있다. 식 (7.4)의 마지막 두 번째 줄을 자세히 살펴보면 랜덤 과정 $\boldsymbol{Y}(t)$의 자기 상관 함수 $R_{YY}(\tau)$는 랜덤 과정 $\boldsymbol{X}(t)$의 자기 상관 함수 $R_{XX}(\tau)$와 충격파 응답 $h(t)$의 이중 콘벌루션 적분을 통해 얻음을 알 수 있다. 따라서 식 (7.5)가 성립한다.

$$R_{YY}(\tau) = \int_{-\infty}^{\infty}\int_{-\infty}^{\infty} R_{XX}(\tau+\alpha-\beta)\, h(\alpha)\, h(\beta)\, d\alpha d\beta \tag{7.5}$$

$$= \int_{-\infty}^{\infty} [R_{XX}(\tau-\beta) * h(-\tau)] h(\beta)\, d\beta$$

$$= R_{XX}(\tau) * h(-\tau) * h(\tau)$$

예제 7-1 선형 시불변 시스템을 통한 랜덤 과정의 전파

[그림 7-2]와 같은 선형 시불변 시스템에 WSS 랜덤 과정 $X(t)$가 입력되어 $Y(t)$가 출력된다고 할 때, 물음에 답하라.

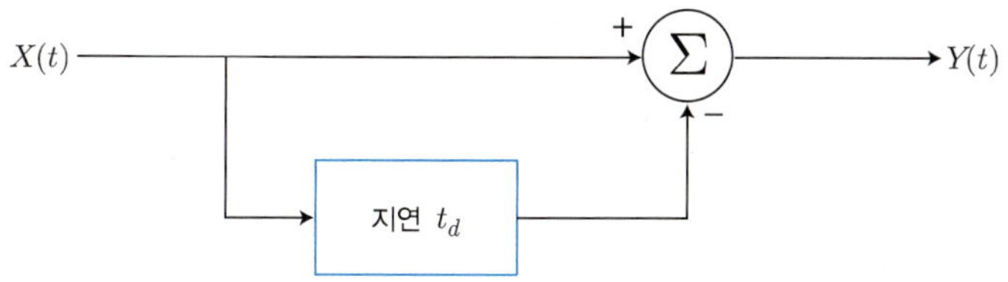

[그림 7-2] 선형 시불변 시스템을 통한 랜덤 과정의 전파

(a) 시스템의 충격파 응답 $h(t)$를 구하라.
(b) 시스템의 전달 함수 $H(f)$를 구하라.
(c) WSS 랜덤 과정 $X(t)$가 입력될 때 출력 랜덤 과정 $Y(t)$의 평균을 구하라.
(d) 랜덤 과정 $Y(t)$의 자기 상관 함수 $R_{YY}(\tau)$를 $X(t)$의 자기 상관 함수 $R_{XX}(\tau)$로 표현하라.
(e) 랜덤 과정 $Y(t)$도 WSS 랜덤 과정임을 보여라.

풀이

(a) 충격파 응답 $h(t)$는 입력이 $\delta(t)$일 때의 출력 함수이므로 다음과 같이 쓸 수 있다.

$$h(t) = \delta(t) - \delta(t-t_d)$$

(b) 전달 함수 $H(f)$는 충격파 응답을 푸리에 변환하여 얻을 수 있으므로

$$\begin{aligned} H(f) &= \mathcal{F}\{h(t)\} \\ &= \mathcal{F}\{\delta(t)\} - \mathcal{F}\{\delta(t-t_d)\} \\ &= 1 - e^{-j2\pi f t_d} \end{aligned}$$

이다. 이는 푸리에 변환쌍 $\delta(t) \leftrightarrow 1$, $\delta(t-t_d) \leftrightarrow e^{-j2\pi f t_d}$을 이용한 것이다.

(c) WSS 랜덤 과정 $X(t)$가 입력될 때

$$\begin{aligned} E[Y(t)] &= E[X(t) - X(t-t_d)] \\ &= E[X(t)] - E[X(t-t_d)] \end{aligned}$$

랜덤 과정 $X(t)$는 WSS 랜덤 과정이므로 시간에 관계없이 평균이 일정하다. 따라서 출력 랜덤 과정

$Y(t)$의 평균은 다음과 같다.

$$E[Y(t)] = m_X - m_X = 0$$

(d) $R_{YY}(\tau)$를 $R_{XX}(\tau)$로 표현하면

$$\begin{aligned} R_{YY}(t,t+\tau) &= E[Y(t)\ Y(t+\tau)] \\ &= E[(X(t)-X(t-t_d))(X(t+\tau)-X(t+\tau-t_d))] \\ &= R_{XX}(\tau)-R_{XX}(\tau-t_d)-R_{XX}(\tau+t_d)+R_{XX}(\tau) \\ &= 2R_{XX}(\tau)-R_{XX}(\tau-t_d)-R_{XX}(\tau+t_d) \\ &= R_{YY}(\tau) \end{aligned}$$

이고, 따라서 $Y(t)$의 자기 상관 함수도 τ만의 함수임을 알 수 있다.

(e) 앞서 문항 (c)와 문항 (d)의 결과에 의해, 랜덤 과정 $Y(t)$의 평균이 0이고 자기 상관 함수가 τ만의 함수이므로 랜덤 과정 $Y(t)$도 WSS 랜덤 과정임을 알 수 있다.

Section

7.2 선형 시스템에서 입출력 랜덤 과정의 상호 상관

입력 랜덤 과정 $\boldsymbol{X}(t)$와 출력 랜덤 과정 $\boldsymbol{Y}(t)$의 상호 상관 함수 $R_{XY}(t,t+\tau)$를 구해보자. $\boldsymbol{X}(t)$가 WSS 랜덤 과정이라면

$$\begin{aligned}R_{XY}(t,t+\tau) &= E[X(t)\,Y(t+\tau)] \\ &= E\left[X(t)\int_{-\infty}^{\infty} h(\alpha)X(t+\tau-\alpha)\,d\alpha\right] \\ &= \int_{-\infty}^{\infty} E[X(t)\,X(t+\tau-\alpha)]\,h(\alpha)\,d\alpha \\ &= \int_{-\infty}^{\infty} R_{XX}(\tau-\alpha)\,h(\alpha)\,d\alpha \\ &= R_{XX}(\tau) * h(\tau)\end{aligned} \tag{7.6}$$

이며, 식 (7.7)과 같이 정리할 수 있다.

$$R_{XY}(\tau) = R_{XX}(\tau) * h(\tau) \tag{7.7}$$

같은 방법으로 $R_{YX}(t,t+\tau)$를 구해보면

$$\begin{aligned}R_{YX}(t,t+\tau) &= E[Y(t)\,X(t+\tau)] \\ &= E\left[\int_{-\infty}^{\infty} h(\alpha)X(t-\alpha)\,d\alpha\; X(t+\tau)\right] \\ &= \int_{-\infty}^{\infty} E[X(t-\alpha)\,X(t+\tau)]\,h(\alpha)\,d\alpha \\ &= \int_{-\infty}^{\infty} R_{XX}(\tau+\alpha)\,h(\alpha)\,d\alpha \\ &= R_{XX}(\tau) * h(-\tau)\end{aligned} \tag{7.8}$$

이며, 식 (7.9)와 같이 정리할 수 있다.

$$R_{YX}(\tau) = R_{XX}(\tau) * h(-\tau) \tag{7.9}$$

결과적으로 WSS 랜덤 과정 $\boldsymbol{X}(t)$가 충격파 응답이 $h(t)$인 선형 시불변 시스템에 입력될 경우, 출력 랜덤 과정 $\boldsymbol{Y}(t)$도 WSS 랜덤 과정이다(식 (7.3)과 식 (7.4) 참고). 그리고 $\boldsymbol{X}(t)$와 $\boldsymbol{Y}(t)$는 **결합 WSS 랜덤 과정**을 이루는 것을 알 수 있다(식 (7.3)과 식 (7.4), 식 (7.6)과 식 (7.7) 참고).

식 (7.6)으로부터

$$R_{XY}(\tau+\alpha) = \int_{-\infty}^{\infty} R_{XX}(\tau+\alpha-\beta)\,h(\beta)\,d\beta \tag{7.10}$$

이므로 식 (7.4)는 식 (7.11)과 같이 $R_{XY}(\tau)$를 이용하여 표현할 수 있다.

$$\begin{aligned} R_{YY}(\tau) &= \int_{-\infty}^{\infty} R_{XY}(\tau+\alpha)\,h(\alpha)\,d\alpha \\ &= R_{XY}(\tau) * h(-\tau) \end{aligned} \tag{7.11}$$

마찬가지로 식 (7.8)로부터 $R_{YX}(\tau)$를 다시 표현하면 식 (7.12)와 같다.

$$R_{YX}(\tau) = \int_{-\infty}^{\infty} R_{XX}(\tau+\alpha)h(\alpha)d\alpha \tag{7.12}$$

따라서 식 (7.12)를 식 (7.4)에 대입하여 $R_{YY}(\tau)$를 표현하면 식 (7.13)과 같다.

$$\begin{aligned} R_{YY}(\tau) &= \int_{-\infty}^{\infty}\int_{-\infty}^{\infty} R_{XX}(\tau+\alpha-\beta)\,h(\alpha)\,h(\beta)\,d\alpha\,d\beta \\ &= \int_{-\infty}^{\infty}\left\{\int_{-\infty}^{\infty} R_{XX}[(\tau-\beta)+\alpha]\,h(\alpha)\,d\alpha\right\} h(\beta)d\beta \\ &= \int_{-\infty}^{\infty} R_{YX}(\tau-\beta)\,h(\beta)d\beta \\ &= R_{YX}(\tau) * h(\tau) \end{aligned} \tag{7.13}$$

예제 7-2 선형 시불변 시스템을 통한 랜덤 과정의 상호 상관

[예제 7-1] 시스템의 WSS 입력 랜덤 과정 $X(t)$와 출력 랜덤 과정 $Y(t)$에 대해 다음 물음에 답하라.

(a) $X(t)$와 $Y(t)$의 상호 상관 함수 $R_{XY}(t)$와 $R_{YX}(t)$를 구하라.

(b) 출력 랜덤 과정의 자기 상관 함수 $R_{YY}(\tau)$를 상호 상관 함수를 이용해 구하고, [예제 7-1]의 결과와 일치하는지 확인하라.

풀이

(a) 식 (7.7)과 식 (7.9)를 이용하면 다음과 같다.

$$\begin{aligned}R_{XY}(\tau) &= E[X(t)\, Y(t+\tau)] \\ &= \int_{-\infty}^{\infty} R_{XX}(\tau-\alpha)\, h(\alpha) d\alpha \\ &= \int_{-\infty}^{\infty} R_{XX}(\tau-\alpha)(\delta(\alpha)-\delta(\alpha-t_d))d\alpha \\ &= \int_{-\infty}^{\infty} R_{XX}(\tau-\alpha)\delta(\alpha)d\alpha - \int_{-\infty}^{\infty} R_{XX}(\tau-\alpha)\,\delta(\alpha-t_d)d\alpha \\ &= R_{XX}(\tau) - R_{XX}(\tau-t_d)\end{aligned}$$

$$\begin{aligned}R_{YX}(\tau) &= E[Y(t)\, X(t+\tau)] \\ &= \int_{-\infty}^{\infty} R_{XX}(\tau+\alpha)\, h(\alpha) d\alpha \\ &= \int_{-\infty}^{\infty} R_{XX}(\tau+\alpha)(\delta(\alpha)-\delta(\alpha-t_d))d\alpha \\ &= \int_{-\infty}^{\infty} R_{XX}(\tau+\alpha)\delta(\alpha)d\alpha - \int_{-\infty}^{\infty} R_{XX}(\tau+\alpha)\,\delta(\alpha-t_d)d\alpha \\ &= R_{XX}(\tau) - R_{XX}(\tau+t_d)\end{aligned}$$

(b) 식 (7.11)과 식 (7.13)을 이용하면

$$\begin{aligned}R_{YY}(\tau) &= R_{XY}(\tau) * h(-\tau) \\ &= \int_{-\infty}^{\infty} R_{XY}(\tau+\alpha)\, h(\alpha) d\alpha\end{aligned}$$

이고

$$R_{XY}(\tau) = R_{XX}(\tau) - R_{XX}(t-t_d)$$

이므로 $R_{YY}(\tau)$는 다음과 같이 계산한다.

$$\begin{aligned}R_{YY}(\tau) &= \int_{-\infty}^{\infty} (R_{XX}(\tau+\alpha) - R_{XX}(\tau+\alpha-t_d))(\delta(\alpha) - \delta(\alpha-t_d))d\alpha \\ &= R_{XX}(\tau) - R_{XX}(\tau+t_d) - R_{XX}(\tau-t_d) + R_{XX}(\tau) \\ &= 2R_{XX}(\tau) - R_{XX}(\tau+t_d) - R_{XX}(\tau-t_d)\end{aligned}$$

마찬가지로 식 (7.12)와

$$\begin{aligned}R_{YX}(\tau) &= E[Y(t)\, X(t+\tau)] \\ &= R_{XX}(\tau) - R_{XX}(t+t_d)\end{aligned}$$

를 이용하면 다음 식과 같다.

$$\begin{aligned}R_{YY}(\tau) &= \int_{-\infty}^{\infty}(R_{XX}(\tau-\alpha)-R_{XX}(\tau-\alpha+t_d))(\delta(\alpha)-\delta(\alpha-t_d))d\alpha \\ &= R_{XX}(\tau)-R_{XX}(\tau-t_d)-R_{XX}(\tau+t_d)+R_{XX}(\tau) \\ &= 2R_{XX}(\tau)-R_{XX}(\tau-t_d)-R_{XX}(\tau+t_d)\end{aligned}$$

따라서 [예제 7-1]의 결과와 일치함을 알 수 있다.

Section

7.3 선형 시스템에서 랜덤 과정의 스펙트럼 특성

6장에서 랜덤 과정 $\boldsymbol{X}(t)$가 WSS 랜덤 과정일 경우 자기 상관 함수 $R_{XX}(\tau)$와 $\boldsymbol{X}(t)$의 전력밀도 스펙트럼 $S_X(f)$는 푸리에 변환쌍을 이룬다고 했다. 또한 7.1절에서 랜덤 과정 $\boldsymbol{X}(t)$가 충격파 응답 $h(t)$를 갖는 선형 시불변 시스템에 입력되면 출력되는 랜덤 과정 $\boldsymbol{Y}(t)$도 WSS 랜덤 과정이고, $\boldsymbol{X}(t)$와 $\boldsymbol{Y}(t)$는 결합 WSS 랜덤 과정 관계라고 했다. 즉, $\boldsymbol{X}(t)$의 자기 상관 함수 $R_{XX}(\tau)$를 알면 $\boldsymbol{Y}(t)$의 자기 상관 함수 $R_{YY}(\tau)$도 계산할 수 있으므로, $R_{YY}(\tau)$에 푸리에 변환을 취해 $\boldsymbol{Y}(t)$의 전력밀도 스펙트럼 $S_Y(f)$를 구할 수 있다.

식 (7.4)를 이용해 $R_{YY}(\tau)$의 푸리에 변환을 구하면 식 (7.14)와 같다.

$$\begin{aligned}
&\mathcal{F}\{R_{YY}(\tau)\} \qquad (7.14)\\
&= \int_{-\infty}^{\infty} R_{YY}(\tau)\, e^{-j2\pi f\tau} d\tau \\
&= \int_{-\infty}^{\infty} \left[\int_{-\infty}^{\infty}\int_{-\infty}^{\infty} R_{XX}(\tau+\alpha-\beta)\, h(\alpha)\, h(\beta) d\alpha d\beta\right] e^{-j2\pi f\tau} d\tau \\
&= \int_{-\infty}^{\infty} h(\alpha)\left\{\int_{-\infty}^{\infty} h(\beta)\left[\int_{-\infty}^{\infty} R_{XX}(\tau+\alpha-\beta) e^{-j2\pi f\tau} d\tau\right] d\beta\right\} d\alpha \\
&= \int_{-\infty}^{\infty} h(\alpha)\left\{\int_{-\infty}^{\infty} h(\beta)\left[\int_{-\infty}^{\infty} R_{XX}(\tau') e^{-j2\pi f(\tau'-\alpha+\beta)} d\tau'\right] d\beta\right\} d\alpha
\end{aligned}$$

이때 $h(t)$가 실함수($h^*(t) = h(t)$)라는 사실과 $S_X(f) = \mathcal{F}\{R_{XX}(\tau)\}$를 이용하면 식 (7.15)와 같이 나타낼 수 있다.

$$\begin{aligned}
&S_Y(f) \qquad (7.15)\\
&= \mathcal{F}\{R_{YY}(\tau)\} \\
&= \int_{-\infty}^{\infty} h(\alpha)\left\{\int_{-\infty}^{\infty} h(\beta)\left[\int_{-\infty}^{\infty} R_{XX}(\tau') e^{-j2\pi f(\tau'-\alpha+\beta)} d\tau'\right] d\beta\right\} d\alpha \\
&= \int_{-\infty}^{\infty} h(\alpha)\, e^{j2\pi f\alpha}\left\{\int_{-\infty}^{\infty} h(\beta)\, e^{-j2\pi f\beta}\left[\int_{-\infty}^{\infty} R_{XX}(\tau') e^{-j2\pi f\tau'} d\tau'\right] d\beta\right\} d\alpha
\end{aligned}$$

$$= S_X(f) \int_{-\infty}^{\infty} h(\alpha) e^{j2\pi f\alpha} \left\{ \int_{-\infty}^{\infty} h(\beta) e^{-j2\pi f\beta} d\beta \right\} d\alpha$$

$$= S_X(f)\, |H(f)|^2$$

■ 전력 전달 함수

식 (7.15)는 선형 시불변 시스템에서 입력 랜덤 과정과 출력 랜덤 과정의 전력밀도 스펙트럼 간의 관계를 보여준다. 여기에서 $|H(f)|^2$을 시스템의 **전력 전달 함수**power transfer function라고 한다. 랜덤 과정 $\boldsymbol{Y}(t)$의 평균 전력은 식 (7.15)를 이용해 $S_X(f)$로 표현할 수 있고, 식 (7.16)과 같이 나타낼 수 있다.

$$\mathscr{P}_{Y(t)} = \int_{-\infty}^{\infty} S_Y(f) df = \int_{-\infty}^{\infty} S_X(f)\, |H(f)|^2 df \tag{7.16}$$

한편 랜덤 과정 $\boldsymbol{X}(t)$와 $\boldsymbol{Y}(t)$는 결합 WSS 랜덤 과정이므로 상호 상관 $R_{XY}(\tau)$는 시점 t에 무관한 시간차 τ만의 함수다. 따라서 $R_{XY}(\tau)$에 대해 푸리에 변환을 취하면 전력밀도 스펙트럼 $S_{XY}(f)$는 식 (7.17)과 같이 나타낼 수 있다.

$$\begin{aligned} S_{XY}(f) &= \int_{-\infty}^{\infty} R_{XY}(\tau) e^{-j2\pi f\tau} d\tau \qquad (7.17) \\ &= \int_{-\infty}^{\infty} \left[\int_{-\infty}^{\infty} R_{XX}(\tau - \alpha)\, h(\alpha) d\alpha \right] e^{-j2\pi f\tau} d\tau \\ &= \int_{-\infty}^{\infty} h(\alpha) \left[\int_{-\infty}^{\infty} R_{XX}(\tau - \alpha)\, e^{-j2\pi f\tau} d\tau \right] d\alpha \\ &= \int_{-\infty}^{\infty} h(\alpha) e^{-j2\pi f\alpha} \left[\int_{-\infty}^{\infty} R_{XX}(\tau')\, e^{-j2\pi f\tau'} d\tau' \right] d\alpha \\ &= S_X(f) \int_{-\infty}^{\infty} h(\alpha) e^{-j2\pi f\alpha} d\alpha \\ &= S_X(f)\, H(f) \end{aligned}$$

같은 방법으로 식 (7.8)을 이용하여 스펙트럼 $S_{YX}(f)$를 구하면 식 (7.18)과 같다.

$$\begin{aligned} S_{YX}(f) &= \int_{-\infty}^{\infty} R_{YX}(\tau)\, e^{-j2\pi f\tau} d\tau \qquad (7.18) \\ &= \int_{-\infty}^{\infty} \left[\int_{-\infty}^{\infty} R_{XX}(\tau + \alpha) h(\alpha)\, d\alpha \right] e^{-j2\pi f\tau} d\tau \\ &= \int_{-\infty}^{\infty} \left[\int_{-\infty}^{\infty} R_{XX}(\tau + \alpha)\, e^{-j2\pi f\tau}\, d\tau \right] h(\alpha) d\alpha \end{aligned}$$

$$= \int_{-\infty}^{\infty} \left[\int_{-\infty}^{\infty} R_{XX}(\tau') \, e^{-j2\pi f \tau'} d\tau' \right] h(\alpha) \, e^{j2\pi f \alpha} d\alpha$$
$$= S_X(f) \, H(-f)$$

예제 7-3 선형 시스템을 통과하는 랜덤 과정의 전력밀도 스펙트럼 ❶

다음 랜덤 과정 $\boldsymbol{X}(t)$가 전달 함수 $H(f) = j2\pi f$인 미분기를 통과할 경우 출력 랜덤 과정 $\boldsymbol{Y}(t)$의 전력밀도 스펙트럼을 구하라. 단, $\boldsymbol{\theta}$는 $[0, 2\pi]$ 구간에서 균일한 분포를 갖는 랜덤 변수다.

$$X(t) = A\cos(2\pi f_0 t + \boldsymbol{\theta})$$
$$p_{\boldsymbol{\theta}}(\theta) = \begin{cases} \dfrac{1}{2\pi} & 0 \le \theta < 2\pi \\ 0 & otherwise \end{cases}$$

풀이

$R_{XX}(\tau) = \dfrac{A^2}{2} \cos 2\pi f_0 \tau$이므로 $\boldsymbol{X}(t)$의 전력밀도 스펙트럼 $S_X(f)$는 다음과 같이 구할 수 있다([예제 6-4] 참조).

$$S_X(f) = \mathscr{F}\{R_X(\tau)\} = \int_{-\infty}^{\infty} \frac{A^2}{2} \cos 2\pi f_0 \tau \; e^{-j2\pi f_0 \tau} d\tau$$
$$= \frac{A^2}{4} [\delta(f - f_0) + \delta(f + f_0)]$$

$|H(f)|^2 = 4\pi^2 f^2$, $S_X(f) = \dfrac{A^2}{4}[\delta(f-f_0) + \delta(f+f_0)]$이므로

$$S_Y(f) = |H(f)|^2 \, S_X(f) = A^2 \pi^2 f_0^2 [\delta(f - f_0) + \delta(f + f_0)]$$

이다. 따라서 선형 시불변 시스템을 통과하는 랜덤 과정의 주파수 성분은 변하지 않음을 알 수 있다.

예제 7-4 선형 시스템을 통과하는 랜덤 과정의 전력밀도 스펙트럼 ❷

[예제 7-1]에서 다룬 시스템의 출력 랜덤 과정 $Y(t)$에 대해 다음 물음에 답하라.

(a) $X(t)$의 전력밀도 스펙트럼 함수가 $S_X(f)$일 때, $Y(t)$의 전력밀도 스펙트럼 함수를 $S_X(f)$로 표현하라.

(b) $S_{XY}(f)$와 $S_{YX}(f)$를 구하라.

풀이

(a) 식 (7.15)로부터

$$S_Y(f) = S_X(f) \, |H(f)|^2$$

이고, [예제 7-1]로부터

$$H(f) = 1 - e^{-j2\pi f t_d}$$

이므로 다음과 같이 계산할 수 있다.

$$\begin{aligned} |H(f)|^2 &= H(f)\, H^*(f) \\ &= (1 - e^{-j2\pi f t_d})\,(1 - e^{j2\pi f t_d}) \\ &= 1 - e^{j2\pi f t_d} + 1 - e^{-j2\pi f t_d} \\ &= (-j2)\, e^{j\pi f t_d}\left\{\frac{(e^{j\pi f t_d} - e^{-j\pi f t_d})}{j2}\right\} + (j2)\, e^{-j\pi f t_d}\left\{\frac{(e^{j\pi f t_d} - e^{-j\pi f t_d})}{j2}\right\} \\ &= 4\sin^2(\pi f t_d) \end{aligned}$$

$$\begin{aligned} S_Y(f) &= S_X(f)\, |H(f)|^2 \\ &= 4\sin^2(\pi f t_d) S_X(f) \end{aligned}$$

(b) $R_{XY}(\tau) = R_{XX}(\tau) - R_{XX}(\tau - t_d)$ 이므로 $S_{XY}(f)$는 다음과 같다.

$$\begin{aligned} S_{XY}(f) &= \mathcal{F}\{R_{XY}(\tau)\} = \mathcal{F}\{R_{XX}(\tau) - R_{XX}(\tau - t_d)\} \\ &= S_X(f) - S_X(f) e^{-j2\pi f t_d} \\ &= S_X(f)(1 - e^{-j2\pi f t_d}) \end{aligned}$$

같은 방법으로 $R_{YX}(\tau) = R_{XX}(\tau) - R_{XX}(\tau + t_d)$ 이므로 $S_{YX}(f)$는 다음과 같다.

$$\begin{aligned} S_{YX}(f) &= \mathcal{F}\{R_{YX}(\tau)\} = \mathcal{F}\{R_{XX}(\tau) - R_{XX}(\tau + t_d)\} \\ &= S_X(f) - S_X(f) e^{j2\pi f t_d} \\ &= S_X(f)(1 - e^{j2\pi f t_d}) \end{aligned}$$

예제 7-5 저역 통과 여파기를 통과하는 백색 잡음 과정의 전력밀도 스펙트럼

모든 주파수 영역에 걸쳐 $S_X(f) = \frac{N_0}{2}$ [W/Hz]의 전력밀도 스펙트럼을 갖는 백색 잡음 과정 $X(t)$가 [그림 7-3]과 같은 저역 통과 여파기를 통과한다고 할 때, 다음 물음에 답하라.

$$H(f) = \frac{1}{1 + j2\pi f L/R}$$

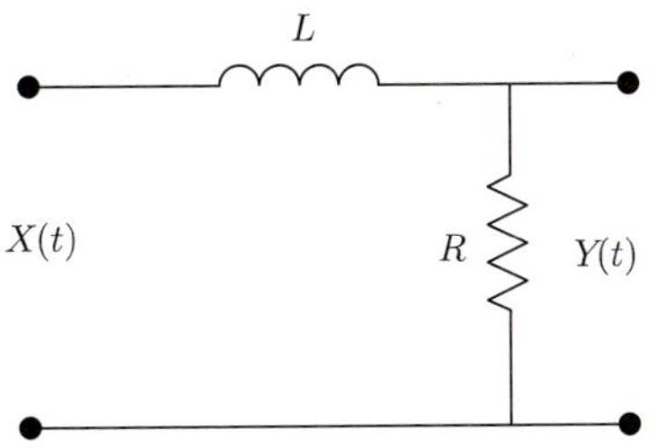

[그림 7-3] 저역 통과 여파기를 통과하는 랜덤 과정

(a) 출력 랜덤 과정 $Y(t)$의 전력밀도 스펙트럼을 구하라.
(b) 출력 랜덤 과정 $Y(t)$의 자기 상관 함수를 구하라.

풀이

(a) 식 (7.15)를 이용하여 다음과 같이 계산한다. [그림 7-4]는 $S_Y(f)$를 $\frac{N_0}{2}$로 정규화한 그림이다.

$$|H(f)|^2 = \frac{1}{1+(2\pi L/R)^2 f^2}$$

$$\begin{aligned} S_Y(f) &= S_X(f)\,|H(f)|^2 \\ &= \frac{N_0}{2}\frac{1}{1+(2\pi L/R)^2 f^2} \end{aligned}$$

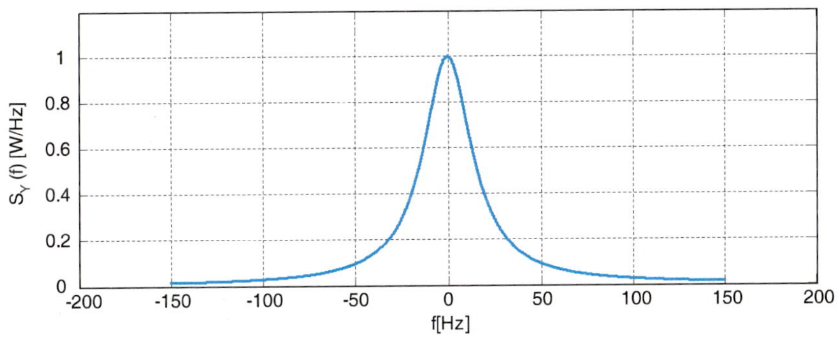

[그림 7-4] $\frac{N_0}{2}$로 정규화한 $S_Y(f)$ $(\frac{L}{R}=0.01)$

〈MATLAB〉

```
                                    %
f=-150:0.01:150;                    % 주파수
R=100;                              % 저항 R
L=1;                                % 인덕턴스 L
PI=3.141592;
                                    %
```

```
S_Y = 1./ (1.+(f.^2).*((2*PI*L/R)^2));  % Y(t)의 전력밀도 스펙트럼
                                        %
plot(f,S_Y,'-')
axis([-200 200 0 1.2]);
xlabel('f[Hz]');
ylabel('S_Y (f) [W/Hz]');
```

(b) 출력 랜덤 과정 $Y(t)$의 자기 상관 함수와 전력밀도 스펙트럼은 푸리에 변환 관계이므로, $S_Y(f)$에 대해 역 푸리에 변환을 취해 구할 수 있다.

$$R_{YY}(\tau) = \int_{-\infty}^{\infty}\left\{\frac{N_0}{2}\frac{1}{1+(2\pi L/R)^2 f^2}\right\}e^{j2\pi f\tau}df$$

$$= \frac{RN_0}{4L}e^{-(R/L)|\tau|}$$

[그림 7-5]는 $\frac{N_0}{2}$로 정규화한 $R_{YY}(\tau)$를 나타낸 것으로, $\frac{L}{R}=0.2$를 적용한 그림이다.

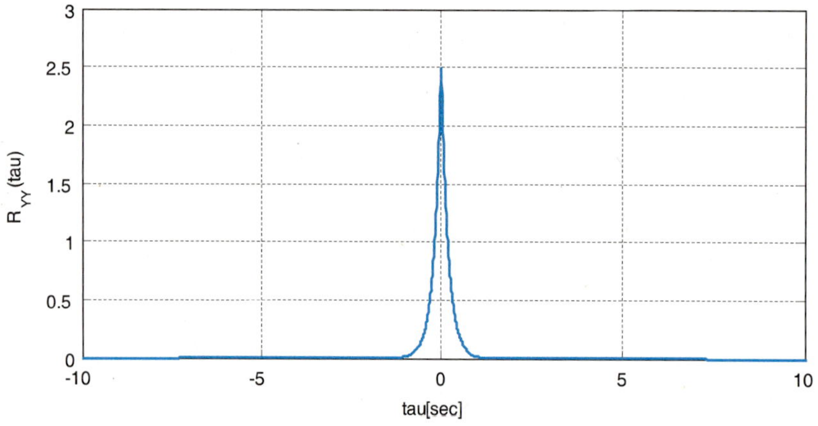

[그림 7-5] $\frac{N_0}{2}$로 정규화한 $R_{YY}(\tau)$ ($\frac{L}{R}=0.2$)

```
<MATLAB>
                                        %
tau=-10:0.01:10;                        % 주파수
R=5;                                    % 저항 R
L=1;                                    % 인덕턴스 L
PI=3.141592;
                                        %
R_YY = (R/(2*L)).*exp(-(R/L).*abs(tau)); % Y(t)의 자기 상관 함수
                                        %
```

```
plot(tau,R_YY,'-')
axis([-10 10 0 1.2*(R/(2*L))]);
xlabel('tau[sec]');
ylabel('R_{YY} (tau) ');
```

Section

7.4 대역 제한된 랜덤 과정

▪ 대역 제한 랜덤 과정

▪ 대역 통과 랜덤 과정

▪ 협대역 랜덤 과정

랜덤 과정 $\boldsymbol{Z}(t)$의 전력밀도 스펙트럼 $S_Z(f)$가 특정 주파수 영역에만 존재하고 그 외의 영역에는 존재하지 않을 경우의 랜덤 과정 $\boldsymbol{Z}(t)$를 **대역 제한 랜덤 과정** band-limited random process이라고 한다. 특별히 [그림 7-6]과 같이 특정 주파수 대역폭 W[Hz] 내에 전력밀도 스펙트럼 성분이 밀집되어 있고, 그 외의 영역에는 전력밀도 스펙트럼 성분이 0일 경우의 랜덤 과정을 **대역 통과 랜덤 과정** band pass random process이라고 한다. 그리고 전력밀도 스펙트럼의 중심 주파수 f_0가 대역폭 W[Hz]보다 훨씬 클 경우($f_0 \gg W$)에는 **협대역 랜덤 과정** narrow band random process이라고 한다.

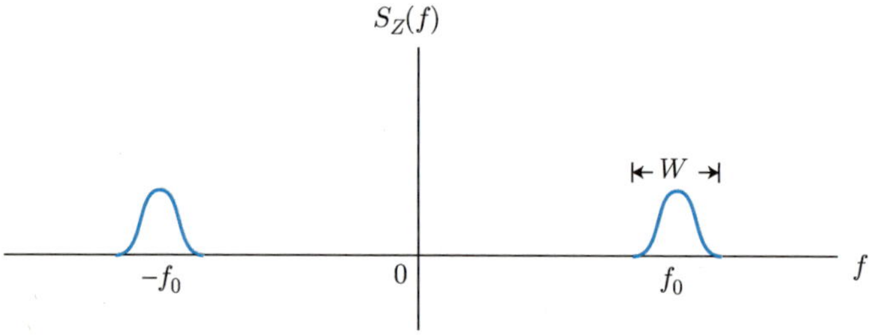

[그림 7-6] **대역 제한 랜덤 과정의 전력 스펙트럼 밀도**

▪ 참고 문헌 [1]

협대역 랜덤 과정은 통신 공학에서 대역 통과 변조 신호의 대표적인 특성 중 하나다. 협대역 랜덤 과정 $\boldsymbol{Z}(t)$는 식 (7.19)와 같이 주파수가 f_0[Hz]인 사인파로 표현할 수 있다.

$$\boldsymbol{Z}(t) = \boldsymbol{A}(t)\cos(2\pi f_0 t + \boldsymbol{\Theta}(t)) \tag{7.19}$$

단, $\boldsymbol{A}(t)$와 $\boldsymbol{\Theta}(t)$는 코사인 신호에 비해 아주 느리게 변하는(기저 대역에 스펙트럼 성분이 집중되어 있는) 랜덤 과정이다. 따라서 편의상 랜덤 과정을 표시하는 굵은 대문자 대신 일반적인 대문자를 사용한다. 코사인 함수를 전개하여 다시 쓰면 식 (7.20)과 같다.

$$Z(t) = A(t)[\cos 2\pi f_0 t \cos \Theta(t) - \sin 2\pi f_0 t \sin \Theta(t)] \tag{7.20}$$
$$= X(t)\cos 2\pi f_0 t - Y(t)\sin 2\pi f_0 t$$

식 (7.19)의 $X(t)$와 $Y(t)$는 식 (7.21)과 식 (7.22)처럼 정의된다. 앞으로 전력 밀도 스펙트럼을 계산하기 위해 새로운 복소 랜덤 과정 $W(t)$를 식 (7.23)과 같이 정의한다.

$$X(t) = A(t)\cos\Theta(t) \tag{7.21}$$
$$Y(t) = A(t)\sin\Theta(t) \tag{7.22}$$
$$W(t) = X(t) + j\,Y(t) \tag{7.23}$$

이제 $X(t)$, $Y(t)$, $A(t)$, $\Theta(t)$, $W(t)$를 [그림 7-7]과 같이 복소 평면에 나타낼 수 있고, 이를 통해 식 (7.24)와 식 (7.25)가 성립함을 쉽게 알 수 있다.

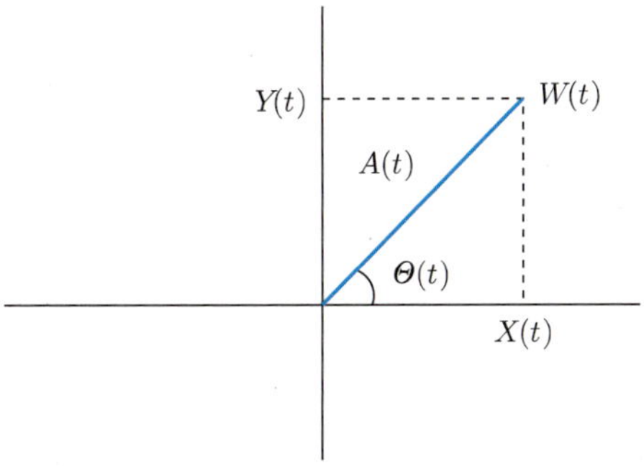

[그림 7-7] **협대역 랜덤 과정 성분**

$$A(t) = \sqrt{X^2(t) + Y^2(t)} \tag{7.24}$$
$$\Theta(t) = \tan^{-1}\left(\frac{Y(t)}{X(t)}\right) \tag{7.25}$$

협대역 랜덤 과정 $Z(t)$의 평균이 0이고 WSS 랜덤 과정이며 전력밀도 스펙트럼 $S_Z(f)$가 [그림 7-6]과 같이 존재한다면, $S_Z(f)$를 식 (7.26)과 같이 쓸 수 있다.

$$\begin{cases} S_Z(f) \neq 0 & f_0 - \frac{W}{2} \leq |f| \leq f_0 + \frac{W}{2} \\ S_Z(f) = 0 & elsewhere \end{cases} \tag{7.26}$$

랜덤 과정 $Z(t)$의 평균이 0이므로 식 (7.20)으로부터 $X(t)$와 $Y(t)$의 평균도 0이 되어야 한다.

$$E[X(t)] = E[Y(t)] = 0 \tag{7.27}$$

■ 참고 문헌 [13]의 p.157 참조

한편 $X(t)$와 $Y(t)$의 자기 상관 함수는 τ만의 함수로, 식 (7.28)과 식 (7.29)와 같이 계산한다.

$$R_{XX}(\tau) = 2\int_0^{\infty} S_Z(f)\cos[2\pi(f-f_0)\tau]df \tag{7.28}$$

$$R_{XY}(\tau) = 2\int_0^{\infty} S_Z(f)\sin[2\pi(f-f_0)\tau]df \tag{7.29}$$

$Z(t)$의 자기 상관 함수 $R_{ZZ}(\tau)$는 다음과 같고

$$\begin{aligned} R_{ZZ}(\tau) &= E[Z(t)\,Z(t+\tau)] \\ &= E[(X(t)\cos 2\pi f_0 t - Y(t)\sin 2\pi f_0 t) \\ &\quad \times (X(t+\tau)\cos 2\pi f_0(t+\tau) - Y(t+\tau)\sin 2\pi f_0(t+\tau))] \\ &= R_{XX}(\tau)\cos 2\pi f_0 t \cos 2\pi f_0(t+\tau) \\ &\quad + R_{YY}(\tau)\sin 2\pi f_0 t \sin 2\pi f_0(t+\tau) \\ &\quad - R_{XY}(\tau)\sin 2\pi f_0 \cos 2\pi f_0(t+\tau) \\ &\quad - R_{YX}(\tau)\cos 2\pi f_0 t \sin 2\pi f_0(t+\tau) \end{aligned} \tag{7.30}$$

삼각 함수의 공식을 이용하여 전개하면 식 (7.30)은 식 (7.31)과 같이 나타낼 수 있다.

$$\begin{aligned} R_{ZZ}(\tau) &= \frac{1}{2}[R_{XX}(\tau) + R_{YY}(\tau)]\cos 2\pi f_0 \tau \\ &\quad + \frac{1}{2}[R_{XX}(\tau) - R_{YY}(\tau)]\cos 2\pi f_0(2t+\tau) \\ &\quad - \frac{1}{2}[R_{YX}(\tau) - R_{XY}(\tau)]\sin 2\pi f_0 \tau \\ &\quad - \frac{1}{2}[R_{YX}(\tau) + R_{XY}(\tau)]\sin 2\pi f_0(2t+\tau) \end{aligned} \tag{7.31}$$

$Z(t)$는 WSS 랜덤 과정이므로 시간 t에 관계없이 시간차 τ에만 좌우되므로 식 (7.31)의 두 번째 항과 네 번째 항은 0이 되어야 한다. 따라서 식 (7.32)가 성립한다.

$$\begin{cases} R_{XX}(\tau) = R_{YY}(\tau) \\ R_{XY}(\tau) = -R_{YX}(\tau) \end{cases} \tag{7.32}$$

이제 식 (7.32)를 이용해 $R_{ZZ}(\tau)$를 표현하면

$$R_{ZZ}(\tau) = R_{XX}(\tau)\cos 2\pi f_0\tau + R_{XY}(\tau)\sin 2\pi f_0\tau \tag{7.33}$$

이며, $\tau = 0$이면 식 (7.34)가 성립한다.

$$\begin{aligned} R_{ZZ}(0) &= R_{XX}(0) = R_{YY}(0) \\ &= E[Z^2(t)] = E[X^2(t)] = E[Y^2(t)] \end{aligned} \tag{7.34}$$

따라서 $Z(t)$, $X(t)$ 및 $Y(t)$의 평균 전력은 모두 같다. 또한 식 (7.29)에서 $\tau = 0$이면

$$R_{XY}(0) = E[X(t)\,Y(t)] = 0 \tag{7.35}$$

이므로 $X(t)$와 $Y(t)$는 항상 직교orthogonal함을 알 수 있다.

$Z(t)$의 전력밀도 스펙트럼을 구하기 위해 식 (7.23)과 같이 $X(t)$와 $Y(t)$로 구성되는 복소 랜덤 과정 $W(t)$를 다시 생각해보자. $W(t)$의 자기 상관 함수는 식 (7.32)를 이용하년 식 (7.36)과 같이 쓸 수 있다.

$$\begin{aligned} R_{WW}(t, t+\tau) &= \frac{1}{2}\, E[W(t)\; W^*(t+\tau)] \\ &= \frac{1}{2} E[(X(t) + jY(t))\,((X(t+\tau) - jY(t+\tau))] \\ &= \frac{1}{2}[R_{XX}(\tau) + R_{YY}(\tau) - jR_{XY}(\tau) + jR_{YX}(\tau)] \\ &= R_{XX}(\tau) + jR_{YX}(\tau) \\ &= R_{WW}(\tau) \end{aligned} \tag{7.36}$$

이제 식 (7.33)과 식 (7.36)을 이용하면

$$R_{ZZ}(\tau) = Re\left\{R_{WW}(\tau)\, e^{j2\pi f_0\tau}\right\} \tag{7.37}$$

이며 $Z(t)$의 전력밀도 스펙트럼은 식 (7.37)을 푸리에 변환하여 얻을 수 있다.

$$
\begin{aligned}
S_Z(f) &= \mathscr{F}\{R_{ZZ}(\tau)\} \qquad (7.38)\\
&= \int_{-\infty}^{\infty} \left[Re\left\{ R_{WW}(\tau) e^{j2\pi f_0 \tau} \right\} \right] e^{-j2\pi f \tau} d\tau \\
&= \frac{1}{2} \int_{-\infty}^{\infty} \left[R_{WW}(\tau)\, e^{j2\pi f_0 \tau} + R_{WW}(-\tau)\, e^{-j2\pi f_0 \tau} \right] e^{-j2\pi f \tau} d\tau \\
&= \frac{1}{2} [\, W(f - f_0) + W(f + f_0)]
\end{aligned}
$$

식 (7.38)은 복소 함수 $N(t)$의 실수부가 $Re\{N(t)\} = \dfrac{[N(t) + N^*(t)]}{2}$이고 $R^*_{WW}(\tau) = R_{WW}(-\tau)$임을 이용한 것이다. 즉, 식 (7.38)로부터 WSS 협대역 랜덤 과정 $Z(t)$의 전력밀도 스펙트럼은 WSS 랜덤 과정 $W(t)$의 전력밀도 스펙트럼에 의해 좌우됨을 알 수 있다. 이때 $W(t)$를 구성하는 랜덤 과정 $X(t)$와 $Y(t)$가 느리게 변하는 랜덤 과정이므로 $W(t)$의 스펙트럼은 $f = 0\,[\mathrm{Hz}]$ 부근의 기저 대역에 분포하는 기저 대역 스펙트럼을 갖는다.

Chapter 07 연습문제

7.1 충격파 응답 $h(t)$가 다음 그림과 같이 주어지는 선형 시불변 시스템에 WSS 랜덤 과정 $\boldsymbol{X}(t)$가 입력될 때 출력 랜덤 과정 $\boldsymbol{Y}(t)$를 구하라. 단, $\boldsymbol{\theta}$는 $(0, 2\pi)$에서 균일한 랜덤 변수다.

$$\boldsymbol{X}(t) = \sin(2\pi f_0 t + \boldsymbol{\theta})$$

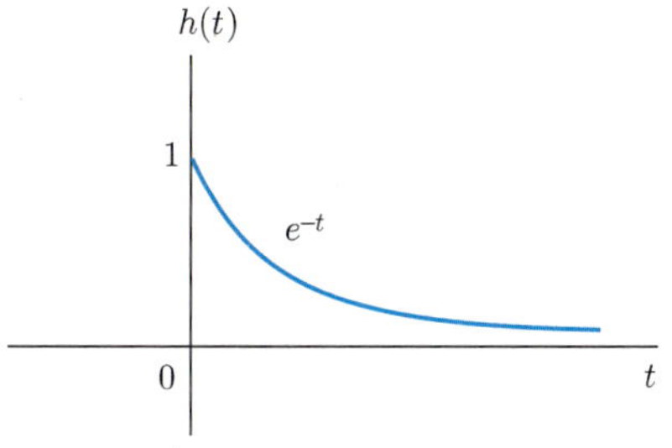

7.2 전력밀도 스펙트럼이 $\frac{N_0}{2}$ [W/Hz]인 백색 랜덤 과정 $\boldsymbol{X}(t)$가 다음 그림과 같은 RC-저역 통과 여파기를 통과한다고 할 때, 물음에 답하라.

$$H(f) = \frac{1}{1 + j2\pi fRC}$$

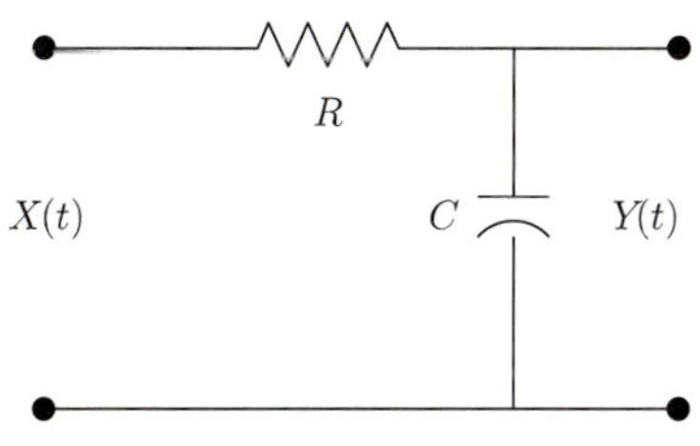

(a) 출력 랜덤 과정 $\boldsymbol{Y}(t)$의 전력밀도 스펙트럼 $S_Y(f)$를 구하고 그려라.

(b) 출력 랜덤 과정 $\boldsymbol{Y}(t)$의 자기 상관 함수 $R_{YY}(\tau)$를 구하고 그려라.

7.3 WSS 랜덤 과정 $X(t)$가 다음 그림과 같은 선형 시불변 시스템의 입력단에 입력된다. $X(t)$의 전력밀도 스펙트럼을 $S_X(f)$라고 할 때 물음에 답하라.

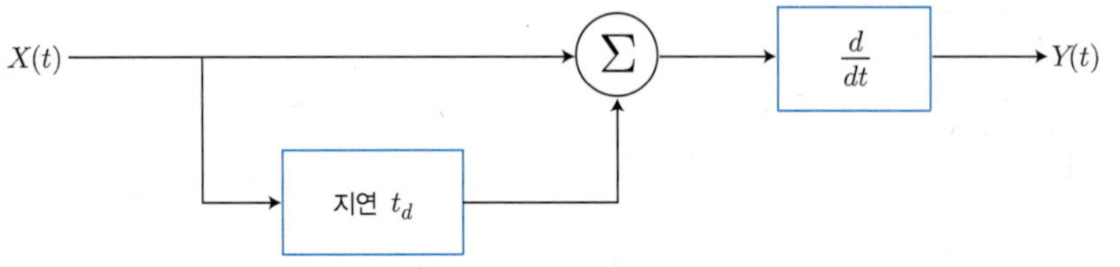

(a) 출력 랜덤 과정 $Y(t)$가 WSS 랜덤 과정임을 보여라.

(b) $|H(f)|^2$를 구하고, 그림으로 보여라.

(c) $S_Y(f)$를 구하라.

(d) $S_Y(f)=0$인 주파수를 구하라.

7.4 다음 랜덤 과정 $Z(t)$에 대해 물음에 답하라. 단, X는 랜덤 변수다.

$$Z(t)=\cos(2\pi f_0 t)+X$$

(a) $Z(t)$는 WSS 랜덤 과정인가? 그 이유를 설명하라.

(b) 전달 함수가 $H(f)=\prod\left(\frac{f}{2W}\right)$, $W<f_0$인 선형 시불변 시스템에 랜덤 과정 $Z(t)$가 입력되어 $Y(t)$가 출력된다고 한다. 출력 랜덤 과정 $Y(t)$는 WSS 랜덤 과정인가? 그 이유를 설명하라.

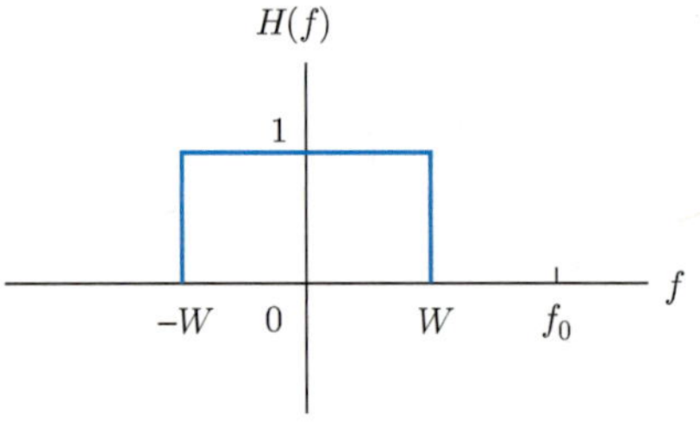

7.5 다음 그림과 같은 지연 시스템에 WSS 랜덤 과정 $\boldsymbol{X}(t)$가 입력되어 랜덤 과정 $\boldsymbol{Y}(t)$가 출력된다고 할 때, 물음에 답하라.

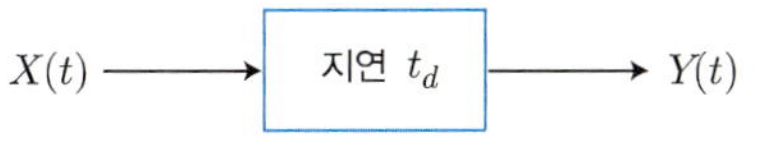

(a) 출력 랜덤 과정의 자기 상관 함수 $R_{YY}(t,t+\tau)$를 입력 랜덤 과정 $\boldsymbol{X}(t)$의 자기 상관 함수 $R_{XX}(\tau)$로 표현하라.

(b) 출력 랜덤 과정의 전력밀도 함수 $S_Y(f)$를 $S_X(f)$로 표현하라.

7.6 WSS 랜덤 과정 $\boldsymbol{X}(t)$가 다음 그림과 같은 선형 시불변 시스템의 입력단에 입력된다. $\boldsymbol{X}(t)$의 전력밀도 스펙트럼을 $S_X(f)$라고 할 때, $\boldsymbol{Y}(t)$의 전력밀도 스펙트럼 $S_Y(f)$를 구하라.

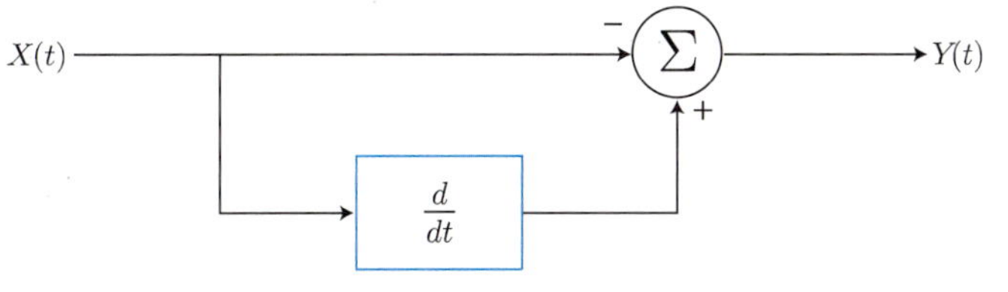

7.7 두 랜덤 과정 $\boldsymbol{X}(t)$, $\boldsymbol{Y}(t)$에 대해 물음에 답하라. 단, X와 Y는 랜덤 변수다.

$$\boldsymbol{X}(t) = X\,e^{j2\pi f_0 t}$$
$$\boldsymbol{Y}(t) = Y\,e^{j2\pi f_0 t}$$

(a) 평균 $m_X(t)$, $m_Y(t)$를 구하라.

(b) 상호 상관 함수가 $R_{XY}(t,t+\tau) = R_{XY}(\tau)$임을 보여라.

(c) 두 랜덤 과정 $\boldsymbol{X}(t)$, $\boldsymbol{Y}(t)$는 WSS 랜덤 과정인가?

7.8 [연습문제 6.13]의 랜덤 과정 $\boldsymbol{X}(t)$가 다음 그림과 같이 전달 함수가 $H(f)$인 저역 통과 여파기를 통과할 때, 물음에 답하라.

$$H(f) = \frac{\beta}{\beta + j2\pi f}$$

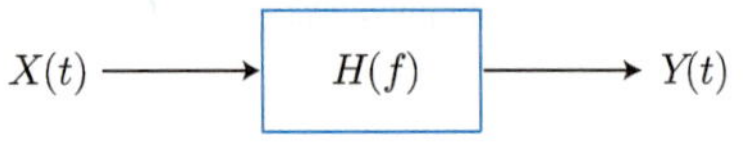

(a) $\boldsymbol{Y}(t)$의 전력밀도 스펙트럼 $S_Y(f)$를 구하라.
(b) $\boldsymbol{Y}(t)$의 자기 상관 함수 $R_{YY}(\tau)$를 구하라.

7.9 랜덤 과정 $\boldsymbol{X}(t)$가 왼쪽 그림과 같이 $[-W, W]$에서 대역 제한된 백색 잡음 과정이다. $\boldsymbol{X}(t)$가 오른쪽 그림과 같이 미분기를 통과하여 랜덤 과정 $\boldsymbol{Y}(t)$로 출력될 때, 물음에 답하라.

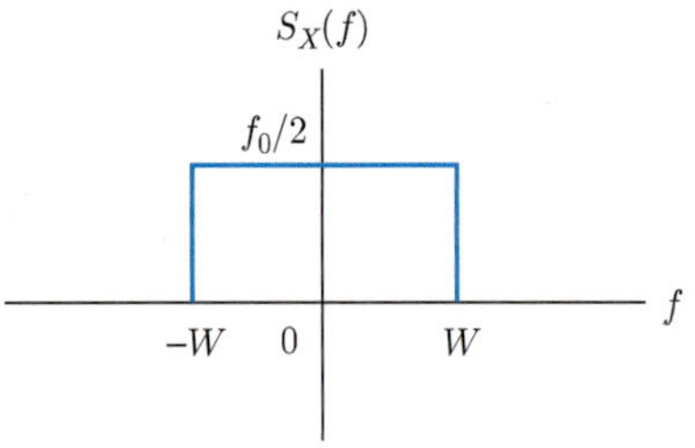

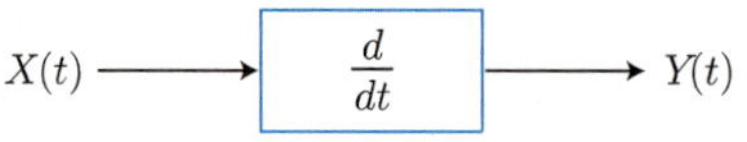

(a) $\boldsymbol{X}(t)$의 자기 상관 함수를 구하고, 그림으로 보여라.
(b) $\boldsymbol{X}(t)$의 평균 전력을 구하라.
(c) $\boldsymbol{Y}(t)$의 자기 상관 함수를 구하라.
(d) $\boldsymbol{Y}(t)$의 전력밀도 스펙트럼을 구하라.
(e) $\boldsymbol{Y}(t)$의 평균 전력을 구하라.

7.10 평균이 0이고 전력밀도 스펙트럼이 $S_X(f) = \frac{N_0}{2}$ [W/Hz]인 백색 잡음 과정 $\boldsymbol{X}(t)$가 전달 함수 $H(f)$를 갖는 여파기를 통과한다. 출력 랜덤 과정을 $\boldsymbol{Y}(t)$라고 할 때, 물음에 답하라.

$$H(f) = \frac{1}{1 + j2\pi f}$$

(a) 상호 상관 $R_{YX}(t, t+\tau)$를 구하라.
(b) 전력밀도 스펙트럼 $S_{YX}(f)$를 구하라.
(c) $\boldsymbol{Y}(t)$의 자기 상관 함수 $R_{YY}(\tau)$와 전력밀도 스펙트럼 $S_Y(f)$를 구하라.
(d) $\boldsymbol{Y}(t)$의 평균 전력을 구하라.

7.11 다음 그림에서 랜덤 과정 $\boldsymbol{X}(t)$가 WSS 랜덤 과정이라고 할 때, 물음에 답하라.

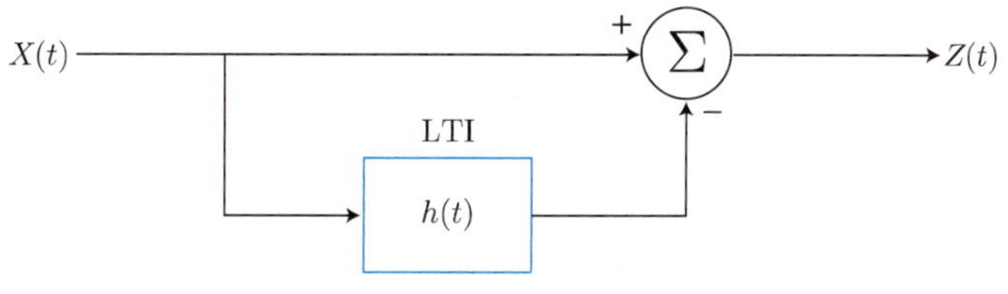

(a) $\boldsymbol{Z}(t)$의 전력밀도 스펙트럼 $S_Z(f)$를 $S_X(f)$로 표현하라.
(b) $\boldsymbol{Z}(t)$의 평균 전력을 구하라.

A

Appendix

Q 함수표

$$Q(x) = \frac{1}{\sqrt{2\pi}} \int_x^{\infty} e^{-x^2/2} dx, \quad x \geq 0$$

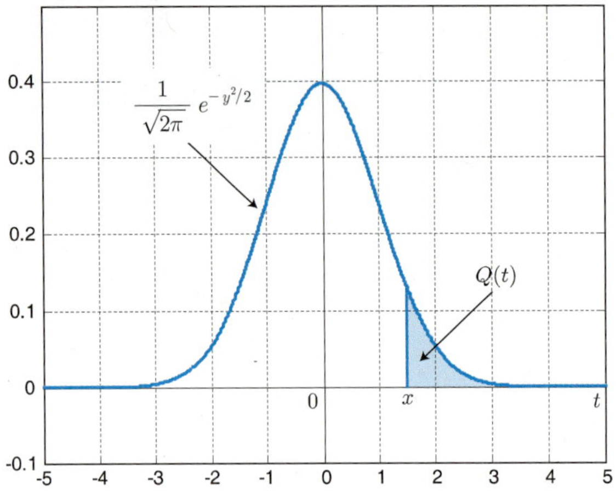

x	0.00	0.01	0.02	0.03	0.04	0.05	0.06	0.07	0.08	0.09
0.0	0.500000	0.496011	0.492022	0.488034	0.484047	0.480061	0.476078	0.472097	0.468119	0.464144
0.1	0.460172	0.456205	0.452242	0.448283	0.444330	0.440382	0.436441	0.432505	0.428576	0.424655
0.2	0.420740	0.416834	0.412936	0.409046	0.405165	0.401294	0.397432	0.393580	0.389739	0.385908
0.3	0.382089	0.378280	0.374484	0.370700	0.366928	0.363169	0.359424	0.355691	0.351973	0.348268
0.4	0.344578	0.340903	0.337243	0.333598	0.329969	0.326355	0.322758	0.319178	0.315614	0.312067
0.5	0.308538	0.305026	0.301532	0.298056	0.294599	0.291160	0.287740	0.284339	0.280957	0.277595
0.6	0.274253	0.270931	0.267629	0.264347	0.261086	0.257846	0.254627	0.251429	0.248252	0.245097
0.7	0.241964	0.238852	0.235762	0.232695	0.229650	0.226627	0.223627	0.220650	0.217695	0.214764
0.8	0.211855	0.208970	0.206108	0.203269	0.200454	0.197663	0.194895	0.192150	0.189430	0.186733
0.9	0.184060	0.181411	0.178786	0.176186	0.173609	0.171056	0.168528	0.166023	0.163543	0.161087
1.0	0.158655	0.156248	0.153864	0.151505	0.149170	0.146859	0.144572	0.142310	0.140071	0.137857
1.1	0.135666	0.133500	0.131357	0.129238	0.127143	0.125072	0.123024	0.121000	0.119000	0.117023
1.2	0.115070	0.113139	0.111232	0.109349	0.107488	0.105650	0.103835	0.102042	0.100273	0.098525
1.3	0.096800	0.095098	0.093418	0.091759	0.090123	0.088508	0.086915	0.085343	0.083793	0.082264
1.4	0.080757	0.079270	0.077804	0.076359	0.074934	0.073529	0.072145	0.070781	0.069437	0.068112
1.5	0.066807	0.065522	0.064255	0.063008	0.061780	0.060571	0.059380	0.058208	0.057053	0.055917
1.6	0.054799	0.053699	0.052616	0.051551	0.050503	0.049471	0.048457	0.047460	0.046479	0.045514
1.7	0.044565	0.043633	0.042716	0.041815	0.040930	0.040059	0.039204	0.038364	0.037538	0.036727
1.8	0.035930	0.035148	0.034380	0.033625	0.032884	0.032157	0.031443	0.030742	0.030054	0.029379
1.9	0.028717	0.028067	0.027429	0.026803	0.026190	0.025588	0.024998	0.024419	0.023852	0.023295
B.0	0.022750	0.022216	0.021692	0.021178	0.020675	0.020182	0.019699	0.019226	0.018763	0.018309
B.1	0.017864	0.017429	0.017003	0.016586	0.016177	0.015778	0.015386	0.015003	0.014629	0.014262
B.2	0.013903	0.013553	0.013209	0.012874	0.012545	0.012224	0.011911	0.011604	0.011304	0.011011
B.3	0.010724	0.010444	0.010170	0.009903	0.009642	0.009387	0.009137	0.008894	0.008656	0.008424
B.4	0.008198	0.007976	0.007760	0.007549	0.007344	0.007143	0.006947	0.006756	0.006569	0.006387
B.5	0.006210	0.006037	0.005868	0.005703	0.005543	0.005386	0.005234	0.005085	0.004940	0.004799
B.6	0.004661	0.004527	0.004396	0.004269	0.004145	0.004025	0.003907	0.003793	0.003681	0.003573
B.7	0.003467	0.003364	0.003264	0.003167	0.003072	0.002980	0.002890	0.002803	0.002718	0.002635
B.8	0.002555	0.002477	0.002401	0.002327	0.002256	0.002186	0.002118	0.002052	0.001988	0.001926
B.9	0.001866	0.001807	0.001750	0.001695	0.001641	0.001589	0.001538	0.001489	0.001441	0.001395

B

Appendix

MATLAB 사용법

B.1 MATLAB 소개

MATLAB이라는 이름은 MATrix LABoratory를 의미하는 것으로, 원래는 행렬 관련 소프트웨어에 쉽게 접근할 수 있도록 만든 컴퓨터 언어다. MATLAB은 기존의 일반 프로그래밍 언어에 비해 특별히 공학 분야에 유용하기 때문에 전기, 전자, 컴퓨터 분야 등에 널리 사용되고 있다. MATLAB은 계산computaoin, 시각화visualization, 편집editing 등의 프로그래밍 환경을 통합한 소프트웨어 패키지로 1984년에 판매되기 시작한 이후 대학이나 산업 분야에서 기본적이고 표준적인 소프트웨어 툴tool로 인정받고 있다.

이 장에서는 MATLAB을 소개하고 공학 분야에서 사용하는 내용만 요약하여 MATLAB 언어의 기본을 빨리 익힐 수 있도록 했다.

B.1.1 MATLAB의 시작

MATLAB을 가동시키면 [그림 B-1]과 같은 MATLAB 데스크톱desktop이 나타난다. MATLAB 데스크톱은 크게 명령 창command window, 현재 디렉터리current directory, 작업 공간work space, 명령/히스토리command history 창으로 구성된다.

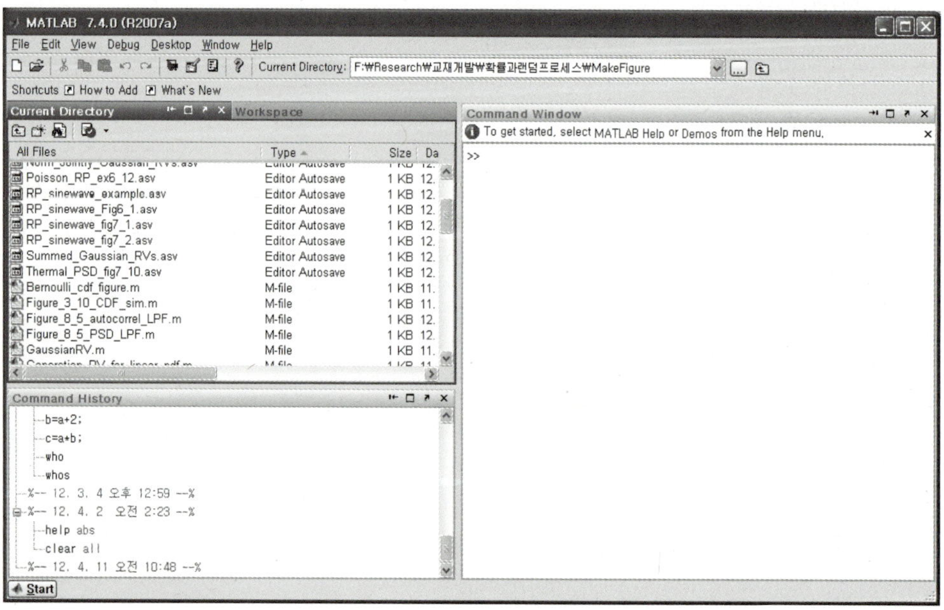

[그림 B-1] MATLAB 데스크톱

명령 창에는 >> 표시의 프롬프트prompt가 존재하는데, 이를 통해 여러 가지 형태의 명령command을 내릴 수가 있다. 우선 명령 창을 통해 간단한 계산을 해보자.

```
>>(1+2*3)/4
ans=
        7

>>y=(1+2*3)/4
y=
        7
```

위와 같이 계산하려는 수식만을 입력할 수도 있고, 변수 y를 사용해 계산할 수도 있다. 첫 번째 경우처럼 변수명을 사용하지 않을 경우, 결과값이 저장되는 변수명은 자동적으로 ans가 된다. 한 번 사용된 변수값은 작업 공간에 저장되어 이후 계산에서도 계속 사용되므로 다음과 같은 계산 결과를 얻을 수 있다.

```
>> z=y+3

z =

    10
```

일반적으로 MATLAB 변수는 다음과 같은 명령 형식에 의해 생성되어 작업 공간에 저장된다.

```
variable name = a value (or an expression)
```

MATLAB에서 사용하는 사칙 연산자는 [표 B-1]과 같으며, 이를 지키지 않으면 오류 메시지가 나타난다.

[표 B-1] MATLAB에서의 사칙 연산자

연산자	연산
+	더하기
–	빼기
*	곱하기
/	나누기

[표 B-4] MATLAB에서 제공하는 특수 함수의 예

범위	함수명	내용	범위	함수명	내용
Specialized math functions	erfc beta gamma dot gcd	Complementary error function Beta function Gamma function Vector dot product Greatest common divisor	Specialized math functions	lcm factorial primes perms	Least common multiple Factorial function Generate list of prime numbers All possible permutations

MATLAB에서는 자주 사용되는 상수값을 미리 지정해 사용하는데, [표 B-5]는 이를 나타낸 것이다.

[표 B-5] MATLAB에서의 상수값

상수명	내용
pi	$\pi = 3.141592$
i,j	$\sqrt{-1}$
inf	∞
nan	not a number

예를 들어 식 $y = 5\sin(\pi/2)e^{-3}$을 계산하는 명령어는 다음과 같다.

```
>> y=5*sin(pi/2)*exp(-3)

y =

   0.2489
```

B.1.3 그래픽 명령어

MATLAB은 뛰어난 그래픽 graphic 기능을 가지고 있다. 이 절에서는 가장 널리 사용되는 그래픽 명령어들을 살펴본다.

plot 명령

'plot' 명령어는 두 개의 벡터 $\boldsymbol{X} = (x_1\ x_2 \cdots\ x_n)$, $\boldsymbol{Y} = (y_1\ y_2 \cdots\ y_n)$을 취해 2차원 평면상에

벡터 $\boldsymbol{X}$의 원소들은 x축 데이터로, 벡터 $\boldsymbol{Y}$의 원소들은 y축 데이터로 사용하여, 점 (x_i, y_i)들을 선으로 연결해 화면상에 제공한다.

```
>>x=[1 2 3 4 5 6 7 8 9 10];
>>y=exp(-x);
>>plot(x,y);
```

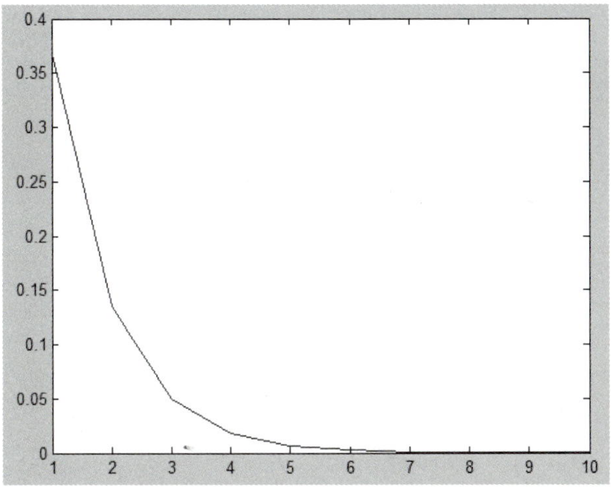

[그림 B-2] plot 명령에 의한 e^{-x} 그래프

```
>>z=sin(x);
>>plot(x,y, '-k' ,x,z, '-r' );
```

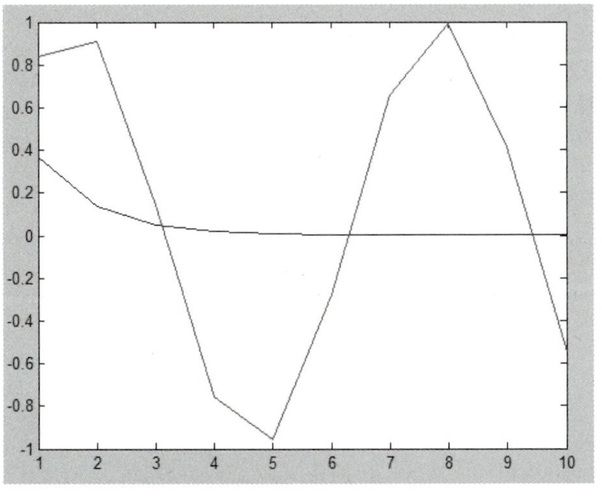

[그림 B-3] plot 명령에 의한 $\sin x$ 그래프

위의 그래프에 제목title, x축 제목x-label, y축 제목y-label, 그리드grid, 설명문legend 등을 추가할 수 있다.

```
>>title( ' P sine and exponential function ' );
>>xlabel( ' x ' );
>>ylabel( ' sine(x), exp(x) ' );
>>legend( ' sine(x) ' , ' exp(x) ' );
>>grid;
```

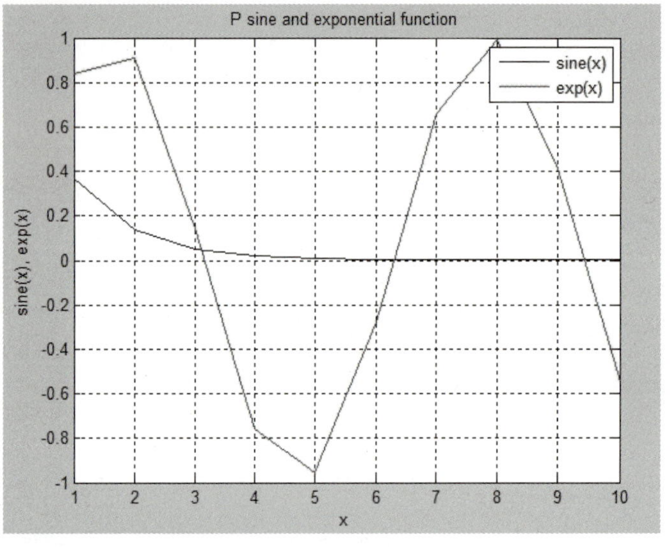

[그림 B-4] [그림 B-3]에 제목을 추가한 그래프

B.2 MATLAB에서의 행렬 연산

MATLAB은 기본적으로 모든 변수를 행렬로 취급하여 처리한다. 이 절에서는 MATLAB에서 취급하는 기본적인 행렬 연산에 대해 살펴본다.

B.2.1 행렬의 생성

$(1 \times n)$ 행렬과 같이 행이 하나인 행렬을 행-벡터row-vector라고 하고, $(m \times 1)$ 행렬과 같이 열이 하나인 행렬을 열-벡터column-vector라고 한다. MATLAB에서 벡터는 다음과 같이 생성되는데, 이

때 각 행을 구분할 때는 세미콜론(;)을 사용한다.

```
>> x=[1 2 3 4 5 6]

x =

     1     2     3     4     5     6

>> y=[1;2;3;4;5;6]

y =

     1
     2
     3
     4
     5
     6
```

한편 위에서 생성한 행-벡터 x와 y는 전치[transpose] 행렬 관계다. MATLAB에서는 전치 행렬 명령어로 '어포스트로피(')'를 사용한다.

```
>> z=x'

z =

     1
     2
     3
     4
     5
     6
```

행렬 원소에 접근하기 위해서는 다음과 같은 형식을 사용한다.

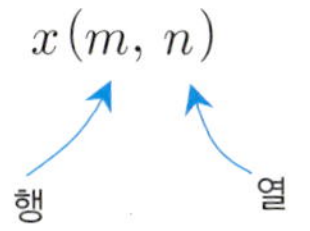

```
>> A=[1 2 3 ; 4 5 6 ; 7 8 9 ];
>> A(2,3)

ans =

     6

>> A(1,:)

ans =

     1     2     3
```

위에서 콜론(:)은 'all'의 의미를 갖는다. 예를 들어 A(1,:)은 A행렬에서 1행의 모든 원소를 의미한다. MATLAB에서의 인덱스 부여indexing는 0부터 시작하는 C언어와는 달리 1부터 시작한다.

```
>> A(0,2)
??? Subscript indices must either be real positive integers or logicals.
```

한편 행렬matrix이 아니라 일반 수식에서 사용되는 콜론(:) 연산자는 약간 다른 의미를 갖는다. 예를 들어보자.

```
>> x=0:2:10

x =

     0     2     4     6     8    10
```

위의 명령은 0에서부터 2의 간격으로 증가시켜 10이 될 때까지 행벡터 x의 원소를 발생시키는 명령어다. 이때 중간에 있는 간격 2를 생략하면 증가하는 간격은 자동적으로 1이 된다. MATLAB에서 콜론(:) 연산자는 이용하기에 따라 프로그램의 효율이 크게 달라지는 매우 중요한 연산자다.

```
>> x=0:10

x =

     0     1     2     3     4     5     6     7     8     9    10
```

MATLAB에서는 여러 가지 기본적인 행렬들을 생성하는 명령어를 제공한다. [표 B-6]는 중요한 행렬 생성 명령어들을 요약한 것이다.

[표 B-6] 기본적인 행렬 생성 명령어

행렬 생성 명령어	내용
eye(m,n)	주 대각 원소(main diagonal element)가 모두 1인 $m \times n$ 행렬
eye(n)	$n \times n$ 단위 행렬(identity matrix)
zeros(m,n)	$m \times n$ zero-matrix
ones(m,n)	$m \times n$ one-matrix
rand(m,n)	$m \times n$ 난수 행렬(matrix of random numbers)

B.2.2 MATLAB에서의 행렬 연산

MATLAB은 두 가지 형태로 행렬 연산을 할 수 있다. MATLAB에서 제공하는 행렬 연산 형태를 자세히 살펴보자.

일반 행렬 연산

일반적으로 계산하는 행렬 연산matrix operation에서 +와 − 연산은 연산을 하는 두 행렬의 크기size가 같아야 한다. 원소별element-by-element로 연산이 적용되며, 곱 연산(예를 들어 A*B)의 경우 A행렬의 열 원소 수와 B행렬의 행 원소 수가 같아야 행렬 곱 연산이 적용될 수 있다. A^2과 같은 제곱 연산의 경우 A*A를 의미하므로 A행렬은 사각 행렬square matrix이어야 한다.

```
>> A=[1 2 3;4 5 6;7 8 9]

A =

     1     2     3
     4     5     6
     7     8     9

>> B=[2;3;4]

B =

     2
     3
     4
```

```
>> A*B

ans =

    20
    47
    74

>> A^2

ans =

    30    36    42
    66    81    96
   102   126   150
```

배열 연산

MATLAB에서 배열 연산array operation은 행렬에 적용되는 연산이 두 행렬의 원소별로 적용되는 것을 말한다. 연산자 앞에 마침표 심벌 '.'을 넣어 표시하며, +와 − 연산자는 행렬 연산matrix operation에서도 원소별로 적용되므로 '.+'와 '.−' 연산자는 사용하지 않는다. 따라서 MATLAB의 배열 연산자는 주로 '.*', './' 및 '.^' 등이 사용된다. 다음과 같은 두 행렬에 대해 배열 연산자를 적용해보자.

$$A = \begin{pmatrix} 1\,2\,3 \\ 4\,5\,6 \\ 7\,8\,9 \end{pmatrix},\ B = \begin{pmatrix} 9\ 8\ 7 \\ 6\ 5\ 4 \\ 3\ 2\ 1 \end{pmatrix}$$

```
>> B.*B

ans =

     9    16    21
    24    25    24
    21    16     9

>> B./B

ans =
```

```
    0.1111    0.2500    0.4286
    0.6667    1.0000    1.5000
    B.3333    4.0000    9.0000

>> B.^B

ans =

           1         256        2187
        4096        3125        1296
         343          64           9
```

B.3 MATLAB 프로그래밍

지금까지 모든 명령은 명령 창을 통해 실행하였다. 하지만 명령 창을 통해 실행하는 명령은 저장되지 않으므로 여러 번 반복하여 실행할 수 없고 오류를 고치거나 내용을 변경할 때도 불편하다. MATLAB은 C언어 등과 같이 편집기를 통해 프로그래밍 할 수 있는 기능이 있으며, 프로그래밍된 파일은 '*.m'의 확장자로 저장되어 실행된다. 이를 M파일이라고 한다.

B.3.1 M파일의 생성 및 실행

M파일은 편집기를 이용해 MATLAB 명령어들을 모아놓은 MATLAB 프로그래밍 파일이다. MATLAB 프로그래밍 규칙은 C언어의 규칙과 거의 유사하다. MATLAB 편집기는 문자 편집은 물론 저장saving, 실행executing, 디버깅debugging 등의 여러 가지 기능을 모아놓은 통합 프로그래밍 환경을 제공한다.

예를 들어 $0 \leq t \leq 5$의 시간 구간에 대해 주파수가 $f = 10\,[\mathrm{Hz}]$, 진폭이 $a = 2$인 사인 함수를 그린다고 가정하자. 명령 창을 통해 실행할 때 다음 명령이 필요하며, 그 결과는 [그림 B-5]와 같다. [그림 B-6]은 편집기를 이용해 작성한 M파일이고, 실행 결과는 [그림 B-5]와 같다.

```
>> t=0:0.01:5;
>> a=2;
>> f=1.5;
```

```
>> y=a*sin(2*pi*f*t);
>> plot(t,y,'-r');
>> axis([0 5 -B.3 B.3]);
>> xlabel('t[sec]');
>> ylabel('amplitude[V]');
>> title('sine function, f=1.5Hz, a=2[V]');
>> grid;
```

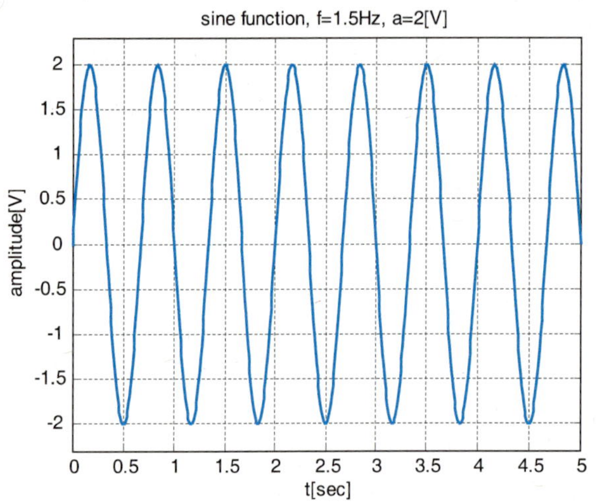

[그림 B-5] 명령 창을 통해 실행된 sine 함수 그래프

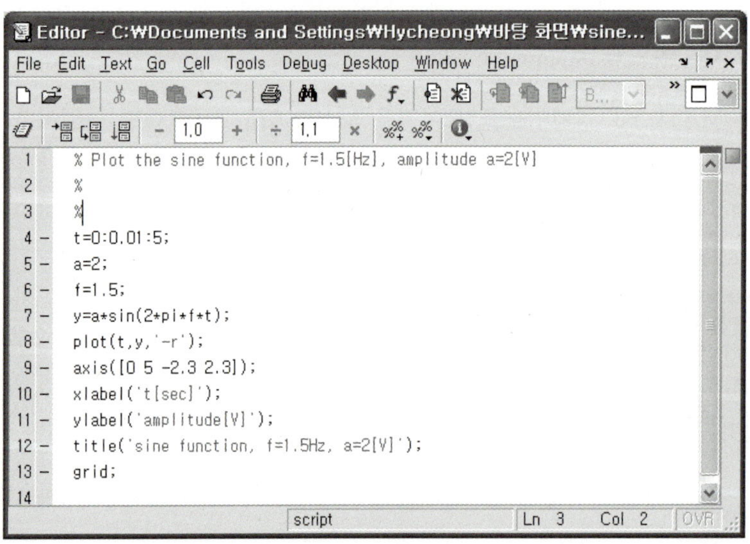

[그림 B-6] 편집기를 이용해 작성한 sine 함수 M파일

M파일로(예를 들어 sine_fn.m) 저장된 프로그램은 편집기의 [Debug] – [Run] 메뉴를 클릭하여 실행할 수도 있고, 다음과 같이 MATLAB 데스크톱의 명령 창에서 실행할 수도 있다.

```
>> sine_fn;
```

B.3.2 MATLAB 함수

MATLAB에서는 M파일을 통해 함수를 사용할 수도, 만들 수도 있다. 예를 들어 $y = n!$을 계산하는 함수를 작성해보자. [그림 B-7]과 같이 입력 변수 n이 입력되면 $n!$을 계산한 후 값 y가 출력되도록 만든다.

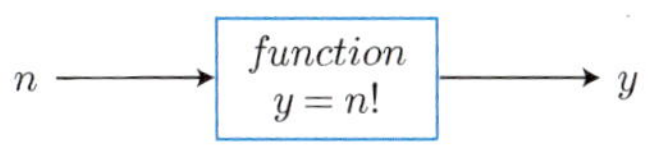

[그림 B-7] 함수의 개념도

MATLAB에서 사용하는 함수는 [그림 B-8]과 같은 규칙에 따라 함수를 작성하고, 작성된 함수를 사용할 때에는 다음과 같은 형태로 실행해야 한다. 여기서 주의해야 할 것은 함수명과 동일한 이름으로 M파일을 저장해야 한다는 것이다. 따라서 [그림 B-8]의 경우 M파일은 'factorial.m'으로 저장하고, MATLAB에 설정된 현재 디렉터리 내에 사용하려는 함수 파일 'factorial.m'을 저장해야 한다.

```
>> y=factorial(5)

y =

   120
```

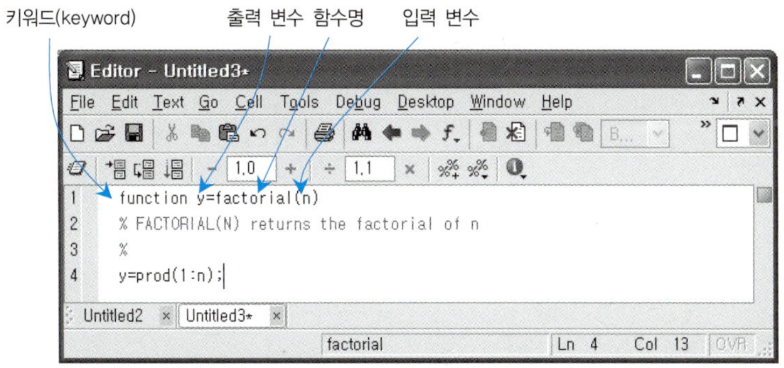

[그림 B-8] MATLAB 함수의 작성 예

C

Appendix

유용한 기본 수학 공식

C.1 삼각함수

$$\cos(\alpha \pm \beta) = \cos\alpha\cos\beta \mp \sin\alpha\sin\beta \tag{C.1}$$

$$\sin(\alpha \pm \beta) = \sin\alpha\cos\beta \pm \cos\alpha\sin\beta \tag{C.2}$$

$$\cos(2\alpha) = \cos^2\alpha - \sin^2\alpha \tag{C.3}$$

$$\sin(2\alpha) = 2\sin\alpha\cos\alpha \tag{C.4}$$

$$\cos\alpha = \frac{e^{j\alpha} + e^{-j\alpha}}{2} \tag{C.5}$$

$$\sin\alpha = \frac{e^{j\alpha} - e^{-j\alpha}}{2j} \tag{C.6}$$

$$\cos\alpha\cos\beta = \frac{1}{2}\{\cos(\alpha - \beta) + \cos(\alpha + \beta)\} \tag{C.7}$$

$$\sin\alpha\sin\beta = \frac{1}{2}\{\cos(\alpha - \beta) - \cos(\alpha + \beta)\} \tag{C.8}$$

$$\sin\alpha\cos\beta = \frac{1}{2}\{\sin(\alpha - \beta) + \sin(\alpha + \beta)\} \tag{C.9}$$

$$\cos^2\alpha = \frac{(1 + \cos 2\alpha)}{2} \tag{C.10}$$

$$\sin^2\alpha = \frac{(1 - \cos 2\alpha)}{2} \tag{C.11}$$

C.2 부정적분

$$\int \frac{dx}{a+bx} = \frac{1}{b}\ln|a+bx| \tag{C.12}$$

$$\int \frac{dx}{(a+bx)^n} = \frac{-1}{(n-1)b\,(a+bx)^{n-1}}, \quad n>1 \tag{C.13}$$

$$\int x\cos x\,dx = \cos x + x\sin x \tag{C.14}$$

$$\int x\sin x\,dx = \sin x - x\cos x \tag{C.15}$$

$$\int xe^{ax}dx = e^{ax}\left(\frac{x}{a}-\frac{1}{a^2}\right) \tag{C.16}$$

$$\int x^2e^{ax}dx = e^{ax}\left(\frac{x^2}{a}-\frac{2x}{a^2}-\frac{2}{a^3}\right) \tag{C.17}$$

C.3 정적분

$$\int_{-\infty}^{\infty} e^{-a^2x^2+bx}dx = \frac{\sqrt{\pi}}{a}e^{b^2/(4a^2)}, \quad a>0 \tag{C.18}$$

$$\int_{-\infty}^{\infty} e^{-(ax^2+bx+c)}dx = \sqrt{\frac{\pi}{a}}\,e^{(b^2-4ac)/(4a)}, \quad a>0 \tag{C.19}$$

$$\int_0^{\infty} x\, e^{-ax^2} dx = \frac{1}{2a} \tag{C.20}$$

$$\int_0^{\infty} e^{-a^2x^2} dx = \frac{\sqrt{\pi}}{2a}, \quad a > 0 \tag{C.21}$$

$$\int_0^{\infty} x^2 e^{-x^2} dx = \sqrt{\pi}/4 \tag{C.22}$$

$$\int_0^{\infty} Sa(x)dx = \int_0^{\infty} \frac{\sin x}{x} dx = \int_0^{\infty} Sa^2(x)dx = \frac{\pi}{2} \tag{C.23}$$

$$\int_0^{\infty} \mathrm{sinc}(x)dx = \int_0^{\infty} \frac{\sin \pi x}{\pi x} dx = \int_0^{\infty} \mathrm{sinc}^2(x)dx = \frac{1}{2} \tag{C.24}$$

$$\int_0^{\infty} x^n e^{-ax} dx = \frac{n!}{a^{n+1}}, \ n \geq 1, \ a > 0 \tag{C.25}$$

C.4 유한급수

$$\sum_{n=1}^{N} n = \frac{N(N+1)}{2} \tag{C.26}$$

$$\sum_{n=1}^{N} n^2 = \frac{N(N+1)(2N+1)}{6} \tag{C.27}$$

$$\sum_{n=1}^{N} n^3 = \frac{N^2(N+1)^2}{4} \tag{C.28}$$

$$\sum_{n=0}^{N} x^n = \frac{x^{N+1} - 1}{x - 1} \tag{C.29}$$

$$\sum_{0}^{N} \binom{N}{n} = \sum_{0}^{N} \frac{N!}{n!(N-n)!} = 2^N \tag{C.30}$$

찾아보기 Index

자

차

카

타

파

하

A

B

C

D

E

F